"十三五"江苏省高等学校重点教材
（编号：2018-1-159）

高等职业教育土木建筑类专业
新形态一体化教材

建筑节能技术

（第二版）

主　编　张洪波　王　磊

高等教育出版社·北京

内容提要

节约资源、保护环境可为经济和生态的可持续发展提供保障，建筑行业在建立社会生态标准上发挥着重要作用，为确保建筑行业的可持续发展，必须开展建筑节能行动。建筑节能技术涉及建筑的规划、设计、施工，建筑设备安装调试，建筑运营管理等。建筑节能的目标是降低建筑能耗，同时加强可再生能源的利用；提高居住质量、舒适程度和建筑价值。绿色建筑、节能建筑在建筑行业中的地位日益提升，确保了建筑节能目标的实现。

本书内容包括建筑节能基本知识、建筑外墙节能技术、建筑门窗与幕墙节能技术、建筑屋面与楼地面节能技术、建筑围护结构节能施工质量验收、太阳能与热泵技术、绿色建筑与绿色施工技术、建筑节能设计专篇图纸识读、既有建筑节能改造，内容阐述简明易懂，实用性强。着重培养建筑工程行业从业人员的外围护结构保温节能施工、安全和质量控制技能，树立建筑节能理念。

书中结合国家级精品资源共享课“建筑节能技术”课程平台，根据教材内容制作相应的动画和微课，有利学习者直观、形象地掌握知识点，使他们能在法律、国家规范、行业标准的范围内，完成“节能材料选用→施工现场准备→保温材料施工→施工质量验收”的工作过程；能够进行围护结构节能工程施工方案设计并付诸实施。授课教师如需要本书配套的教学课件资源，可发送邮件至 gztj@ pub.hep.cn 索取。

本书可作为高等职业教育土木建筑类相关专业教学用书，也可供相关行业从业人员参考。

图书在版编目(CIP)数据

建筑节能技术/张洪波，王磊主编.--2版.--北京:高等教育出版社,2021.11
ISBN 978-7-04-056572-0

Ⅰ.①建… Ⅱ.①张… ②王… Ⅲ.①建筑-节能-高等职业教育-教材 Ⅳ.①TU111.4

中国版本图书馆CIP数据核字(2021)第153891号

JIANZHU JIENENG JISHU

策划编辑 刘东良　责任编辑 刘东良　封面设计 李树龙　版式设计 马　云
插图绘制 于　博　责任校对 刘娟娟　责任印制 赵　振

出版发行 高等教育出版社
社　　址 北京市西城区德外大街4号
邮政编码 100120
印　　刷 高教社（天津）印务有限公司
开　　本 787mm×1092mm　1/16
印　　张 15.5
字　　数 380千字
购书热线 010-58581118
咨询电话 400-810-0598
网　　址 http://www.hep.edu.cn
http://www.hep.com.cn
网上订购 http://www.hepmall.com.cn
http://www.hepmall.com
http://www.hepmall.cn
版　　次 2016年11月第1版
2021年11月第2版
印　　次 2021年11月第1次印刷
定　　价 45.00元

物 料 号 56572-00

第二版前言

建筑节能旨在建设节能低碳、绿色生态、集约高效的建筑用能体系。2017年住建部发布的《建筑节能与绿色建筑发展“十三五”规划》提出,“十三五”时期,建筑节能与绿色建筑发展的总体目标是建筑节能标准加快提升,城镇新建建筑中绿色建筑推广比例大幅提高,既有建筑节能改造有序推进,可再生能源建筑应用规模逐步扩大,农村建筑节能实现新突破,使我国建筑总体能耗强度持续下降,建筑能源消费结构逐步改善,建筑领域绿色发展水平明显提高。2020年城镇新建建筑中绿色建筑占比超50%。2021年《中华人民共和国国民经济和社会发展第十四个五年规划和2035远景目标纲要》中提出推动绿色发展,促进人与自然和谐共生。这些目标可以看出建筑节能任务重大,刻不容缓。

本书依托爱课程在线课程教学平台,在高等职业教育新形态一体化教材《建筑节能技术》的基础上修订,参照我国最新颁布的各种建筑节能标准,吸收建筑行业的新工艺、新技术和新方法,反映建筑行业近年来大力推广预制工程的现状。

书中重点介绍了新建和既有建筑围护结构的节能施工方法,绿色建筑施工和被动式太阳能建筑。内容上主要有以下几个特色:第一,增加了预制(PC)装配式建筑工艺制作的围护结构节能施工方法、工艺流程、要点、节点处理等方面的知识,以及现场吊装拼接施工;增加了对既有建筑节能改造技术和检测的评定方法;增加了被动式建筑的标准;第二,用专门的章节阐述了热泵技术组成、工作原理等;第三,加强介绍了建筑节能涉及的术语参数及计算和节能材料;第四,修订的教材体系更加注重基础性、应用性和先进性的结合,具有很强的指导性和可操作性。

本书编写过程中得到了江苏建筑职业技术学院陈年和教授和方建邦教授的悉心指导,机械工业第一设计研究院王阳工程师提供标准和规范,书中配套动画由王磊老师制作。在此表示感谢。

由于编者水平有限,书中难免存在疏漏之处,恳请读者批评指正。

编者

2021年6月

第一版前言

近年来建筑业迅猛发展，我国建筑文明取得前所未有的成就，同时带来建筑能耗迅速增长，使得能源危机越发凸显。为了使国民经济可持续发展，建筑行业推行建筑节能势在必行。我国强制实施居住建筑和公共建筑节能已经取得重大成效。绿色节能建筑的推广，是贯彻可持续发展战略、实现国家节能规划目标、减排温室气体的重要措施，符合全球发展趋势。

建筑节能技术包括节能与新能源开发技术、节能与地下空间开发技术、节材与材料资源合理开发技术和节水与水资源开发利用技术四方面内容。其中节能与新能源开发利用技术中又包括建筑物围护结构保温隔热技术与新型节能建筑体系、供热采暖与空调制冷节能技术、可再生能源与新能源利用技术、城市与建筑绿色照明节能技术等方面的内容。

本书在编写过程中参照国家建筑节能有关标准和规范，结合建筑节能新理念、新技术、新方法，重点介绍围护结构节能技术。建筑围护结构保温隔热技术在建筑节能中非常重要，通过改善围护结构的热工性能、减少热损失、降低采暖空调系统能耗，是达到节能目的的重要途径。本书在围护结构保温隔热技术方面突出实用性和可操作性。为此，本书可作为高等职业院校建筑工程技术专业的教学用书，也可作为土建类其他层次教育相关专业教材和土建工程技术人员的参考用书。

本书由江苏建筑职业技术学院张洪波、王磊主编，学习情境 1 由程强强和张洪波共同编写，学习情境 2、3、7 由王磊编写，学习情境 4、5、6 由张洪波编写。统稿工作由张洪波完成，书中动画由王磊制作。本书从酝酿到编写完成，历时两年，江苏建筑职业技术学院建筑工程技术学院的陈年和院长和方建邦教授审阅本书并提出了许多宝贵建议，机械工业第一设计研究院王阳工程师参与收集资料和绘制插图等工作，在此一并表示感谢。

编者在编写本书的过程中参考了大量文献和一些网络资源，主要文献列于书后。由于编者水平、时间有限，书中不足之处在所难免，恳请读者批评指正并深表感谢。

email：670277081@ qq. com

编者

2016 年 9 月

目　录

学习情境

1

建筑节能基本知识

项目1　建筑节能与可持续发展

【学习目标】

1. 能了解建筑能耗及国内外建筑节能的发展。
2. 能根据不同地域提出相应的建筑节能措施。
3. 能解释建筑节能的含义、作用、意义和目标。

现代科学和工业革命给人类带来了前所未有的进步，但同时也带来了一系列严重的环境问题和发展挑战，如人口的剧增、资源紧缺、气候变化、环境污染和生态破坏等问题威胁着人类的生存与发展。实践证明，传统的发展模式和消费方式已经难以为继，必须寻求一条人口、经济、社会发展与资源及环境相互协调的发展道路。推行建筑节能是建筑行业寻求人类持续生存和可持续发展的方式。

1.1.1　我国的建筑能耗

当下，经济社会逐步向低碳经济、绿色环保方向发展。根据国家统计局数据显示，建筑能源消耗量占中国能源总消耗量的比例逐年攀升，建筑能耗由2014年的7.5亿吨标准煤增长至2018年的13.0亿吨标准煤，其能耗占比由2014年的17.7%增加到2018年的27.9%，见图1-1-1。因此，建筑节能将对中国能源总消耗量的减少具有重要影响，建筑保温已成为减少能耗的重要领域之一。

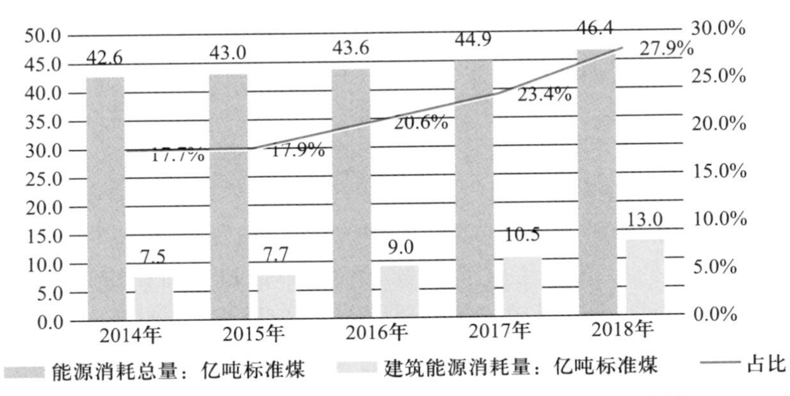

图1-1-1　2014—2018年中国能源消耗和建筑能源消耗

1.1.2 建筑节能的含义

所谓建筑节能是在确保室内热舒适环境的前提下，提高采暖、通风、空调、照明、炊事、家用电器和热水供应等的能源利用效率。重点是提高采暖、空调系统的能源利用效率。节能具体指在建筑规划、设计、新建、改造和使用过程中，执行节能标准，采取节能型的技术、工艺、设备、材料和产品，提高保温隔热性能和采暖供热、空调制冷制热系统效率，加强建筑物用能系统运行管理，利用可再生能源，在保证室内热环境质量前提下，减少采暖供热、空调制冷制热、照明、热水供应的能耗。

我国建筑节能工作分为三个阶段：第一阶段是指在1980—1981年的建筑能耗基础上节能30%；第二阶段是在第一阶段的基础上再节能30%，简称为节能50%标准；第三阶段是指在第二阶段的基础上再节能30%，达到节能65%的标准。北京、天津等地在居住建筑方面已经开始执行节能65%的标准。部分地区已经开始研究并实施第四阶段节能标准，即在65%的基础上再节能30%，达到75%节能效果。

1.1.3 建筑节能的意义

1. 建筑可持续发展的需要

可持续发展理论主张“既要生存，又要发展”，力图把人与自然、当代与后代、区域与全球有力地统一起来。可持续发展这一全新价值观已经成为建筑领域的重要原则与行动纲要，而绿色建筑的普及与发展将成为符合可持续发展理念，创造自然、健康、舒适人工环境的必然之路。

2. 大气环保的需要

采暖所用燃料无疑是造成大气污染的一个主要因素，矿物燃料燃烧时排放的硫和氮的氧化物危害人体健康，造成环境酸化，燃烧时产生的二氧化碳将导致地球产生重大气候变化，危及人类生存，这些问题引起世界上许多国家的高度关注。建筑在建造和使用过程中用能对全国温室气体排放的贡献已达44%，我国北方城市冬季由于燃煤导致空气污染指数是世界卫生组织推荐的最高标准的2~5倍。所以建筑节能可减少能源消耗，减轻对大气环境的污染，减少温室效应，改善大气环境。

3. 宜人的建筑热环境需要

舒适宜人的建筑热环境是现代生活的基本标志。在发达国家，他们通过越来越有效地利用能源，不断满足人们的需要。在我国，随着现代化建筑的发展和人民生活水平的提高，对建筑热环境的舒适性要求也越来越高。创造舒适宜人的室内环境，冬天需采暖，夏天要用空调，这些都需要有能源的支持，而我国的能源供应十分紧张，利用节能技术改善室内环境质量就是必然之路。

4. 经济增长的需要

2016年底全国城镇新建建筑全面执行节能强制性标准，累计建成节能建筑面积超过150亿平方米，节能建筑占比47.2%，其中2016年城镇新增节能建筑面积为16.9亿平方米。2018年全国城镇新增节能建筑面积约为19.7亿平方米，累计建成节能建筑面积约为188.5亿平方米。在改造节能面积领域，2016年底全国城镇累计完成既有居住建筑节能改造面积超过13亿平方米，其中2016年完成改造面积8 789万平方米。2018年我国完成节能建筑改造面积在1.59亿平方米左右，累计改造面积约为15.96亿平方米。2017年我国建筑节能行业产值规模为1 369亿元，2018年我国建筑节能行业产值规模增长至1675亿元。新建建筑和既有建筑的节能改造，将形

成具有投资效益和环境效益双赢的新的经济增长点。

1.1.4 建筑节能目标

《建筑节能与绿色建筑发展"十三五"规划》中指出：到"十三五"期末，建筑节能可实现约1亿吨标准煤节能能力。方法如下；

（1）加快提高建筑节能标准及执行质量。

（2）全面推动绿色建筑发展量质齐升。

（3）稳步提升既有建筑节能水平。

（4）深入推进可再生能源建筑应用。

（5）积极推进农村建筑节能。

1.1.5 建筑节能的发展趋势

我国建筑节能起步较晚，与发达国家差距大，总体发展不平衡。为此，不断地开发新的建筑节能技术，提高建筑物的能源利用效率至关重要。未来建筑节能领域的发展趋势介绍如下：

1. 优化建筑设计

根据建筑功能要求和当地的气候参数，在总体规划和单体设计中，科学合理地确定建筑朝向、平面形状、空间布局、外观体型、间距、层高、选用节能型建筑材料、保证建筑外部围护结构的保温隔热等热工特性及对建筑周围环境进行绿化设计，设计要有利于施工和维护，全面应用节能技术措施，最大限度地减少建筑物能耗量，获得理想的节能效果。

2. 发展新型建筑围护结构材料和部品

开发新的建筑围护结构部件，以更好地满足保温、隔热、透光、通风等各种需求，可根据变化的外界条件随时改变其物理性能，达到维持室内良好的物理环境同时降低能源消耗的目的。这是实现建筑节能的基础技术和产品，主要涉及的产品有：外墙保温和隔热、屋顶保温和隔热、热物理性能优异的外窗和玻璃幕墙、智能外遮阳装置以及基于相变材料的蓄热型围护结构和基于高分子吸湿材料的调湿型饰面材料。

3. 建筑中充分利用可再生能源

在节约能源、保护环境方面，新能源的利用起至关重要的作用。新能源通常指非常规的可再生能源，包括太阳能、风能、水能、生物质能、地热能、海洋能等多种形式，正日益受到重视。开发利用可再生能源是持续发展战略的重要组成部分。太阳能、风能、地热能等新型可再生能源在建筑上都可以广泛应用，在建筑的用能需求中应充分考虑可再生能源。

4. 各种热泵技术

通过热泵技术提升低品位热能的温度，为其建筑提供热量，是建筑能源供应系统提高效率、降低能耗的重要途径，也是建筑设备节能技术发展的重点之一。采暖用能约占我国北方城市建筑能耗的50%，通过热泵技术如能解决1/3建筑的采暖，将大大缓解建筑能耗问题。

5. 通风装置与排风热回收装置

对于住宅建筑和普通公共建筑，当建筑围护结构保温隔热做到一定水平后，室内外通风形成的热量或冷量损失，成为住宅能耗的重要组成部分。此时，通过专门装置有组织地进行通风换气，同时在需要的时候有效地回收排风中的能源，对降低住宅建筑的能耗具有重要意义。通过有组织地控制通风和排风的热回收，大大降低了空调的使用时间，还使采暖空调期耗热量、耗冷量降低30%以上。

思考题

1. 简述建筑节能的含义、意义与目标。
2. 简述建筑节能发展趋势。
3. 中国建筑能耗具体表现在哪些方面？

项目 2　建筑节能参数

【学习目标】

1. 掌握建筑能量的传递方式，建筑中达到热平衡的要求。
2. 了解室内热舒适环境的条件。
3. 掌握建筑节能的名词术语。
4. 能进行体形系数、窗墙面积比、传热系数、热惰性指标和综合遮阳系数等参数的计算。

1.2.1　建筑热力学基础

1. 建筑能量传递的方式

节能的目的是提高能量的利用效率。热量是能量的一种主要形式，成为建筑节能的主要对象。根据热力学第一定律可知，能量传递的方式是做功和热传递。热传递又可分为辐射、对流和传导三种方式。自然界中只要存在温差就会有传热现象，即热能由高温部位传至低温部位。

2. 建筑中的热平衡

建筑物围护结构的热传递需经过吸热、传热和放热三个过程：吸热是外围护结构的内表面从室内空气中吸收热量的过程；传热是指在围护结构内部由高温一侧向低温一侧传递热量的过程；放热则是指由围护结构的外表面向低温的空间散发热量的过程。建筑物得热和失热可表示为：

建筑物得热＝采暖设备散热+建筑内部得热+太阳辐射得热

建筑物失热＝制冷设备吸热+外围护结构放热+通风和空气渗透+室内水分蒸发+地面传热

为取得建筑中的热平衡，让室内处于稳定的适宜温度，在室内达到热舒适环境后应采取各种技术手段使建筑得热总和等于建筑失热总和。

1.2.2　室内热环境和热舒适度

1. 室内热环境

环境是人所能感知的或对人能产生影响的外部世界。人处于室内的环境称为室内热环境。人的热舒适感建立在人和周围环境正常热交换的基础上。

2. 室内热舒适环境影响因素

室内热舒适环境影响因素包括：室内空气温度、室内空气湿度、室内风速、室内热辐射。

（1）室内空气温度。规定室内温度冬季为 16～22 ℃，夏季空调房间为 24～28 ℃，并以此作为室内计算温度，设计时应使实际温度达到室内计算温度。

（2）室内空气湿度。室内空气湿度直接影响人体的蒸发散热。一般认为最适宜的相对湿度应为 50%～60%。在大多情况下，即气温在 16～25 ℃时，相对湿度在 30%～70%范围内变化，人体感觉舒适。

（3）室内风速。室内气流状态影响人的对流换热和蒸发换热，也影响室内空气的更新。一

般情况下使人体舒适的气流速度应小于 0.3 m/s；但在夏季利用自然通风的房间，由于室温较高，舒适的气流速度也较大。

（4）室内热辐射。室内热辐射主要是指房间围护结构内表面对人体的热辐射作用，如果室内有采暖装置，还需考虑该部分的热辐射。

室内空气温度、室内空气湿度、室内风速、室内热辐射作为影响室内热舒适环境的因素，是不同的物理量，而对人的热感觉来说，它们之间有着密切的关系。改变其中一个因素可以补偿其他因素的不足，如室内空气温度低而平均辐射温度高和室内空气温度高而平均辐射温度低的房间就可有同样的热感觉。所以，任何单项因素都不足以说明人体对热环境的反应。在设计建筑热环境时，应把舒适、健康、高效作为目标。

1.2.3　建筑节能领域中常用名词术语

（1）导热系数（λ）。在稳态条件下，1 m 厚的物体，两侧表面温差为 1 K 时，单位时间内通过单位面积传递的热量，单位：W/（m · K）。

（2）围护结构。建筑物及房间各面的围挡物，包括外围护结构的外墙、屋面、外窗、户门（阳台门）以及内围护结构的分户墙、顶棚和楼板。

（3）围护结构传热系数（K）。在稳态条件下，围护结构两侧空气温差为 1 K，在单位时间内通过单位面积围护结构的热传量，单位：W/（m^2 · K）。

（4）围护结构传热阻（R_0）。围护结构传热系数的倒数，表征围护结构对热量的阻隔作用，单位：m^2 · K/W。

（5）外墙平均传热系数（K_m）。考虑了墙上存在的热桥影响后得到的外墙传热系数，单位：W/（m^2 · K）。

（6）蓄热系数（S）。当某一足够厚度的单一材料层一侧受到谐波热作用时，表面温度将按同一周期波动。通过表面的热流波幅与表面温度波幅的比值即为蓄热系数，单位：W/（m^2 · K）。

（7）窗墙面积比。窗户洞口面积与房间立面单元面积（即建筑层高与开间定位线围成的面积）的比值。

（8）外窗的综合遮阳系数（SW）。考虑窗本身和窗口的建筑外遮阳装置综合遮阳效果的一个系数，其值为窗本身的遮阳系数（SC）与窗口的建筑外遮阳系数（SD）的乘积。

（9）建筑物体形系数（s）。建筑物与室外大气接触的外表面积与其所包围的体积的比值。外表面积中不包括地面、不采暖楼梯间隔墙和户门的面积。

（10）热惰性指标（D）。表征围护结构反抗温度波动和热流波动能力的无量纲指标，其值等于材料层热阻与蓄热系数的乘积。

（11）热桥。围护结构中包含金属、钢筋混凝土或混凝土梁、柱、肋等部位，在室内外温差作用下，形成热流密集、内表面温差较低的部位。这些部位形成传热的桥梁，故称热桥。

（12）表面换热系数（α）。围护结构表面与附近空气之间温差为 1 K，1 h 内通过 1 m^2 表面传递的热量。在内表面，称为内表面换热系数；在外表面，称为外表面换热系数，单位：W/（m^2 · K）。

（13）表面换热阻（R）。表面换热系数的倒数。在内表面，称为内表面换热阻；在外表面，称为外表面换热阻，单位：（m^2 · K）/W。

1.2.4　建筑围护结构节能计算范围

建筑围护结构节能计算涉及范围见表 1-2-1。

表 1-2-1　建筑围护结构节能计算范围

序号	位置	具体内容
1	屋面	屋面传热较快
2	外墙	墙体(承重、非承重)、热桥
3	楼梯间隔墙	采暖空间与非采暖空间
4	户门	包括阳台门上的透明部分
5	窗户	建筑热或冷散失的薄弱环节
6	阳台门下部	芯板
7	地面	周边和非周边地区

1.2.5　建筑热工设计分区

根据《民用建筑热工设计规范》(GB 50176—2016)规定,中国建筑热工设计一级区分为严寒地区、寒冷地区、夏热冬冷地区、夏热冬暖地区和温和地区五个区域。严寒地区分为 3 个二级区(1A、1B、1C 区),寒冷地区分为 2 个二级区(2A、2B 区),夏热冬冷地区分为 2 个二级区(3A、3B 区),夏热冬暖地区分为 2 个二级区(4A、4B 区),温和地区分为 2 个二级区(5A、5B 区)。

1.2.6　建筑节能参数计算

建筑节能计算通常是指外围护结构的节能参数的计算,其主要包括:体形系数、窗墙面积比、传热系数(K)和热惰性指标(D)及遮阳系数(SW)。

1. 体形系数的计算

建筑物体形系数(s)为建筑物与室外大气接触的外表面积(F_e)和外表面所包围的建筑体积(V_e)之比值,见式(1-2-1)。

$$s=\frac{F_e}{V_e} \tag{1-2-1}$$

式中:F_e——建筑物与室外大气接触的外表面积(不包括地面和不采暖楼梯间隔墙和户门的面积),m^2;

V_e——外表面所包围的建筑体积,m^3。

体积小、体形复杂的建筑以及平房和低层建筑,体形系数较大,对节能不利;体积大、体形简单的建筑以及多层和高层建筑,体形系数较小,对节能较为有利。

建筑外墙面面积应按各层外墙外包线围成的面积总和计算。建筑物外表面积应按墙面面积、屋顶面积和下表面直接接触室外空气的楼板(外挑楼板、架空层顶板)面积的总面积计算,不包括地面面积,不扣除外门窗面积。建筑体积应按建筑物外表面和底层地面围成的体积计算。实际工程中,控制体形系数大小可采用适宜建筑长宽比;增加建筑层数,多分摊屋面或架空楼板面积;建筑体形不宜变化过多,立面不宜太复杂,造型宜简练。《严寒和寒冷地区居住建筑节能设计标准》(JGJ 26—2018)规定体形系数不能大于表 1-2-2 的限值。

2. 窗墙面积比的计算

与墙体和屋面相比，外窗的热工性能最差，外窗使用能耗约占整个建筑长期使用能耗的40%~50%，因此，窗户的节能是建筑节能的重要部分。

表 1-2-2　体形系数规定指标要求

气候区	建筑层数	
	≤3 层	≥4 层
严寒地区（1 区）	0.55	0.30
寒冷地区（2 区）	0.57	0.33

（1）窗墙面积比。是指窗户洞口面积与房间立面单元面积的比值，反应房间开窗面积的大小，是建筑节能设计标准的一个重要指标。按下式计算：

$$X=\frac{\sum A_{c}}{\sum A_{w}} \tag{1-2-2}$$

式中：$\sum A_c$——同一朝向的外窗（含透明幕墙）及阳台门透光部分洞口总面积，m^2；

$\sum A_w$——同一朝向外墙总面积（含该外墙上的外门窗总面积），m^2。

（2）平均窗墙面积比。指建筑某一相同朝向的外墙面上的窗及阳台门透光部分的总面积与该朝向外墙面的总面积（包括外墙中窗和门的面积）之比。

严寒和寒冷地区居住建筑的窗墙面积比不应大于表 1-2-3 规定的限值。

表 1-2-3　窗墙面积比规定指标要求

朝向	窗墙面积比	
	严寒地区（1 区）	寒冷地区（2 区）
北	0.25	0.30
东、西	0.30	0.35
南	0.45	0.50

注：1. 敞开式阳台的阳台门上部透光部分应计入窗户面积，下部不透光部分不应计入窗户面积。

2. 表中的窗墙面积比应按开间计算。

在寒冷地区，即使是南向窗户太阳辐射得热，窗墙面积比增大，建筑采暖能耗也会随之增加，对节能不利。其他朝向窗户过大，对节能更为不利。在夏季空调建筑中，空调运行负荷是随着窗墙面积比的增大而增加。窗墙面积比为 50%的房间与窗墙面积比为 30%的房间相比，空调运行负荷要增加 17%~25%。窗墙面积比越大，采暖、空调的能耗也越大。从节能角度出发，应限制窗墙面积比。一般情况，应以满足室内采光要求作为窗墙面积比的确定原则。

3. 传热系数

传热系数 K 值是指在稳定的传热条件下，围护结构两侧空气温差为 1 ℃（K），1 h 通过 1 m^2 面积传递的热量，单位是 W/m^2 · ℃（W/m^2 · K）。传热系数是衡量墙体传热能力的技术指标，热量从墙体的一侧传递到另外一侧，其传递过程不仅仅包含热量在墙体内部的流动（此过程由墙体内部组成材料决定），也包括热量在墙体两侧的边界穿透。

(1) 围护结构热阻的计算。

① 单层结构热阻,其计算公式为。

$$R_i=\frac{\delta_i}{\lambda_i} \tag{1-2-3}$$

式中:δ_i——材料层的厚度,m;

λ_i——材料的计算导热系数,W/(m·K)。

② 多层结构热阻。围护结构通常包含多层材料,其热阻计算公式为

$$\sum R=R_1+R_2+R_3+\cdots+R_n=\frac{\delta_1}{\lambda_1}+\frac{\delta_2}{\lambda_2}+\frac{\delta_3}{\lambda_3}+\cdots+\frac{\delta_n}{\lambda_n} \tag{1-2-4}$$

式中:$R_1,R_2,\cdots\cdots R_n$——各层材料热阻,m^2·K/W;

$\delta_1,\delta_2,\cdots\cdots\delta_n$——各层材料的厚度,m;

$\lambda_1,\lambda_2,\cdots\cdots\lambda_n$——各层材料的导热系数,W/(m·K)。

③ 围护结构总传热阻。表征结构(包括两侧空气边界层)阻抗传热能力的物理量,其计算公式为

$$R_0=R_i+\sum R+R_e \tag{1-2-5}$$

式中:$\sum R$——围护结构各层材料热阻总和,m^2·K/W;

R_i,R_e——内、外表面换热阻,见表1-2-4。

表1-2-4 内外表面换热阻和内外表面换热系数

内表面换热系数	α_i	W/(m^2·K)	围护结构内表面与室内空气温差为1 ℃,1 h内通过1 m^2截面面积传递的热量
内表面换热阻	R_i	m^2·K/W	内表面换热系数的倒数,即 $R_i=1/\alpha_i$
外表面换热系数	α_e	W/(m^2·K)	围护结构外表面与室外空气温差为1 ℃,1 h内通过1 m^2截面面积传递的热量
外表面换热阻	R_e	m^2·K/W	外表面换热系数的倒数,即 $R_e=1/\alpha_e$

通常情况下,$R_i=0.11$ m^2·K/W;$R_e=0.04$ m^2·K/W(冬季)或0.05 m^2·K/W(夏季)。

(2) 围护结构传热系数。

围护结构传热系数是总传热阻的倒数,其计算公式为

$$K_P=\frac{1}{R_0}=\frac{1}{R_i+\sum R+R_e}=\frac{1}{R_i+\sum\frac{\delta_i}{\lambda_i}+R_e} \tag{1-2-6}$$

式中:R_0——围护结构总传热阻,m^2·K/W;

$\sum R$——围护结构各层材料热阻总和,m^2·K/W。

围护各层结构如图1-2-1所示。

(3) 外墙平均传热系数(K_m)的计算。指外墙包括主体部位和周边热桥(构造柱、圈梁以及楼板伸入外墙部分等部位在内)的传热系数平均值,单位为W/(m^2·K),如图1-2-2所示。

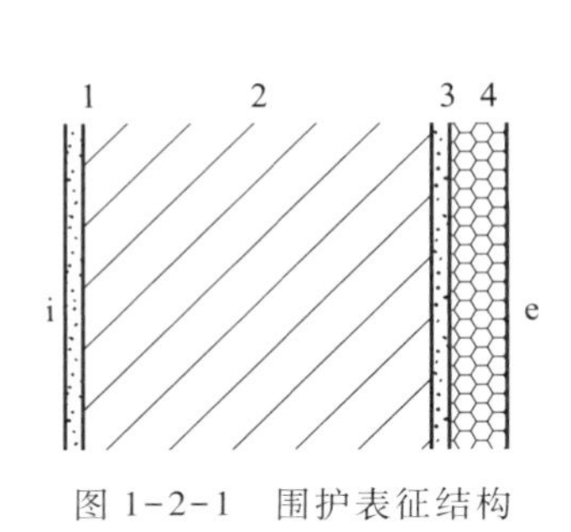

图 1-2-1 围护表征结构

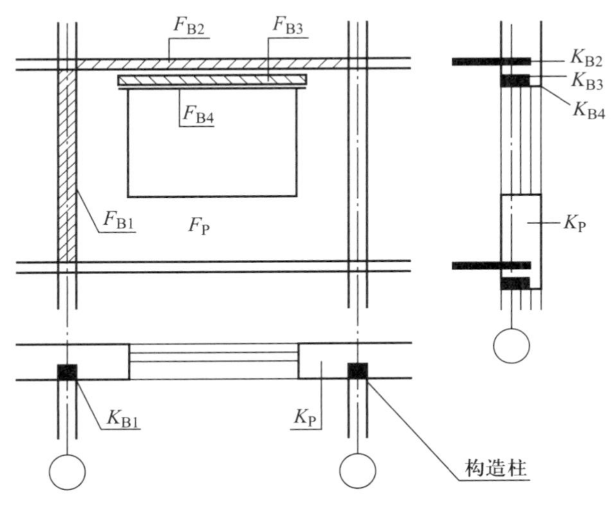

图 1-2-2 外墙热桥部位

按外墙各部位(不包括门窗)的传热系数对其面积的加权平均计算可求得外墙平均传热系数,其计算公式见式 1-2-7:

$$K_m=\frac{K_P\times F_P+K_{B1}\times F_{B1}+K_{B2}\times F_{B2}+K_{B3}\times F_{B3}}{F_P+F_{B1}+F_{B2}+F_{B3}} \tag{1-2-7}$$

式中: K_P——外墙主体部位的传热系数;

F_P——外墙主体部位的面积,m^2;

K_{B1},K_{B2},K_{B3}——外墙周边热桥部位的传热系数;

F_{B1},F_{B2},F_{B3}——外墙周边热桥部位的面积,m^2。

在围护结构传热过程中,热桥部位热损失远远大于主体结构部位,节能设计过程中,应努力降低热桥面积,并做好热桥部位的保温节能设计和施工。

根据建筑物所处城市的气候分区区属不同,建筑外围护结构的传热系数不应大于表 1-2-5 规定的限值,周边地面和地下室外墙的保温材料层热阻不应小于表 1-2-5 规定的限值。

表 1-2-5 严寒 A 区(1A)外围护结构热工性能参数限值

围护结构部位		传热系数 K/[W/(m^2·K)]	
		≤3 层	≥4 层
屋面		0.15	0.15
外墙		0.25	0.35
架空或外挑楼板		0.25	0.35
外窗	窗墙面积比≤30%	1.4	1.6
	30%<窗墙面积比≤45%	1.4	1.6
围护结构部位		保温材料层热阻 R/(m^2·K/W)	
周边地面		2.00	2.00
地下室外墙(与土壤接触的外墙)		2.00	2.00

4. 热惰性指标(D)

热惰性指标是综合反映建筑物外墙蓄热和导热基本关系的技术指标,是目前居住建筑节能设计标准中评价外墙和屋面隔热性能的一个设计指标，表征在夏季周期传热条件下，外围护结构抵抗室外温度波动和热流波动能力的一个无量纲指标，以符号 D 表示，D 值越大，周期性温度波与热流波的衰减程度越大，围护结构的热稳定性愈好。

单一材料围护结构或单一材料层的 D 值，其计算公式为

$$D=R\cdot S \tag{1-2-8}$$

式中：R——材料层的热阻，$m^2\cdot K/W$；

S——材料层的蓄热系数，$W/(m^2\cdot K)$。

当某一足够厚度单一材料层一侧受到谐波热作用时，表面温度将按同一周期波动，通过表面的热流波幅的比值越大，材料的热稳定性越好。空气间层的蓄热系数取 $S=0$。

多层围护结构的 D 值，其计算公式为

$$\sum D=D_1+D_2+\cdots\cdots+D_n=\sum R\cdot S=R_1S_1+R_2S_2+\cdots\cdots+R_nS_n \tag{1-2-9}$$

式中：$D_1,D_2,\cdots\cdots D_n$——各层材料的热惰性指标；

$R_1,R_2,\cdots\cdots R_n$——各层材料的热阻，$m^2\cdot K/W$；

$S_1,S_2,\cdots\cdots S_n$——各层材料的蓄热系数，$W/(m^2\cdot K)$。

在建筑节能设计时，既要注意传热系数 K 对节能的影响，同时也要注意热稳定性大小即热惰性指标 D 值。围护结构各部分的传热系数 K 和热惰性指标 D 是建筑节能工作中一项重要的技术要求，建筑节能设计规范对其有明确的要求。

5. 外窗的综合遮阳系数（SW）

外窗的综合遮阳系数（SW）由外窗本身的遮阳系数 SC 乘以窗口建筑外遮阳系数 SD。

（1）玻璃遮阳系数 Se。玻璃遮阳是指玻璃遮挡或抵御太阳光的能力（主要是针对玻璃围护结构），是表征窗玻璃在无其他遮阳措施情况下对太阳辐射透射得热的减弱程度，其数值为透过窗玻璃太阳辐射得热与 3 mm 厚普通无色透明平板玻璃的太阳辐射得热的比值。遮阳系数越小，阻挡阳光热量向室内辐射的性能越好。

（2）外遮阳系数 SD。为了节约能源，应对窗口和透明幕墙采取外遮阳措施。外遮阳中，分为水平遮阳和垂直遮阳，其中最有效的为水平遮阳板，水平遮阳板外遮阳系数

$$SD_H=a_nPF^2+b_nPF+1 \tag{1-2-10}$$

式中：SD_H——水平遮阳板夏季外遮阳系数；

a_n,b_n——计算系数，按表 1-2-6 选用；

PF——遮阳板外挑系数，$PF=A/B$，当计算出的 $PF>1$ 时，取 $PF=1$，其中 A 为遮阳板外挑长度，B 为遮阳板根部到窗对边距离，如图 1-2-3 所示。

表 1-2-6　水平和垂直外遮阳计算系数

遮阳装置	计算系数	东	东南	南	西南	西	西北	北	东北
水平遮阳板	a_n	0.35	0.48	0.47	0.36	0.36	0.36	0.30	0.48
	b_n	−0.75	−0.83	−0.79	−0.68	−0.76	−0.68	−0.58	−0.83
垂直遮阳板	a_v	0.32	0.42	0.42	0.42	0.33	0.41	0.44	0.43
	b_v	−0.65	−0.80	0.80	−0.82	−0.66	−0.82	−0.84	−0.83

注：其他朝向的计算系数按上表中最接近的朝向选取。

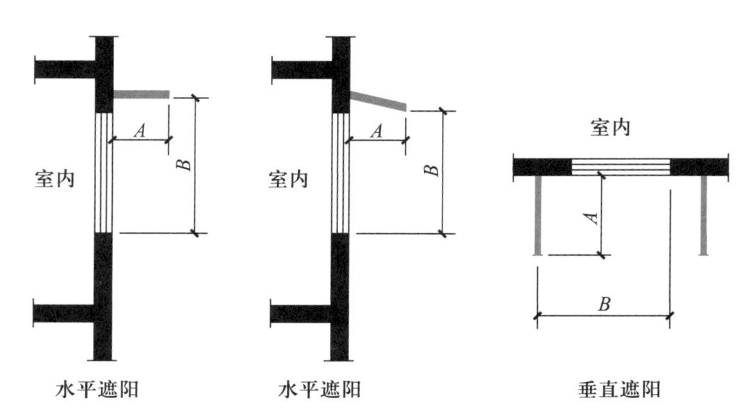

图 1-2-3　遮阳板外挑系数(PF)计算示意图

有外遮阳设施时,外窗的综合遮阳系数

$$SW=SC\times SD=Se\times(1-FK/FC)\times SD \quad (1-2-11)$$

式中:SW——外窗的综合遮阳系数;

SC——外窗本身的遮阳系数;

SD——外遮阳的遮阳系数,应按本标准附录 E 的规定计算。

Se——玻璃的遮阳系数;

FK——窗框的面积,m^2;

FC——窗的面积,m^2。

FK/FC 为窗框面积比,PVC 塑钢窗或木窗窗框比可取 0.30,铝合金窗窗框比可取 0.20。

寒冷 2B 地区居住建筑外窗夏季综合遮阳系数不应大于表 1-2-7 规定的限值。

表 1-2-7　寒冷 B 区(2B)外窗夏季综合遮阳系数限值

外窗的窗墙面积比	综合遮阳系数 SW(东、西向)	综合遮阳系数 SW(水平向)
20%<窗墙面积比≤30%	—	0.40
30%<窗墙面积比≤40%	0.45	—
40%<窗墙面积比≤50%	0.35	—

思考题

1. 已知有三栋建筑,各 10 层计 30 m 高,每层建筑面积均为 600 m^2,如图 1-2-4 所示,计算不同平面形状建筑的体形系数。若三栋建筑楼层变更为各 6 层计 18 m 高时,其体形系数的计算结果如何?由 10 层和 6 层的计算结果进行分析,可得出什么结论?

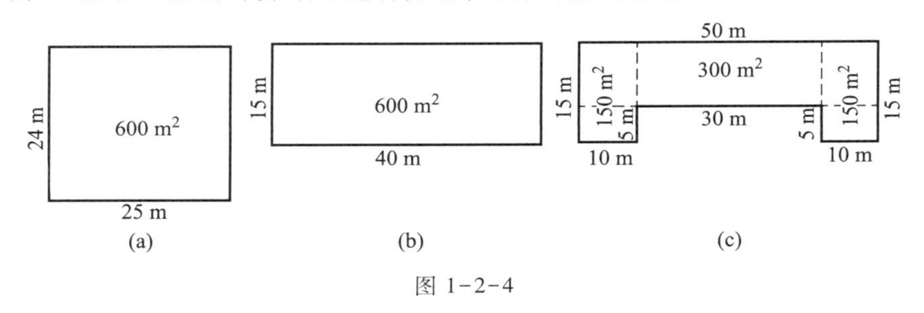

图 1-2-4

2. 已知某办公建筑,其建筑南面长为(4 m,8 个开间房屋)32 m,层高 3 m,4 层,每层设窗(3 m×1.5 m)各 8 个,求此建筑南面的平均窗墙面积比。

3. 以 490 mm 厚黏土实心砖墙为例,已知:$R_i=0.11$,$R_e=0.04$,$\delta_1=0.02$,$\lambda_1=0.87$,$\delta_2=0.49$,$\lambda_2=0.81$,$\delta_3=0.02$,$\lambda_3=0.93$,$S_1=10.75$,$S_2=10.63$,$S_3=11.37$(S 为蓄热系数)。试计算其传热系数 K 和热惰性指标 D。

4. 某居住建筑其结构体系为框架结构,其外墙主体为 240 mm 厚 P 型烧结多孔砖,保温层为 40 mm 厚胶粉聚苯颗粒浆料。其热工参数如下:

① 15 mm 厚混合砂浆 $R=0.020\ m^2\cdot K/W$;

② 240 mm 厚 P 型烧结多孔砖 $R=0.420\ m^2\cdot K/W$;

③ 240 mm 厚钢筋混凝土梁、柱(墙)$R=0.120\ m^2\cdot K/W$;

④ 40 mm 厚胶粉聚苯颗粒保温砂浆 $R=0.500\ m^2\cdot K/W$;

⑤ 5 mm 厚抗裂砂浆(含玻纤网)$R=0.004\ m^2\cdot K/W$;

⑥ 弹性底涂、柔性腻子、外墙涂料、内墙涂料 $R=0.001\ m^2\cdot K/W$。

若外墙主体与结构性热桥的面积比为 $A:B=0.65:0.35$,同时,为施工方便,主体部位与热桥部位的保温构造和厚度都相同,计算本墙体平均传热系数。

5. 已知某办公建筑按节能分类为乙类建筑,建筑南面长为 32 m(4 m,8 个开间房屋),层高 3 m,4 层,每层设铝合金窗 8 个(单个面积为 3 m×1.5 m),每扇窗顶均设 0.6 m 水平遮阳。已知 6+12+6 普通中空玻璃 $S_e=0.86$。求每扇窗的综合遮阳系数。

项目 3 建筑节能材料

【学习目标】

1. 理解保温材料的传热方式和保温机理。

2. 熟练掌握各种建筑保温材料的性能。

3. 掌握新型节能玻璃,如吸热玻璃、热反射玻璃、低辐射玻璃、中空和真空玻璃对光能的不同表现。

建筑工程中,把用于控制室内热量外流的材料称为保温材料,把防止室外热量进入室内的材料称为隔热材料,或将两种材料笼统称为保温隔热材料或绝热材料。保温隔热(绝热)材料在节能建筑、绿色建筑、零能耗建筑中起着难以替代的作用。

1.3.1 建筑节能保温材料概述

1. 定义

在一般的建筑保温中,把在常温(20 ℃)下,导热系数 $\lambda\leqslant 0.233\ W/(m\cdot K)$ 的材料称为保温材料。通常,材料密度越小,导热系数越小,保温效果越好。材料的导热系数取决于材料的成分、内部结构、表观密度等,也取决于传热时的平均温度和材料的含水量。

2. 特点与机理

保温材料一般是轻质、疏松、多孔、纤维材料。多孔和孔隙结构中存在的静止干燥空气是保温的关键因素,该结构改变了热的传递路径和形式,从而使传热速度大大减慢;由于空气为静止,孔中的对流和辐射换热在总体传热中所占比例很小,以空气导热为主,即固体传热转化为不同孔

隙的静止空气传热，而空气的导热系数为 0.017~0.029 W/(m·K)，远小于固体导热。

1.3.2　建筑节能保温材料分类

建筑用保温、隔热材料主要分为有机保温材料和无机保温材料。一般有机保温材料的保温隔热性能较无机保温材料好，但耐久性较差。保温材料形态一般有纤维状、微孔状、气泡状及层状四种。

1. 有机保温材料

有机保温材料以泡沫塑料为主，泡沫塑料是多孔状的轻质、保温、隔热、吸声、防震材料，适用于建筑工程的吸声、保温与绝热等。泡沫塑料的种类很多，多以树脂命名。

（1）模塑聚苯乙烯泡沫板（EPS 板）。是由含有挥发性液体发泡剂的可发性聚苯乙烯珠粒经加热预发后，在模具中加热而成型的白色物体，微细闭孔结构，具有质轻、导热系数小、保温隔热性能好、不吸水、耐酸碱性好、耐热性好等特点，且具有弹性、抗冲击性。一般制品易燃，加入阻燃剂改善燃烧性能，EPS 制品抗老化，在很低的温度下可以长期使用，在-150 ℃时也不会发生结构变化，温度高于 70 ℃会发生形变。

EPS 板用于建筑墙体，屋面保温，复合板保温，冷库、空调、车辆、船舶的保温隔热，地板采暖，装潢雕刻等。还有将聚苯乙烯泡沫塑料与炉渣、陶粒等混合制成水泥混凝土聚苯板、炉渣混凝土聚苯板以及陶粒聚苯复合保温板等，这些制品也有着较好的保温性能。

（2）挤塑板（XPS 板）。是一种具有高抗压、吸水率低（可以在长期与水汽接触的环境下，保温性能基本保持不变）、防潮、不透气、质轻、耐腐蚀、超抗老化（长期使用几乎无老化）、导热系数低等优异性能的环保型保温材料。

XPS 板应用于墙体保温，平面混凝土屋顶及钢结构屋顶保温，低温储藏地面、低温地板辐射采暖管下、泊车平台、机场跑道、高速公路等领域的防潮保温，控制地面冻胀的隔热、防潮。挤塑板因具有优异的防腐蚀性、抗老化性、保温性，即使在高水蒸气压力下，仍能保持其优异的性能，使用寿命可达 30~40 年。

（3）聚氨酯泡沫塑料。又名聚氨基甲酸酯泡沫塑料，具有表观密度小、导热系数低、不发霉、可加工性好、吸声性好、抗震能力强的优点。为了防火，往往使用一些不燃材料作为其覆盖层，如石棉水泥板、石膏板、金属板和混凝土等。可喷涂发泡成型。

（4）聚氯乙烯泡沫塑料。是以聚氯乙烯树脂为主体，加入发泡剂及其他添加剂制成，是一种使用较早的泡沫塑料。分硬质和软质两类，而以软质居多。它具有良好的机械性能和冲击吸收性，是一种闭孔型柔软的泡体，其密度在 50~100 kg/m^3 之间，化学性能稳定，耐腐蚀性强，不吸水，不易燃烧，价格便宜。但它有耐候性差有一定毒性等缺点。

（5）聚乙烯泡沫塑料。是以聚乙烯树脂为主要原料加工而成，具有质轻、柔软、吸水性小、吸声、保温、隔热、耐油、耐寒、耐酸碱、有一定弹性、易于弯曲等特点。用它可做保温、隔热、吸声、防震材料。

（6）脲醛泡沫塑料。俗称“电玉”，质轻，价廉，保温性好，耐腐蚀，可用于建筑保温材料和缓冲包装材料。

（7）酚醛泡沫塑料。耐燃性好、发烟量低、高温性能稳定、绝热隔热、隔声、易加工成型，且具有较好的耐久性。

采用酚醛泡沫保温装饰板作外墙保温材料，可同时满足绝热和防火的要求，其作为封闭与控制火势的材料用于公共建筑，就能够从根本上杜绝有机易燃材料、无机材料的粉尘和细小纤维污染给人们带来的安全和健康双重危害。

（8）胶粉聚苯颗粒保温砂浆。是由胶粉料和聚苯颗粒组成，聚苯颗粒体积不小于 80% 的保温砂浆，外墙内外表面均可使用，施工方便，且保温效果较好。其导热系数低，保温隔热性能好，抗压强度高，黏结力、附着力强，耐冻融，干燥收缩率及浸水线性变形率小，不易空鼓、开裂。适用于多层、高层建筑的钢筋混凝土结构、加气混凝土结构、砌块结构、烧结砖和非烧结砖等外墙保温工程。

优点：造价适中，性价比高；阻燃性好，对基层平整度要求不高；抹灰成型，整体性能好，适用于异型墙面。缺点：施工要求较高；厚度不易控制；档次相对较低。

2. 无机保温材料

（1）岩棉。又称岩石棉，是矿物棉的一种。具有质轻，不燃，导热系数小，吸声性能好，化学稳定性好，强度高，保温隔热、隔冷，工作温度高（最高使用温度 600 ℃）等突出优点。

应用：运用于建筑、石油、化工、电力、冶金、国防和交通运输等行业，是各类建筑物、管道、储罐、蒸馏塔、锅炉、烟道、热交换器、风机和车船等工业设备及部位的保温隔热、隔冷、吸声。

（2）珍珠岩。具有表观密度轻、导热系数低、化学稳定性好、使用温度范围广、吸湿能力小，且无毒、无味、防火、吸声等特点。可制作成轻型保温材料、膨胀珍珠岩制品。

应用：混凝土骨材；轻质、保温、隔热吸音板；防火屋面和轻质防冻、防震、防火、防辐射等高层建筑工程墙体的填料、灰浆等建筑材料；各种工业设备、管道绝热层；各种深冷、冷库工程的内壁；低沸点液体、气体的贮藏内壁和运输工具的内壁等。

（3）膨胀蛭石。生蛭石片经高温焙烧后，体积能迅速膨胀 8~20 倍，膨胀后的蛭石就叫膨胀蛭石，具有很强的保温隔热性能。

应用：应用于建筑、冶金、石油、造船、环保、保温、隔热、绝缘、节能等领域。

（4）加气混凝土。优点是质轻、防火、隔声、保温、抗渗、抗震、环保、耐久、快捷、经济。

（5）陶粒混凝土。优点是粉刷不空鼓，不易产生裂缝。隔声、隔热性能优良，装饰方便，可直接在墙体上打膨胀螺丝，且牢固度高。

1.3.3　界面剂及黏结材料

1. 界面剂

界面剂适用于改善砂浆层与水泥混凝土、加气混凝土等材料基面的黏结性能。可用于新老混凝土之间的界面、废旧瓷砖、陶瓷棉砖等表面的处理；也可用于聚苯板、钢丝网架聚苯板、挤塑板、聚氨酯板的表面处理。

（1）按组成划分为：

P 类：由水泥等无机胶凝材料、填料和有机外加剂等组成的干粉状产品。

D 类：含聚合物分散液的产品，分单组分和多组分界面剂。

（2）按使用基面划分为：

Ⅰ型：适用于水泥混凝土的界面处理。

Ⅱ型：适用于加气混凝土的界面处理。

2. 黏结材料

黏结材料分为无机和有机两大类。

（1）无机胶凝材料：水泥、石膏、石灰。

（2）有机胶凝材料：均聚物，如醋酸乙烯；共聚物，如醋酸乙烯-乙烯（EVA）、醋酸乙烯-叔碳酸乙烯酯（VeoVa）、苯乙烯-丙烯酸；三元共聚物，如醋酸乙烯-叔碳酸乙烯酯-丙烯酸。

1.3.4 增强材料

耐碱玻璃纤维网格布：对裂缝的产生和发展有一定的约束作用，并有提高砂浆的抗拉和抗折作用。但是，玻璃纤维不耐碱，长期在碱性条件下会丧失强度。因为砂浆中的碱性化合物 $Ca(OH)_2$、NaOH 对玻璃纤维有侵蚀和溶化作用，导致玻璃纤维丧失强度。可以通过改变玻璃纤维的成分，比如加入锆（Zr）元素或者在玻璃纤维上涂覆耐碱高分子化合物（如丙烯酸乳液、丁苯乳液）来提高玻璃纤维的耐碱程度。

1.3.5 建筑节能玻璃

（1）吸热玻璃。在允许太阳光谱中大量的可见光透过的同时，吸热玻璃对红外线部分有较高的吸收性，使室内温度较室外气温高得多。其特点是遮阳系数比较低，太阳能总透射比、太阳光直接透射比和太阳光直接反射比都较低，可见光透射比、玻璃的颜色可以根据玻璃中金属离子的成分和浓度变化。传热系数、辐射率与普通玻璃差别不大。

（2）热反射玻璃。在玻璃表面上镀一薄层精细的半透明金属罩面，它可以有选择地反射大部分红外线辐射。由于此罩面易受机械作用的损坏，故宜用带有空气间层的双层玻璃或薄金属片加以保护。热反射玻璃是对太阳能有反射作用的镀膜玻璃，其反射率可达 20%~40%，甚至更高。它的表面镀有金属、非金属及其氧化物等各种薄膜，这些膜层可以对太阳能产生一定的反射效果，从而达到阻挡太阳能进入室内的目的。在炎热地区，夏季可节省室内空调的能源消耗。热反射玻璃的遮蔽系数、太阳能总透射比、太阳光直接透射比和可见光透射比都较低，太阳光直接反射比、可见光反射比较高，而传热系数、辐射率则与普通玻璃差别不大。

（3）低辐射玻璃。是一种对波长在 4.5~25 μm 范围内的远红外线有较高反射比的镀膜玻璃，它具有较低的辐射率，在冬季，它可以反射室内暖气辐射的红外热能，辐射率一般小于 25%，将热能保护在室内。低辐射玻璃的遮蔽系数、太阳能总透射比、太阳光直接透射比、可见光透射比，太阳光直接反射比、可见光反射比，都与普通玻璃差别不大。而传热系数、辐射率都比较低。

（4）中空玻璃。是将两片或多片玻璃以有效支撑均匀隔开并对周边黏结密封，使玻璃层之间形成有干燥气体的空腔，其内部形成了一定厚度的被限制流动的气体层。由于这些气体的导热系数远远小于玻璃的导热系数，因此具有较好的隔热能力。

采用高性能中空玻璃配置，即低辐射玻璃、超级间隔条和氩气，能从三方面同时减少中空玻璃的传热，与普通中空玻璃相比，其节能效果改善 44%。

（5）真空玻璃。结构类似于中空玻璃，所不同的是真空玻璃空腔内的气体非常稀薄，近乎真空，其隔热原理就是利用真空构造隔绝热传导，传热系数很低。根据有关资料数据，同种材料真空玻璃传热系数至少比中空玻璃低 15%。

（6）普通贴膜玻璃。普通玻璃可以通过贴膜达到吸热、热反射或低辐射的效果。贴膜玻璃的节能效果与同功能的镀膜玻璃类似。它由玻璃材料和贴膜两部分组成，贴膜是由特殊的聚酯薄膜作为基材，镀上各种不同的高反射率金属或金属氧化物涂层。它不仅能反射较宽频带的红外线，还具有较高的可见光透射比，而且具有选择性透光性能。玻璃膜直接贴在玻璃表面，具有极强的韧性，不同种类的膜和玻璃配合使用，可达到不同要求的安全和节能效果。

1.3.6　建筑保温材料的发展趋势

1. 向外墙外保温发展

由外墙内保温向外墙外保温发展，克服内保温隔热效果差、热桥保温处理困难等不足，发挥外保温能保护主体结构，延长建筑物寿命，消除热桥现象，提高建筑物防水功能和气密性，提高室内环境热舒适度的特点。

2. 多功能复合化发展

各种建筑保温材料各有特色又有各自不足，为了克服单一材料不足，则需要使用多功能复合型的建筑保温材料。

3. 向轻质化发展

同种材料密度越小其隔热性能越好，轻质材料不会造成建筑物结构的额外负担。随着轻质房屋体系的发展，建筑保温材料也必向轻质化方向发展。

4. 向绿色化发展

建筑保温材料从原料来源、生产加工制造过程、使用过程，以及产品的使用功能失效、废弃后对环境的影响及再生循环利用等方面满足绿色建材的要求是必然趋势。

思考题

1. 什么是建筑节能材料的热物理性能？
2. 增强材料——耐碱玻璃纤维网格布在建筑中的作用是什么？
3. 比较无机、有机保温材料的主要不同。

项目 4　围护结构节能

【学习目标】

1. 能解释围护结构能量损失方式。
2. 能根据不同部位，提出相应的围护结构节能措施。

1.4.1　能量损失方式

建筑围护结构能量的损失如图 1-4-1 所示。热能传递方式分辐射、传导、对流三个过程，如图 1-4-2 所示。

这三种方式对建筑外围护结构的影响也有所不同。热辐射主要发生在屋顶、墙体、门窗等与太阳热能之间。太阳直射热和辐射热被照射物吸收后，一部分转化成物质热能量表征为玻璃板材本体的温度升高，一部分转化为远红外热辐射能，还有一部分被墙体材料反射。热传导主要由建筑外围护结构室内外的温差使热能沿墙体、屋顶实体材料由温度高的一侧（室内面或室外面）向温度低的一侧（室外面或室内面）移动。热对流是通过空气空间和缝隙进行的，自然状态下热对流行为是竖向移动，当热对流发生在水平空气层间时将发生环状对流现象，此时的热对流是最大的，垂直空气层间的热对流就很小。

1.4.2　围护结构节能技术

建筑物围护结构的能量损失主要来自四部分：① 外墙（约 50%）；② 门窗（约 25%）；③ 屋顶

图 1-4-1　热损失示意图

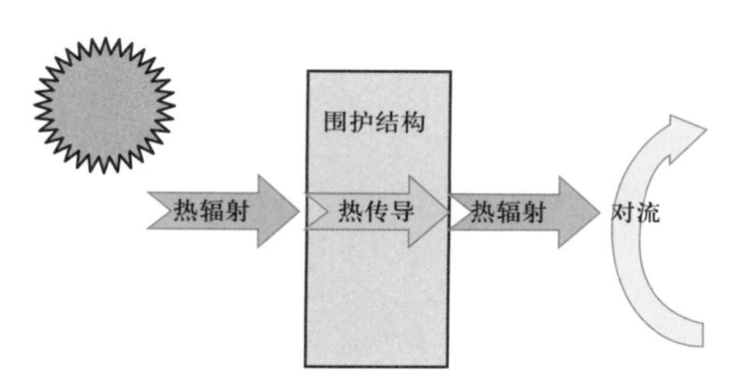

图 1-4-2　热能传递方式

(约 15%);④ 楼地面(约 10%),如图 1-4-3 所示。建筑外墙作为建筑表皮,是室内活动空间的保护层,是围护结构中最重要的一个部分,屋面、门窗和楼地面作为围护结构不可缺少的一部分在整体的节能效果上也扮演着重要的角色。针对上述四个能量损失重点部位,须采用切实可行的建筑节能技术。

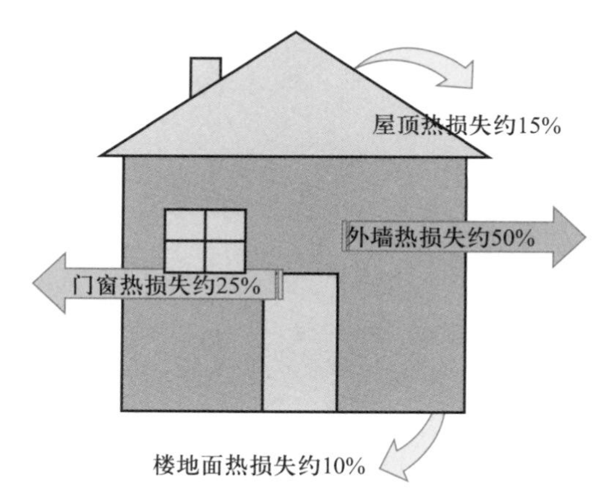

图 1-4-3　建筑围护结构的能量损失部位

1. 外墙节能技术

传统的用重质单一材料增加墙体厚度来达到保温的做法已不能适应节能和环保的要求,而复合墙体越来越成为墙体节能的主流。复合墙体一般用块体材料或钢筋混凝土作为承重结构，与保温隔热材料复合，或在框架结构中用薄壁材料加以保温、隔热材料作为墙体。墙体的复合技术有外附保温层、内附保温层、自保温以及夹芯保温层四种。

2. 门窗节能技术

门窗具有采光、通风和围护的作用，在建筑艺术处理也上起着非常重要的作用。然而门窗又是最容易造成能量损失的部位。为了增大采光通风面积或表现现代建筑的性格特征，目前建筑物的门窗面积越来越大，更有全玻璃的幕墙建筑，这就对门窗的节能提出了更高的要求。目前，对门窗的节能处理主要是改善材料的保温隔热性能和提高门窗的密闭性能。

3. 屋面节能技术

屋面的保温、隔热是围护结构节能的重点之一。在寒冷的地区屋面设保温层，以阻止室内热量散失；在炎热的地区屋面设置隔热层以阻止太阳的辐射热传至室内；而在冬冷夏热地区（黄河至长江流域），建筑节能则要冬、夏兼顾。屋面节能常用的技术措施是在屋面设置导热系数小的轻质材料用作保温层。屋面保温、隔热的方法有架空通风、屋面蓄水或定时喷水、屋面绿化等。

4. 楼地面节能技术

北方采暖地区居住建筑中常把底层做成地下室、半地下室或架空层。地下室一般是不采暖的，这样就使顶上住户因地面楼板下侧温度低而加大供热能耗。

接触室外空气的地板（如骑楼、过街楼）、不采暖地下室上部的地板等，应采取适当保温措施。层间楼板可采取保温层直接设置在楼板上表面或楼板底面；底面接触室外空气的架空或外挑楼板宜采用外保温系统；严寒及寒冷地区采暖建筑的底层地面应以保温为主，在持力层以上土壤层的热阻已符合地面热阻规定值的条件下，宜在地面面层下铺设适当厚度的板状保温材料，进一步提高地面的保温性能；楼地面也可采用地板辐射采暖技术。

思考题

1. 围护结构能量损失的途径是什么？热损失的方式是什么？
2. 建筑围护结构节能措施有哪些？

学习情境

2

建筑外墙节能技术

目前,外墙保温节能技术主要有外墙外保温节能技术、外墙内保温节能技术、外墙自保温节能技术、外墙夹芯保温节能技术。

项目1 外墙外保温节能技术

【学习目标】

1. 能熟知外墙外保温系统特点。
2. 能根据实际工程进行外墙外保温节能施工施工准备。
3. 能通过施工图、相关标准图集等资料制订外墙外保温施工方案。
4. 能够在施工现场进行安全、技术、质量管理控制。
5. 能进行安全、文明施工。

外墙外保温是将保温隔热体系置于外墙外侧。外保温与其他保温形式相比,技术合理,有其明显的优越性。使用同样规格、同样尺寸和性能的保温隔热材料,外保温比内保温节能效果好,主要是避免了热桥的影响。外保温施工技术水平要求较高,质量检验标准严格。外保温技术不仅适用于新建工程,也适用于既有建筑的节能改造。外墙外保温体系比较适合于夏热冬暖地区的北区及其以北各气候区。

目前我国建筑工程中常用的外墙外保温系统主要有:粘贴泡沫塑料保温板外保温系统、胶粉EPS颗粒保温浆料外保温系统、EPS板现浇混凝土外保温系统、EPS钢丝网架板现浇混凝土外保温系统、胶粉EPS颗粒浆料贴砌保温板外保温系统、现场喷涂硬泡聚氨酯外保温系统、保温装饰板外保温系统七种常见的保温系统。

2.1.1 粘贴泡沫塑料保温板外墙外保温系统

粘贴泡沫塑料保温板外保温系统(以下简称"粘贴保温板系统")由黏结层、保温层、抹面层和饰面层构成。黏结层材料为胶黏剂;保温层材料可为EPS板和XPS板;抹面层材料为抹面胶浆,抹面胶浆中满铺增强网;饰面层材料可为面砖或涂料饰面。保温板主要依靠胶黏剂固定在基层上,并使用锚栓辅助固定,如图2-1-1、图2-1-2所示。

1. 技术特点

以聚苯板等泡沫塑料作保温层,导热系数小,保温可靠,可满足现行65%及更高节能标准的要求。采用粘钉结合的连接方式,可确保与结构墙体的连接安全,系统具有可靠的耐久性。

粘贴保温板外墙外保温结构层

2. 适用范围

粘贴泡沫塑料保温板系统适用于各类地区新建建筑和既有建筑改造工程。

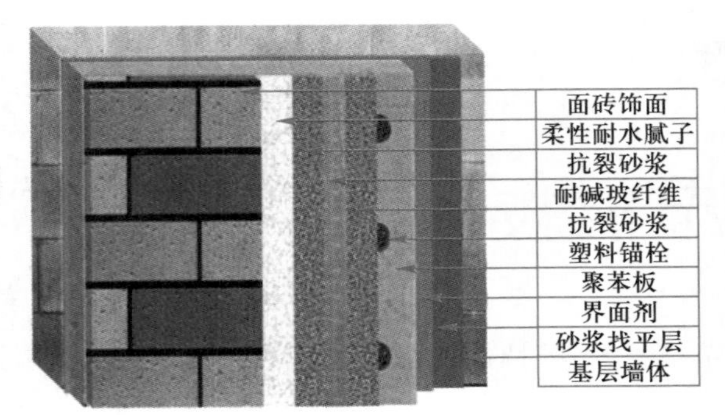

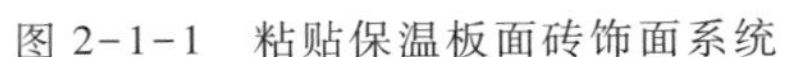
图 2-1-1　粘贴保温板面砖饰面系统

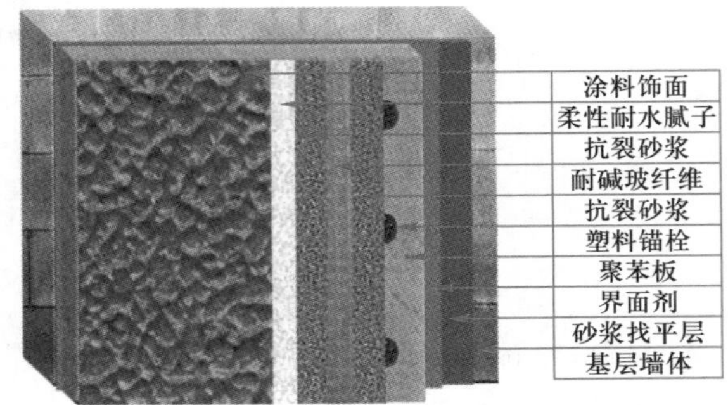

图 2-1-2　粘贴保温板涂料饰面系统

3. 工艺原理

针对外饰面为面砖的饰面荷载增大，为抵抗保温材料剪切变形和高空风压，系统采用与基层墙体粘钉结合的连接方式，按设计或每两层设一道托架；使用聚合物砂浆，增强网采用与砂浆握裹力好的先焊后热浸镀锌钢丝网，7～11 mm 厚聚合物砂浆防护；选用高性能的饰面砖胶黏剂和填缝剂，并采取多种构造措施。以此确保了外保温饰面砖做法的系统安全性和耐久性。

4. 施工工艺流程及操作要点

（1）施工工艺流程

基层处理──→测量放线──→挂基准线──→安装托架──→粘贴保温板──→安装胀塞套管──→抹聚合物砂浆底层──→安装钢丝网──→抹聚合物砂浆面层──→外饰面层作业──→验收。

（2）操作要点

1）放线。根据建筑立面设计和外保温技术要求，在墙面上弹出外门窗水平、垂直控制线及伸缩缝线、装饰线条、装饰缝线等。

2）拉基准线。在建筑外墙大角（阳角、阴角）及其他必要处挂垂直基准钢丝线，每个楼层适当位置挂水平线，以控制保温板的垂直度和平整度。

3）涂界面剂。在保温板与外墙的黏结面上涂刷界面剂，晾置备用。

4）配保温板胶黏剂。按配制要求严格计量，采用机械搅拌，确保搅拌均匀。一次配制量应少于可操作时间内的用量。拌好的料注意防晒避风，超过可操作时间后不准使用。

5）安装托架。

① 从最下层粘贴保温板处弹水平线，沿线安装托架，方法如图 2-1-3 所示。

② 托架依据结构层高和保温板尺寸按设计要求留设，若无要求则每两楼层留设一道，以在楼板位置为宜；若结构本身有挑出构造，可替代托架。

③ 托架应做防腐蚀处理。

6）粘贴保温板。

① 排板按水平方向顺序进行，上下应错缝粘贴，阴阳角处做错槎处理；保温板的拼缝得留在门窗口的四角处。做法参照图 2-1-4。

② 保温板的黏结方式有点框法和条粘法。点框法适用于平整度较差的墙面，条粘法适用于

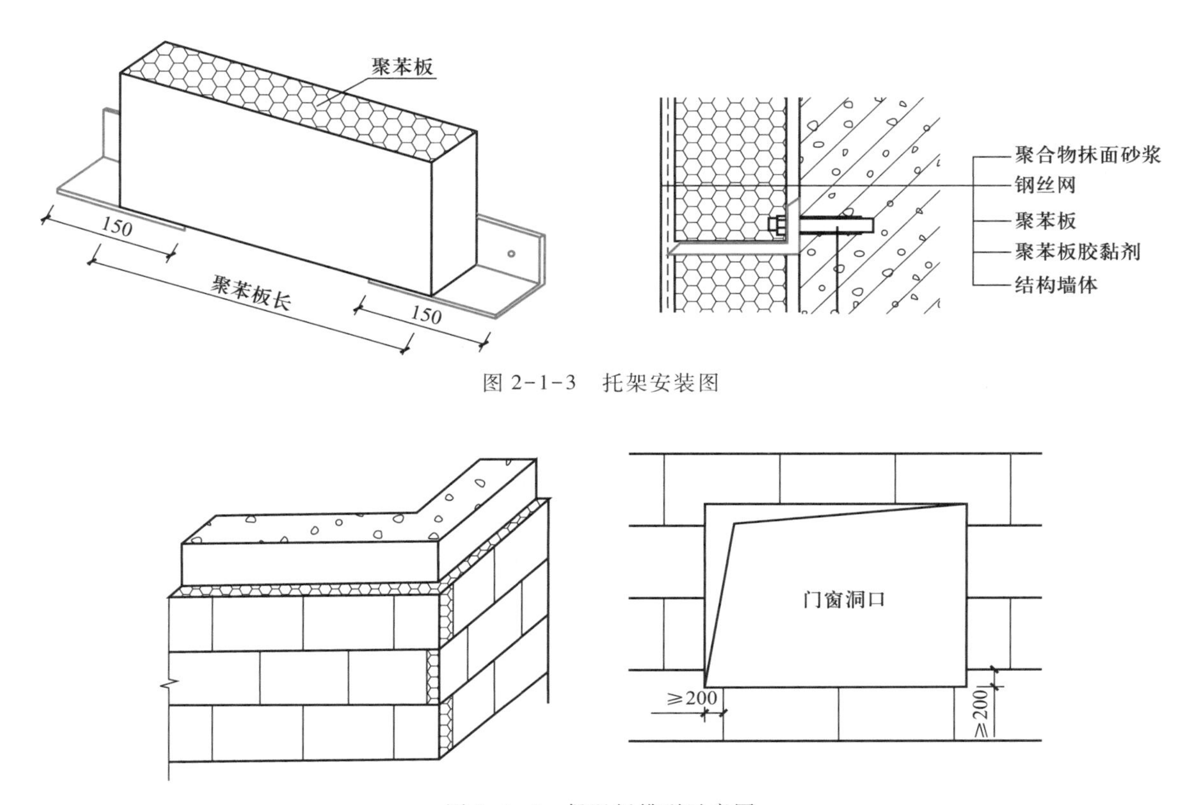

图 2-1-3　托架安装图

图 2-1-4　保温板排列示意图

平整度好的墙面，黏结面积率不小于 50%。不得在保温板侧面涂抹胶黏剂。具体做法参照图 2-1-5。

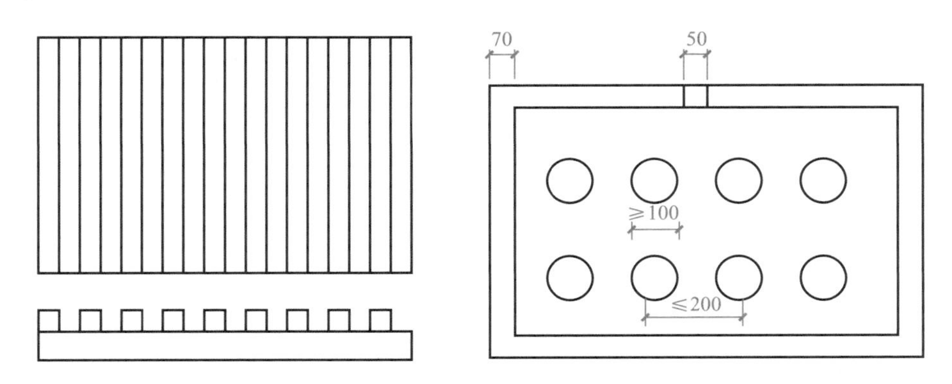

图 2-1-5　保温板黏结示意图

③ 粘板时应轻柔、均匀地挤压保温板，随时用 2 m 靠尺和托线板检查平整度和垂直度。注意清除板边溢出的胶黏剂，使板与板之间无"碰头灰"。板缝拼严，缝宽超出 2 mm 时用相应厚度的保温片填塞，拼缝高差不大于 1.5 mm。否则，应用砂纸或专用打磨机具打磨平整，打磨后清除表面漂浮颗粒和灰尘。

④ 局部不规则处粘贴保温板可现场裁切，但必须注意切口与板面垂直。整块墙面的边角处应用最小尺寸超过 300 mm 的保温板。

7）安装胀塞套管。

① 在保温板粘贴 24 h 后按设计要求的位置打孔，塞入胀塞套管。

② 锚固件按梅花形布置，在靠近阳角部位应局部加强。锚固件数量按照设计或甲方要求，不得少于 4 个/m^2。每平方米锚固件数量要求见表 2-1-1。

表 2-1-1　每平方米锚固件数量表

间距/mm	300	350	400	450	500
每平方米锚固件数量/(个/m^2)	11	8	6	5	4

8）抹底层抹面砂浆。对套管孔进行保护处理后抹底层抹面砂浆，厚度为 5～7 mm。

9）安装钢丝网。

① 抹完底层抹面砂浆 24 h 后可铺设钢丝网，将锚固钉（附垫片）压住钢丝网插入胀塞套管，使钢丝网拉紧、绷平，紧贴底层抹面砂浆，然后拧紧锚固钉。

② 钢丝网裁剪宜保证最外一边网格的完整；钢丝网搭接不少于 50 mm，且保证 2 个完整网格的搭接；左右搭接接槎应错开，防止局部接头网片层数过多，影响抹灰质量；钢丝网铺设时应沿一边进行，尽量使钢丝网拉紧、绷平。

③ 阴阳角和门窗口边的折边应提前按位置折成直角，保证转角处的垂直平整。门窗口处钢丝网卷边长度以掩至门窗口或附框口边为准；阴阳角 400 mm 范围内不宜搭接，如图 2-1-6 和图 2-1-7 所示。

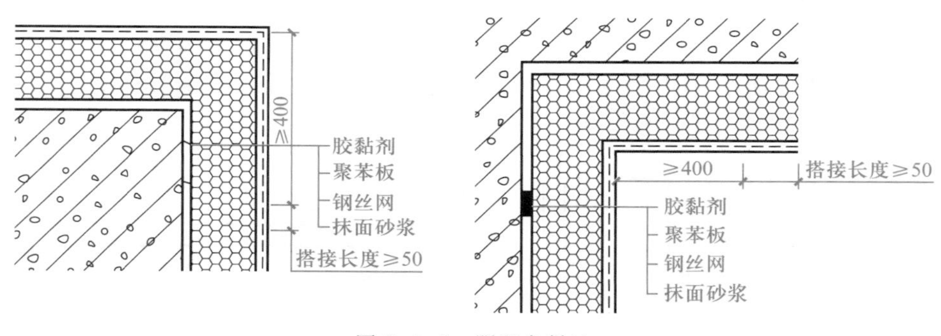

图 2-1-6　阴阳角做法

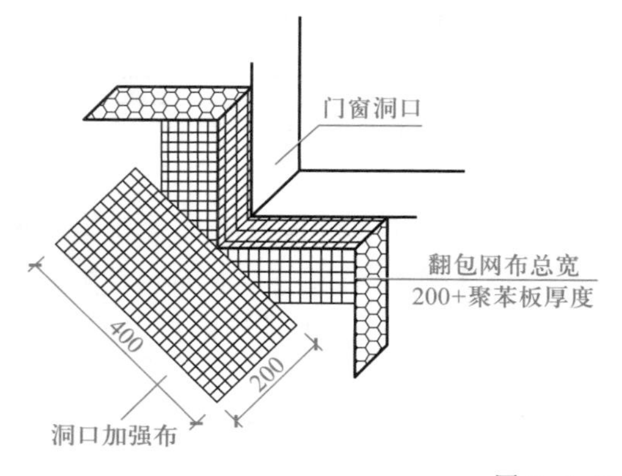

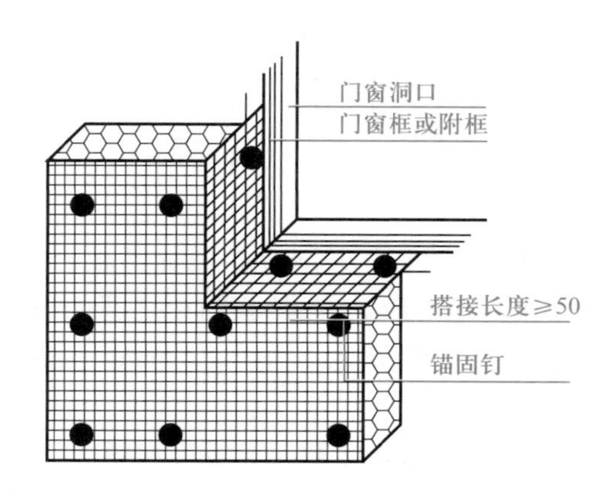

图 2-1-7　洞口做法

10）抹面层抹面砂浆。

① 在钢丝网上抹面层抹面砂浆，厚度为2~4 mm，钢丝网不得外露。

② 砂浆抹灰施工间歇应在自然断开处，如伸缩缝、挑台等部位，以方便后续施工的搭接。在连续墙面上如需停顿，面层砂浆不应完全覆盖已铺好的钢丝网，需与钢丝网、底层砂浆形成台阶形坡槎，留槎间距不小于150 mm，以免钢丝网搭接处平整度超出偏差。

11）"缝"处理——伸缩缝、结构沉降缝的处理。

① 伸缩缝施工时，分格条应在抹灰工序时就放入，待砂浆初凝后取出，修整缝边；缝内填塞发泡聚乙烯圆棒（条）作背衬，再分两次勾填建筑密封膏，勾填厚度为缝宽的50%~70%。

② 沉降缝根据具体缝宽和位置设置金属盖板，以射钉或螺钉紧固。具体做法如图2-1-8和图2-1-9所示。

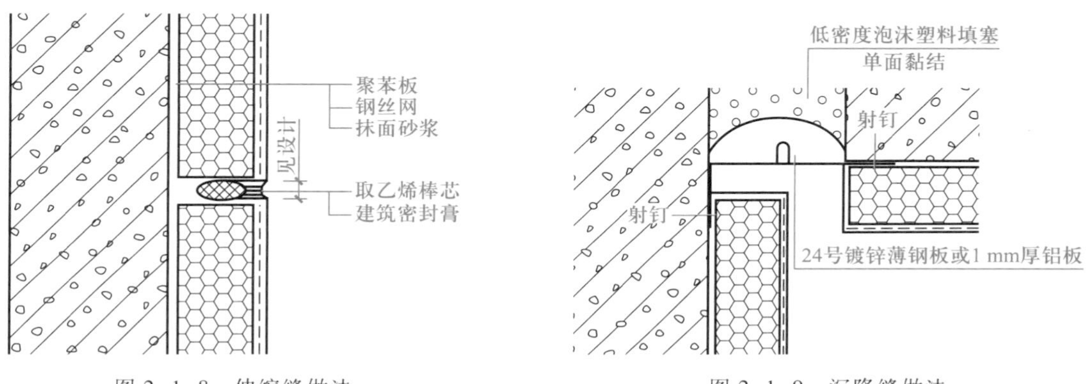

图2-1-8　伸缩缝做法　　　图2-1-9　沉降缝做法

12）面砖饰面作业。应在样板件测试合格，抹面砂浆施工7d后抹灰基面达到饰面施工要求时进行面砖饰面作业。

① 弹分格线、排砖。在抹面砂浆上，按排砖大样图和水平、垂直控制线弹出分格线。根据深化设计图和实际尺寸，结合面砖规格进行现场排砖。排砖时水平缝应与门窗口平齐，竖向应使各阳角和门窗口处为整砖。同一墙面上的横、竖排列，不得有一行以上的非整砖，非整砖应排在不明显处，即阴角或次要部位，且不宜小于1/2整砖。通常用缝宽来调整面砖排列尺寸，但砖缝宽度应不小于5 mm，不得采用密缝。墙面突出的卡件、孔洞处，面砖套割应吻合，排砖应美观。具体做法如图2-1-10所示。

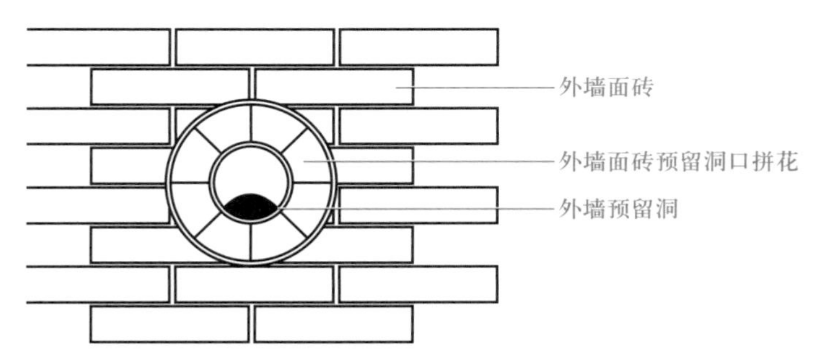

图2-1-10　外墙预留洞口面砖套割示意图

② 浸砖。将选好的面砖清理干净，浸水 2 h 以上，并清洗干净，待表面晾干后方可粘贴。

③ 粘贴面砖。先粘贴标砖作为基准，控制面砖的垂直、平整度和砖缝位置、出墙厚度。然后在每一分格内均挂横竖向通线，作为粘贴标准，自下而上进行粘贴。黏结层厚度宜为 4～8 mm。在各分格第一皮面砖的下口位置上固定好托尺，第一皮面砖落在托尺上与墙面贴牢，用水平通线控制面砖的外皮和上口，然后逐层向上粘贴。面砖粘贴时，面砖之间的水平缝用宽度适宜的分格条控制，分格条用贴砖砂浆临时粘贴，并临时加垫小木楔调整平整度。待粘贴面砖的砂浆强度达到设计强度的 75%时，取出分格条。

面砖阳角拼接做法采用倒 2 mm 角的做法，避免面砖出现“硬碰硬”现象。具体做法如图 2-1-11 所示。

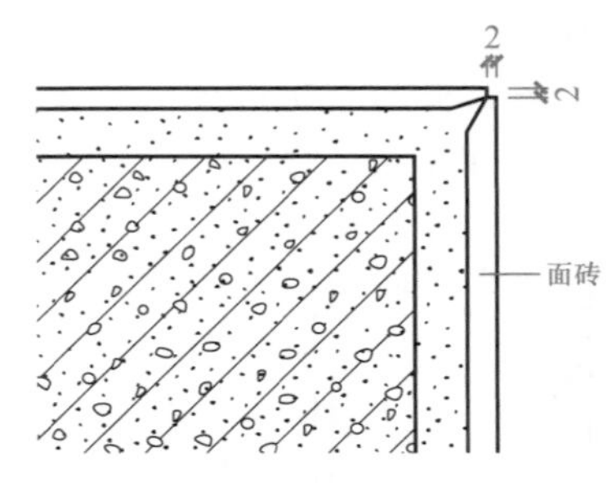

图 2-1-11　阳角倒角拼缝

女儿墙压顶、窗台等部位需要粘贴面砖时，除流水坡度符合设计要求外，应采取顶面砖压立面砖的做法，防止向内渗水，引起空裂，同时还应采取立面中最下一排低于底面砖 4～6 mm 的做法，使其起到滴水线（槽）的作用，防止“尿檐”引起污染，详细做法如图 2-1-12 所示。饰面砖胶黏剂的披刮采用双布法，即先在墙面上用梳齿抹子满刮一道饰面砖胶黏剂，如图 2-1-13 所示。然后在砖背面满抹一层饰面砖胶黏剂，接着把面砖粘贴到墙上，用小铲轻轻敲击，使之与基层黏结牢固，并用靠尺检查，调整平整度和垂直度，用开刀调整面砖的横竖缝。在黏结层初凝前或允许的时间内，可调整面砖的位置和接缝宽度，使之附线并敲实；在初凝后或超过允许的时间后，严禁振动或移动面砖。

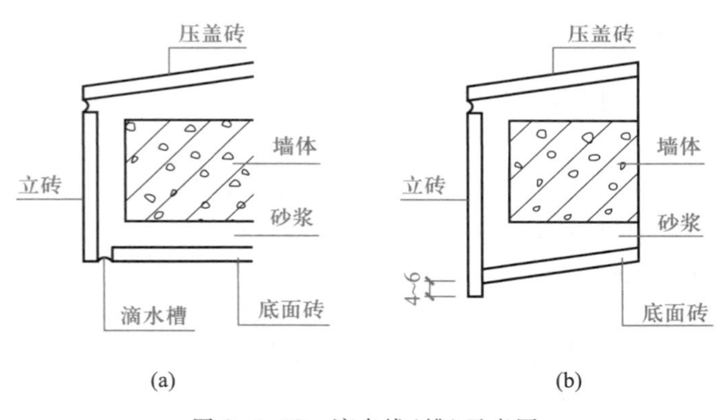

图 2-1-12　滴水线（槽）示意图

图 2-1-13　饰面砖胶黏剂披刮示意图

④ 勾缝。勾缝应按设计要求的材料和深度进行。勾缝应连续、平直、光滑、无裂纹、无空鼓。勾缝宜按先水平后垂直的顺序进行，缝宽 5 mm 时，缝宜凹进面砖 2～3 mm。勾缝后要及时用干净的布或棉丝将砖表面擦干净，防止污染墙面。

13）涂料作业。若外墙采用涂料饰面，应符合以下要求：

① 待抹面砂浆基面达到涂料施工要求时可进行外饰面作业。

② 对平整度达不到装饰要求的部位应刮柔性腻子找平，找平施工时，应用靠尺对墙面及找平部位进行检验，对于局部不平整处，应先刮柔性耐水腻子进行修复。

③ 打磨柔性腻子宜用砂纸加打磨板进行打磨。

④ 大面积涂刮腻子应在局部修补之后进行，大面积涂刮腻子宜分两遍进行，但两遍涂刮方

向应相互垂直。

⑤ 浮雕涂料可直接在抹面砂浆上进行喷涂，其他涂料在腻子层干燥后进行刷涂或喷涂。

2.1.2　现场喷涂硬泡聚氨酯外墙外保温系统

1. 技术特点

采用现场机械化喷涂作业施工，施工速度快、效率高。阴阳角等边口部位采用粘贴聚氨酯预制件做法，可减少材料损耗，有利于后续工序做直阴阳角、边口，提高整体施工质量。使用聚氨酯防潮底漆对基层墙面进行处理，提高了聚氨酯保温层的闭孔率，均化了保温层与墙体的黏结力。硬泡聚氨酯的导热系数为0.022~0.027 W/(m·K)，闭孔率≥92%，能形成连续的保温层，保温隔热效果好。材料吸水率≤3%、抗渗性≤5 mm(1 000 mm水柱24 h静水压)，能很好地阻断水的渗透，使墙体保持良好、稳定的绝热状况。保温层与基层墙体黏结牢固，无接缝、无空腔，能减少负风压对高层建筑外墙外保温系统的破坏。采用抗裂防护层增强网塑料锚栓锚固于基层墙体做法，系统抗震性能好，如图2-1-14所示。

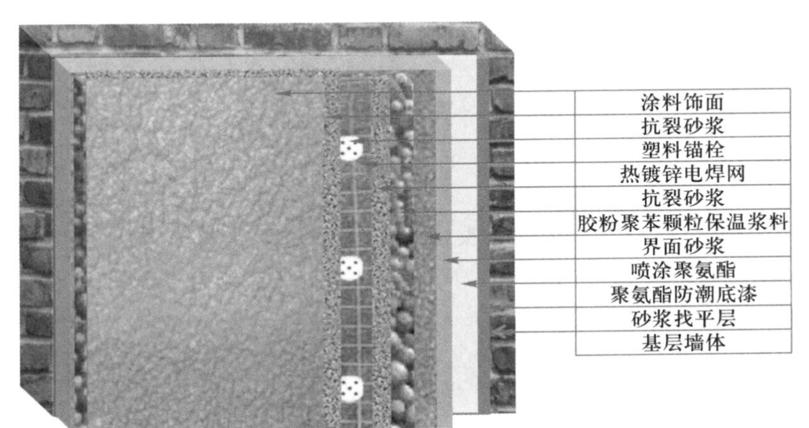

图2-1-14　现场喷涂硬泡聚氨酯外墙外保温系统

喷涂硬泡聚氨酯外墙外保温结构层

2. 适用范围

适用于基层墙体为混凝土或各种砌体材料的外墙外保温工程，可用于不同气候区、不同建筑节能标准、不同建筑高度和不同防火等级要求的外墙外保温工程。

3. 工艺原理

(1) 采用高压无气喷涂工艺，将以异氰酸酯、多元醇(组合聚醚或聚酯)为主要原料加入添加剂组成的双组分料，现场喷涂在基层墙体表面，迅速发泡形成无接缝的闭孔率极高的聚氨酯硬泡体保温层；建筑边角部位粘贴聚氨酯预制件，以处理阴阳角及控制保温层厚度；基层墙面涂刷聚氨酯防潮底漆，有效提高系统的防水透气性能；聚氨酯表面进行界面处理，解决有机与无机材料之间的黏结难题；面层采用胶粉聚苯颗粒保温浆料找平和补充保温，同时可防止硬泡聚氨酯面层裂缝和老化，还可减薄聚氨酯保温层厚度，降低工程造价；抗裂防护层采用抗裂砂浆复合热镀锌电焊网做法，热镀锌电焊网由塑料锚栓锚固于基层墙体，抗震性能好；饰面层采用的面砖黏结砂浆及面砖勾缝料黏结力强，柔韧性好，抗裂防水效果好。

(2) 喷涂硬泡聚氨酯面砖饰面外墙外保温做法各构造层材料柔韧性匹配，热应力释放充分，基本构造见表2-1-2。

表 2-1-2　喷涂硬泡聚氨酯外墙外保温系统面砖饰面基本构造

基层墙体①	贴砌聚苯板做法面砖饰面基本构造					构造示意图
	界面层②	保温层③	找平层④	抗裂防护层⑤	饰面层⑥	
混凝土墙或砌体墙（砌体墙需用水泥砂浆找平）	聚氯酯防潮底漆	喷涂成型的硬泡聚氨酯+聚氨酯界面砂浆（边角、洞口处粘贴聚氨酯预制件）	胶粉聚苯颗粒保温浆料	第一遍抗裂砂浆+热镀锌电焊网（用塑料锚栓与基层锚固）+第二遍抗裂砂浆	面砖黏结砂浆+面砖+勾缝料	①②③④⑤⑥

4. 施工工艺流程及操作要点

（1）施工工艺流程

施工工艺流程如图 2-1-15 所示。

（2）操作要点

1）施工准备。

① 基层墙体应符合现行国家标准《混凝土结构工程施工质量验收规范》（GB 50204—2015）和《砌体结构工程施工规范》（GB 50924—2014）及相关基层墙体质量验收规范的要求，保温层施工前应会同相关部门做好结构验收，如基层墙体偏差超过 3 mm，则应抹砂浆找平。

② 房屋各大角的控制钢垂线安装完毕。高层建筑及超高层建筑的钢垂线应用经纬仪复验合格。

③ 外墙面的阳台栏杆、雨落管托架、外挂消防梯等外墙外部构件安装完毕，并在安装时考虑保温系统厚度的影响。

④ 外窗的辅框安装完毕。

⑤ 墙面脚手架孔、穿墙孔及阳台板、墙面缺损处用相应材料修整好。

⑥ 混凝土梁或墙面的钢筋头和凸起物清除完毕。

⑦ 主体结构的变形缝应提前做好处理。

⑧ 电动吊篮或专用保温层施工脚手架的安装应满足施工作业要求，经调试运行安全无误、可靠，并配备专职安全检查和维修人员。

⑨ 根据需要准备一间搅拌站及一间堆放材料的库房，搅拌站的搭建需要选择背风方向，并靠近垂直运输机械，搅拌棚需要三侧封闭，一侧作为进出料通道。有条件的地方可使用散装罐。库房的搭建要求防水、防潮、防阳光直晒。

⑩ 按要求准备和使用好喷涂机具。

⑪ 根据工程量、施工部位和工期要求制订施工方案，要样板先行，通过样板确定消耗定额，由甲方、乙方和材料供应商协商确定材料消耗量，保温层施工前施工负责人应熟悉图纸。

⑫ 组织施工队进行技术培训和交底，进行好安全教育。

⑬ 材料配制应指定专人负责，配合比、搅拌机具与操作应符合要求，严格按厂家提供的说明

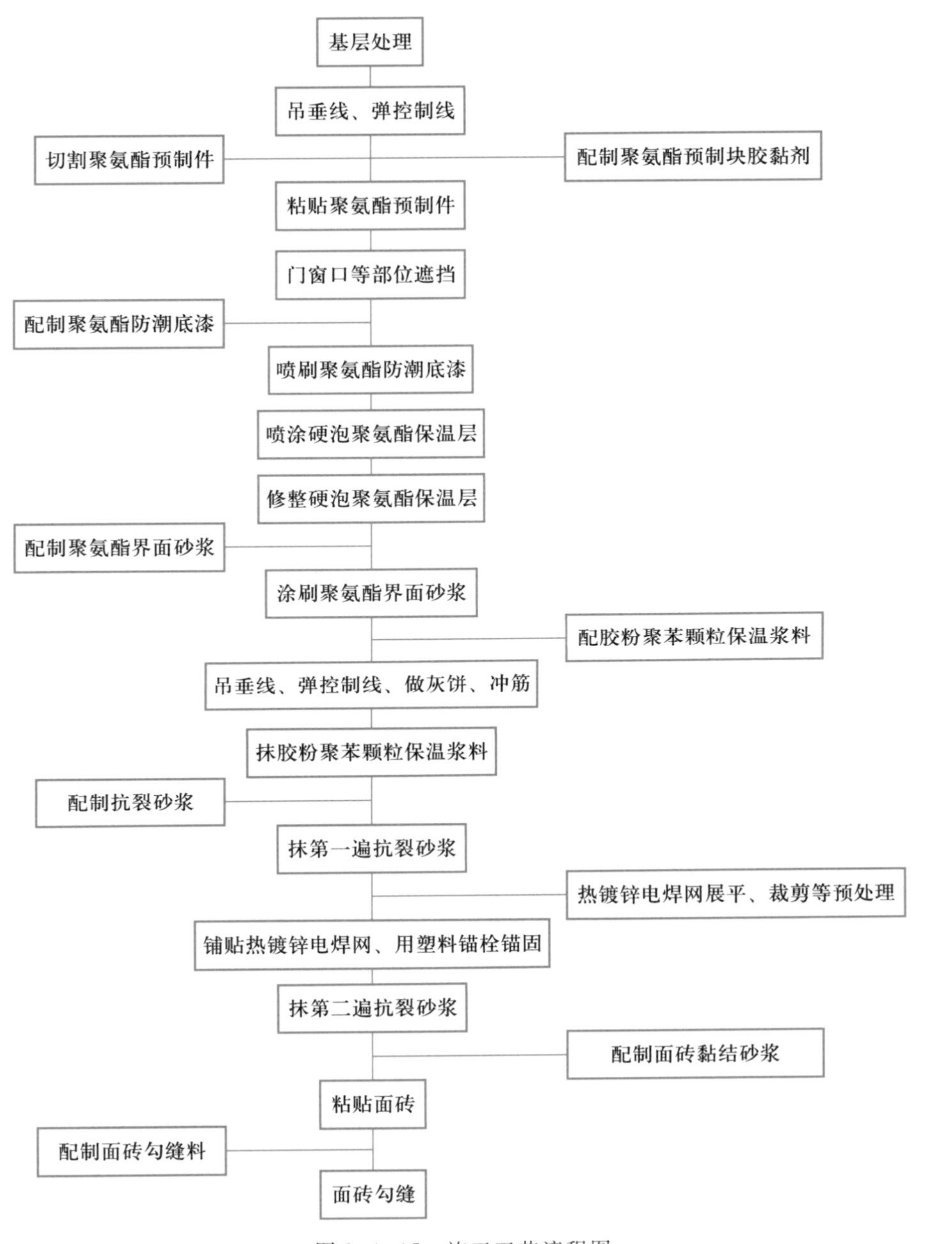

图2-1-15　施工工艺流程图

书配制，严禁使用过时浆料和砂浆。

⑭ 硬泡聚氨酯保温材料喷涂前应做好门窗框等的保护。宜用塑料布或塑料薄膜等对应遮挡部位进行防护。

⑮ 施工现场架子管、器械及施工现场附近的车辆等易被污染的物件都应罩护严密，以防止被喷涂现场漂浮的聚氨酯污染。

⑯ 喷涂硬泡聚氨酯的施工环境温度及基层温度不应低于10 ℃，风力不应大于4级，应有防风措施。胶粉聚苯颗粒保温浆料找平及抗裂防护层施工环境温度不应低于5 ℃。雨期施工应采

取防雨措施，雨天不得施工。

⑰ 聚氨酯白料、黑料应在干燥、通风、阴凉的场所密封贮存，白料贮存温度以 15～20 ℃为宜，不得超过 30 ℃，不得暴晒。黑料贮存温度以 15～35 ℃为宜，不得超过 35 ℃，最低贮存温度不得低于 5 ℃。聚氨酯白料、黑料的贮存期均为 6 个月。聚氨酯白料、黑料在贮存运输中应有防晒措施。

2）基层处理。清理干净墙面，使墙面平整、洁净、干燥，不得有浮尘、滴浆、油污、空鼓及翘边等，墙面松动、风化部分应剔除干净，墙面平整度控制在±3 mm 以下。如果墙面平整度偏差过大，应抹砂浆进行找平。

3）吊垂线、弹控制线。在顶部墙面与底部墙面锚固好膨胀螺栓，作为大墙面挂钢丝的垂挂点，高层建筑用经纬仪打点挂线，多层建筑用大线坠吊细钢丝挂线，用紧线器勒紧，在墙体大阴、阳角安装钢垂线，钢垂线距墙体的距离为保温层的总厚度。挂线后每层首先用 2 m 杠尺检查墙面平整度，用 2 m 托线板检查墙面垂直度。达到平整度要求方可施工。

4）粘贴聚氨酯预制件。

① 在阴、阳角或门窗口处粘贴聚氨酯预制件，并达到标准厚度（图 2-1-16）。对于门窗洞口、装饰线角、女儿墙边沿等部位，用聚氨酯预制件沿边口粘贴。墙面宽度不足 300 mm 处不宜喷涂施工时，可直接用相应规格尺寸的聚氨酯预制件粘贴。

图 2-1-16　粘贴聚氨酯预制件

② 预制件之间应拼接严密，缝宽超出 2 mm 时，用相应厚度的聚氨酯片堵塞。

③ 粘贴时，用抹子或灰刀沿聚氨酯预制件周边涂抹配制好的胶黏剂胶浆，其宽度为 50 mm 左右，厚度为 3～5 mm，然后在预制块中间部位均匀布置 4～6 个黏结点，总涂胶面积不小于聚氨酯预制件面积的 40%。要求黏结牢固，无翘起、脱落现象。门窗洞口四角处的聚氨酯预制件应采用整块板切割成型，不得拼接。

④ 粘贴完成 24 h 后，用电锤、冲击电钻在聚氨酯预制件表面向内打孔，拧或钉入塑料锚栓，钉帽不得超出板面，锚栓有效锚固深度不小于 25 mm，每个预制件一般为 2 个锚栓。

5）门窗口等部位的遮挡。在聚氨酯预制件粘贴完成后喷施硬泡聚氨酯之前，应充分做好遮挡工作。门窗口等一般采用塑料布裁成与门窗口面积相当的布块进行遮挡。对于架子管、铁艺等不规则的需防护部位，应采用塑料薄膜进行缠绕防护。

6）喷刷聚氨酯防潮底漆。用喷枪或滚刷将聚氨酯防潮底漆均匀喷刷在基层墙面上，要求无

透底现象，喷涂两遍，时间间隔为 2 h。湿度大的天气，适当延长时间间隔，以第一遍表面干燥为标准。

7）喷涂硬泡聚氨酯保温层。

① 开启聚氨酯喷涂机将硬泡聚氨酯均匀地喷涂于墙面之上（图 2-1-17），当厚度达到约 10 mm 时，按 300 mm 间距、呈梅花状分布插定厚度标杆，每平方米密度宜控制在 9~10 支。然后继续喷涂至与标杆齐平（隐约可见标杆头）。施工喷涂可多遍完成，每次厚度宜控制在 10 mm 以内。喷涂总厚度按设计要求控制，也可采用粘贴聚氨酯厚度控制块掌握喷涂层厚度。

图 2-1-17　喷涂硬泡聚氨酯保温层

② 墙体拐角（阴、阳角）处及不同材料的基层墙体交接处应连续不留缝喷涂。

③ 墙体变形缝处的硬泡聚氨酯保温层应设置分隔缝，缝隙内应以聚氨酯或其他高弹性密封材料封口。

8）修整硬泡聚氨酯保温层。喷涂 20 min 后用裁纸刀、手锯等工具清理、修整遮挡部位以及超过保温层总厚度的凸出部分。

9）喷刷聚氨酯界面砂浆。聚氨酯保温层修整完毕并且在喷涂 4h 之后，用喷斗或滚刷均匀地将聚氨酯界面砂浆喷刷于硬泡聚氨酯保温层表面。

10）吊垂直线，做灰饼。在距大墙阴角或阳角约 100 mm 处，根据垂直控制通线按 1.5 m 左右间距做垂直方向灰饼，顶部灰饼距楼层顶部约 100 mm，底部灰饼距楼层底部约 100 mm。待垂直方向灰饼固定后，在同一水平位置的两个灰饼间拉水平控制通线，具体做法为将带小线的小圆钉插入灰饼，拉直小线，小线要比灰饼略高 1 mm，在两灰饼之间按 1.5 m 左右间距水平粘贴若干灰饼或冲筋。灰饼可用胶粉聚苯颗粒保温浆料做，也可用废聚苯板裁成 50 mm×50 mm 小块粘贴。

每层灰饼粘贴施工作业完成后，水平方向用 5 m 小线拉线检查灰饼的一致性，垂直方向用 2 m托线板检查垂直度，并测量灰饼厚度，冲筋厚度应与灰饼厚度一致。用 5 m 小线拉线检查冲筋厚度的一致性，并记录。

11）找平层施工。抹胶粉聚苯颗粒保温浆料时，其平整度偏差为±4 mm，抹灰厚度略高于灰饼的厚度。胶粉聚苯颗粒保温浆料抹灰按照从上至下、从左至右的顺序涂抹。涂抹整个墙面后，用杠尺在墙面上来回搓抹，去高补低。最后再用铁抹子压一遍，使表面平整，厚度一致。

保温面层凹陷处用稀胶粉聚苯颗粒保温浆料抹平，对于凸起处可用抹子立起来将其刮平。待抹完保温面层 30 min 后，用抹子再赶抹墙面，先水平后垂直，并用托线尺检测。胶粉聚苯颗粒保温浆料落地灰应及时清理，并可少量多次重新搅拌使用。阴、阳角找方应按下列步骤进行：

① 用木方尺检查基层墙角的直角度，用线坠吊垂直线检验墙角的垂直度。

② 胶粉聚苯颗粒保温浆料抹灰后用木方尺压住墙角浆料层上下搓动，使墙角胶粉颗粒保温浆料基本达到垂直，然后用阴、阳角抹子压光，以确保垂直度偏差和直角度偏差均为±2 mm。

③ 窗户辅框安装验收合格后方可进行窗口部位的抹灰施工，门窗口施工时应先抹门窗侧口、窗台和窗上口，再抹大墙面，施工前应按门窗口的尺寸截好单边八字靠尺，做口应贴尺施工，以保证门窗口处方正。

12）抹抗裂砂浆，铺压热镀锌电焊网。

① 待找平层施工完成 3~7 d 且施工质量验收合格后，即可进行抗裂防护层施工。

② 先抹第一遍抗裂砂浆，厚度控制在 2~3 mm。接着铺贴热镀锌电焊网，应分段进行铺贴，热镀锌电焊网的长度最长不应超过 3 m。为使施工质量得到保证，施工前应预先展平热镀锌电焊网并按尺寸要求裁剪好，边角处的热镀锌电焊网应折成直角。铺贴时应沿水平方向按先下后上的顺序依次平整铺贴，铺贴时先用 U 形卡子卡住热镀锌电焊网，使其紧贴抗裂砂浆表面，然后按双向间距 500 mm 呈梅花状分布，用塑料锚栓将热镀锌电焊网锚固在基层墙体上，有效锚固深度不得小于 25 mm，局部不平整处用 U 形卡子压平（图 2-1-18）。热镀锌电焊网之间搭接宽度不应小于两个网格，搭接层数不得大于 3 层，搭接处用 U 形卡子和钢丝固定。所有阳角处的热镀锌电焊网不应断开，阴、阳角处角网应压住对接网片。窗口侧面、女儿墙、沉降缝等热镀锌电焊网收头处应用水泥钉加垫片将热镀锌电焊网固定在主体结构上。

图 2-1-18　抹抗裂砂浆铺压热镀锌电焊网

热镀锌电焊网铺贴完毕后，应重点检查阳角处热镀锌电焊网连接状况，再抹第二遍抗裂砂浆，并将热镀锌电焊网包覆于抗裂砂浆之中，抗裂砂浆的总厚度宜控制在 8~10 mm，抗裂砂浆面层应平整。

13）粘贴面砖。同 2.1.1 面砖饰面做法一致。

14）细部节点做法。细部节点做法如图 2-1-19~图 2-1-21 所示。

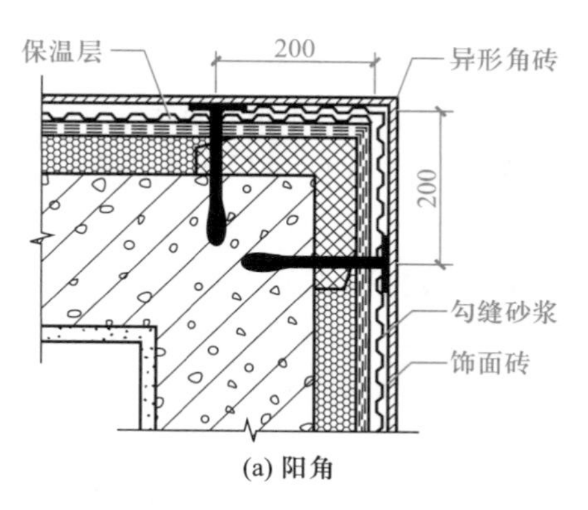

(a) 阳角

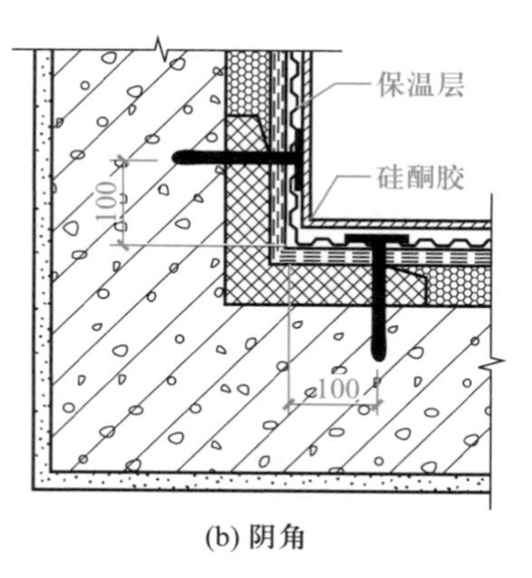

(b) 阴角

图 2-1-19　阴、阳角做法

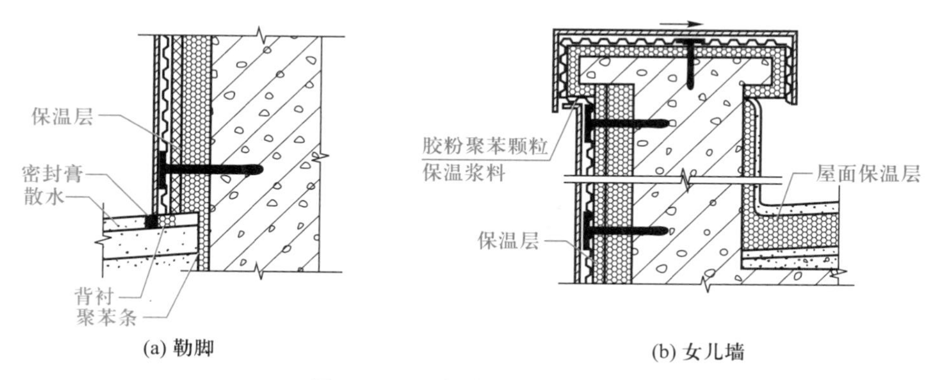

(a) 勒脚　　(b) 女儿墙

图 2-1-20　勒脚和女儿墙做法

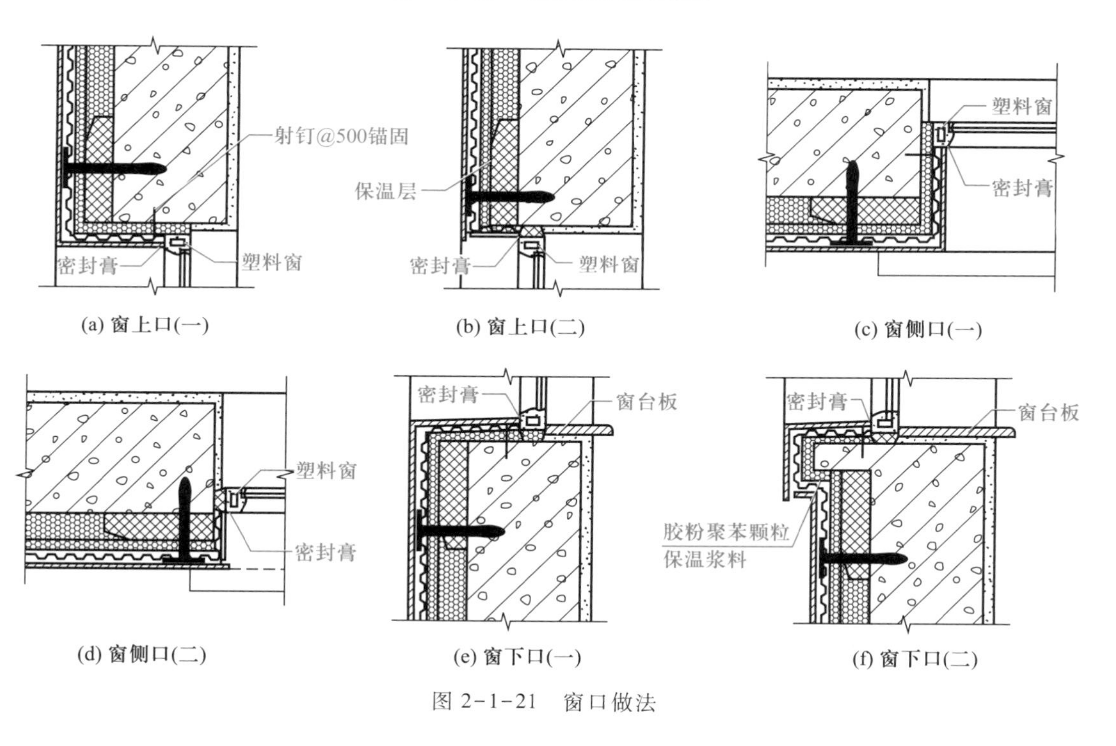

(a) 窗上口(一)　(b) 窗上口(二)　(c) 窗侧口(一)

(d) 窗侧口(二)　(e) 窗下口(一)　(f) 窗下口(二)

图 2-1-21　窗口做法

2.1.3　现浇混凝土外墙外保温系统

现浇混凝土外墙外保温系统是将模塑聚苯板或挤塑聚苯板或其他预制板保温材料直接设置在外墙模板内侧，待浇筑外墙混凝土后，拆除模板，保温层就与墙体连成一体。按保温板与混凝土的连接方式不同可分为有网现浇系统和无网现浇系统。

有网现浇系统：现浇混凝土有网聚苯板复合胶粉聚苯颗粒外墙外保温系统（简称“有网现浇系统”）采用双面进行界面砂浆预处理的斜嵌入式单面钢丝网架膨胀聚苯板（简称“EPS 钢丝网架板”或“有网 EPS 板”）与混凝土墙体一次浇筑成型方式固定保温层，有网 EPS 板面层采用胶粉聚苯颗粒保温浆料进行抹灰找平。

有网现浇系统外墙外保温结构层

无网现浇系统：聚苯板现浇混凝土外墙外保温系统（简称“无网现浇系统”）以现浇混凝土外墙为基层，EPS 板为保温层。EPS 板内表面（与现浇混凝土接触的表面）沿

水平方向开有矩形齿槽，内、外表面均满涂界面砂浆。在施工时将 EPS 板置于外模板内侧，并安装锚栓作为辅助固定件。浇灌混凝土后，墙体与 EPS 板以及锚栓结合为一体。EPS 板表面抹抗裂砂浆薄抹面层，薄抹面层中满铺玻纤网，外表以涂料为饰面层。

无网现浇系统外墙外保温结构层

当现浇混凝土外墙外保温系统采用 XPS 板时，表面应事先进行拉毛、开槽，内外板面涂刷界面砂浆等增强黏结性能的处理。原则上无网体系和有网体系都分为涂料饰面和面砖饰面两种构造，但一般来说有网体系适用于面砖饰面，无网体系适用于涂料饰面。

采用现浇系统进行建筑外墙外保温施工简单，能大大缩短工期，提高工效，并且能避免局部“热桥”现象从而延长建筑物的使用年限。

下面以有网现浇系统为例介绍现浇系统外墙外保温施工工艺。

1. 技术特点

EPS 板相对于混凝土密度较轻，吸水率低，耐候性能好。EPS 板安装与主体结构施工同步进行。EPS 板可锯、自重轻、施工安装方便，一次成型后与墙体结合良好，有较高的安全性；同时可利用主体施工的外架和安全防护措施，有利于安全施工。保温材料在墙体外侧，不占用室内的使用空间，不影响建筑物的使用面积。与后黏结固定 EPS 板做法相比，不占用主导工期，可大大缩短总体工期，提高工效。与内保温相比，减少了温度引起的墙体结构热胀冷缩的影响，避免“热桥”的产生。

2. 适用范围

适用于建筑外墙为现浇钢筋混凝土墙体的外墙外保温工程；抗震设防烈度≤8 度的地区；建筑层数宜在 30 层以下，建筑高度在 100 m 以内。

3. 工艺原理

将 EPS 板置于将要浇筑混凝土的墙体外模内侧，斜插丝贯穿 EPS 板外伸出一定长度，在浇筑混凝土墙时斜插丝头部分即埋入混凝土内，并以锚筋钩紧钢丝网架作为辅助固定措施，与钢筋混凝土外墙浇筑为一体。其基本构造如图 2-1-22 所示。

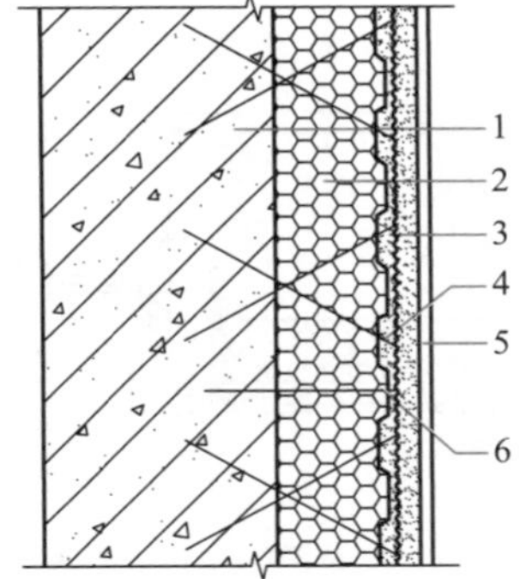

1—现浇混凝土外墙；
2—EPS 单面钢丝网架板；
3—聚合物砂浆抹面层；4—钢丝网架；
5—饰面层；6—ϕ6 钢筋

图 2-1-22 EPS 钢丝网架板现浇混凝土外墙外保温系统基本构造

4. 施工工艺流程及操作要点

（1）施工工艺流程

有网现浇系统施工工艺流程：剪力墙钢筋安装——→EPS 板安装就位——→穿插 L 形锚筋，接缝处角网、平网安装——→模板安装——→浇筑墙体混凝土——→拆模，检查及清理 EPS 板表面——→EPS 板外墙装饰。

（2）施工准备

1）技术准备。组织人员认真熟悉有关图纸、规范、图集，参阅有关施工工艺。了解材料性能，掌握施工要领，明确施工顺序；组织施工人员培训，学规范和操作规程，编写好各部位的安全、技术交底；提供各部位的材料计划，安排进场时间。

2）现场准备。根据需要设置库房及加工棚等；材料应采取离地架空堆放，EPS 板存放场地应具有防火设施。

（3）操作要点

1）剪力墙钢筋安装。剪力墙钢筋应逐点绑扎，安装时应注意墙体钢筋网自身的垂直度。墙体钢筋绑扎完毕，将绑扎丝头朝内，外侧保护层垫块采用 50 mm×50 mm 水泥砂浆垫块，垫块的设置应结合 EPS 板的规格，距墙端一般不应大于 200 mm，按 600 mm×600 mm 呈梅花形布置，保证和 EPS 板有良好的接触面。

2）EPS 板安装就位。

① 根据外墙尺寸、洞口位置及阴、阳角变化，结合 EPS 板尺寸，提前进行拼装排板设计，并尽量减少拼接缝。

② 将 EPS 板运至施工楼层，注意应采用专用的装运吊篮，严禁用钢丝绳直接捆绑 EPS 板，避免对 EPS 板边缘造成损坏。

③ EPS 板的安装。EPS 板安装的排列原则是先边侧，后中间；先大面后小面及洞口，对于高度尺寸多变的墙面，可现场切割拼装。现场切割 EPS 板应确保裁口顺直，边角方正，接缝企口方式正确。

EPS 板间接缝均采用企口缝搭接，并用聚苯板胶粘接。施工时注意拼接顺序，保证 EPS 板上下、左右接缝严密，且不漏浆。

EPS 板安放到位后，用绑扎铁丝临时固定在钢筋网片上。每安装完一块板，均应检查其位置、标高、水平度和垂直度，符合要求后，将 L 形锚筋结合垫块位置穿过 EPS 板，用 20 号铁丝将其与钢丝网片及墙体钢筋绑扎牢固。

EPS 板应紧贴模板，安装高度应比墙体模板高出 20～50 mm，防止混凝土浇筑时污染外墙 EPS 板。安装前应修整清理接槎处 EPS 板，要求接槎处无砂浆结块等，接槎处上口重新喷刷界面处理剂。

3）穿插 L 形锚筋，接缝处角网、平网安装。

① L 形锚筋 ϕ6 mm，锚入混凝土墙内长度不得小于 100 mm，端部弯钩长 30 mm，总长度不少于 180 mm，穿 EPS 板及端头部分刷防锈漆两道。L 形锚筋应采用梅花形布置，双向间距不超过 500 mm，距板间拼缝处不应超过 100 mm。

② EPS 板拼缝处采用平网，平铺 200 mm 宽的附加钢丝网片，用 20 号铁丝与钢丝网架绑扎牢固。楼层水平拼缝处，钢丝网架均应断开，不得相连。外墙阴、阳角及阳台与外墙交接处设附加钢丝网角网，角网宽度每边不小于 100 mm，用 20 号铁丝与钢丝网架绑扎牢固。

③ 门窗洞各阴、阳角均穿插 L 型附加钢丝网角网。门窗口的四角处附加 45°角网，尺寸为 200 mm×500 mm。L 型附加钢丝角网均应预先冲压成型。

④ 细部节点做法如下：板材拼缝、外墙阳角、阳台后砌隔墙、飘窗、女儿墙、勒脚等细部节点做法如图 2-1-23～图 2-1-27 所示。

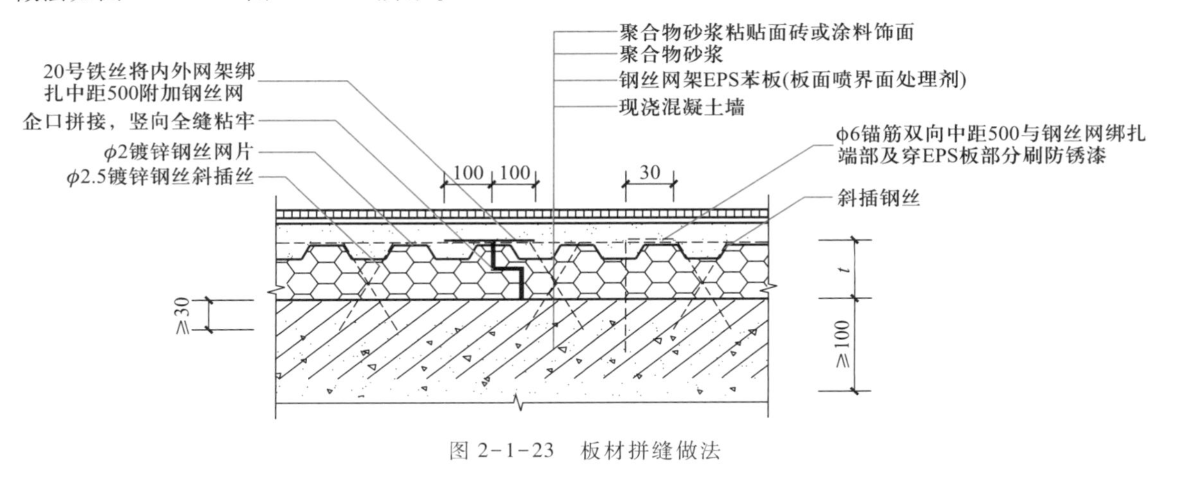

图 2-1-23　板材拼缝做法

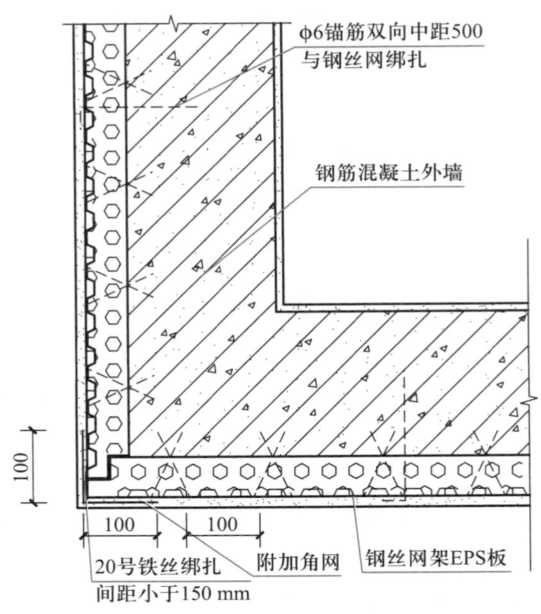

图 2-1-24 外墙阳角做法

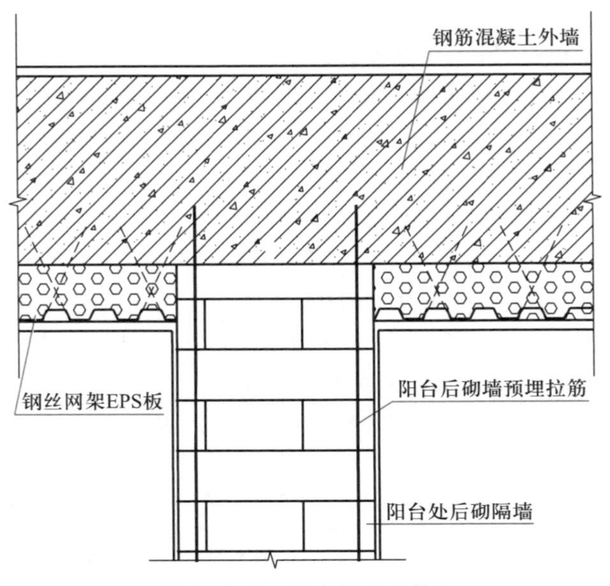

图 2-1-25 阳台后砌墙做法

4）模板安装。

① 模板宜采用钢质大模板。

② 按弹出的墙线位置安装模板，外墙外模板可在 EPS 板外直接安装，外模板面禁止刷脱模剂。为防止 EPS 板拼缝处漏浆，外墙外模板安装前应在所有 EPS 板拼缝处粘贴胶带纸。

③ 在安装外墙外侧模板前，应在现浇混凝土墙体的根部和楼层梁下 100 mm 处采用可靠的定位措施，如限位钢筋等，以保证外墙模板、EPS 板、钢筋保护层和钢筋的位置，如图 2-1-28 所示。

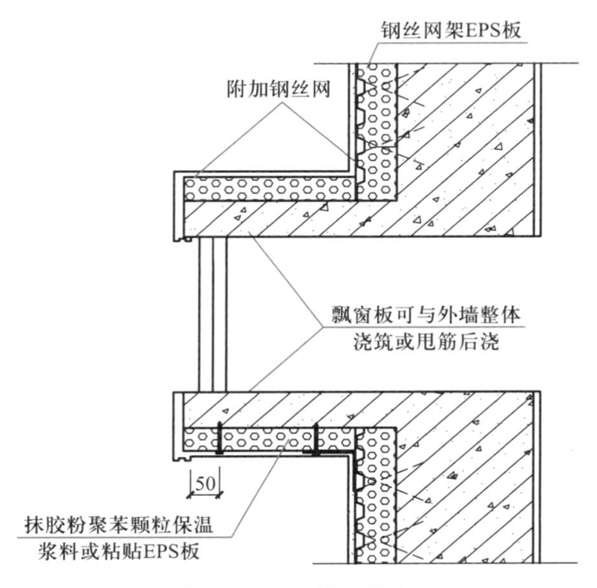

图 2-1-26　飘窗做法

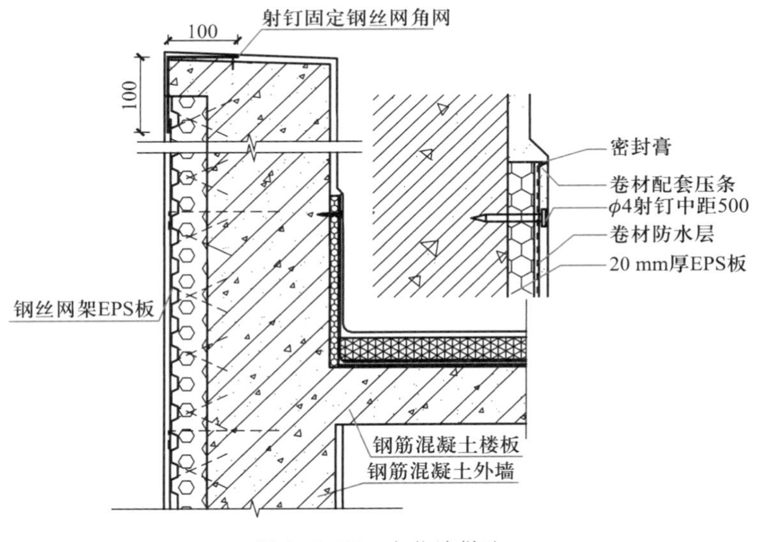

图 2-1-27　女儿墙做法

④ 安装另一侧模板，安装前应及时清理聚苯泡沫碎片，防止聚苯泡沫碎片堆积在墙根部，造成烂根。

⑤ 外墙模板全部安装完毕，调整斜撑（拉杆），使模板垂直度符合要求后，拧紧穿墙螺栓。安装穿墙螺栓时，严禁直接穿入，应预先用钢筋从内侧向外侧旋转穿过 EPS 板，然后穿套管，再穿螺栓。

⑥ 外墙模板安装质量直接影响 EPS 的垂直度，要求外墙模板每层垂直度不大于 5 mm，且层与层之间的垂直偏差不得出现叠加现象。

⑦ 门窗洞口等易漏浆部位应粘贴双面海绵胶条。

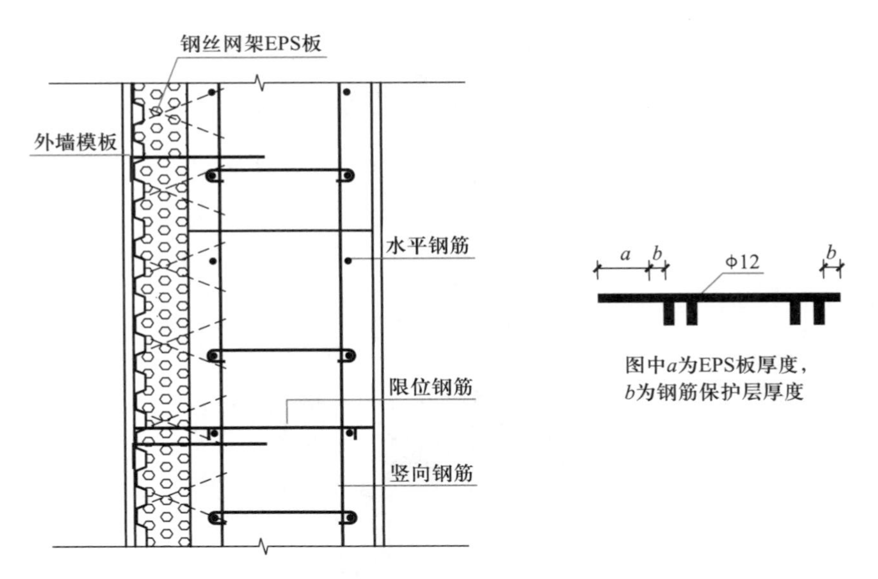

图 2-1-28 外墙模板、EPS板、钢筋保护层和钢筋的安装

5）浇捣混凝土。

① 浇捣混凝土时，应用胶合板等材料对混凝土浇筑进行疏导，以降低混凝土对EPS板的冲击，同时遮盖外侧模板和EPS板，以保护EPS板上企口，防止混凝土进入EPS板与外模之间，污染EPS板表面。

② 墙体混凝土应分层浇筑，每层浇筑高度控制在500 mm左右。混凝土下料点应分散布置，连续进行，间隔时间不超过混凝土初凝时间。

③ 振捣棒振动间距一般应小于500 mm，每一振动点的延续时间以表面呈现浮浆和不再沉落为度，严禁将振捣棒斜插入墙体外侧钢筋接触EPS板。

6）拆模、墙体检查及EPS板面清理。

① 墙体混凝土强度达到规定要求强度后拆模，应先拆外侧模板，再拆内侧模板。拆除时应注意对EPS板的保护，避免挤压、刮碰EPS板，切勿用重物撞击墙面EPS板。

② 模板拆除后，应仔细检查剪力墙内侧混凝土表面浇捣质量情况，如有孔洞、露筋、蜂窝现象，应在相应位置外侧钻孔复检，并采取补救措施。

③ 模板拆除后，应及时修整墙面、边和角，用保温砂浆修补有缺陷的EPS板表面。

④ 外墙面EPS板表面应清除干净，无灰尘、油渍和污垢。聚苯板表面漏出的混凝土浆如果和聚苯板之间有空鼓，则必须清理干净；聚苯板表面界面砂浆脱落部分应补刷。聚苯板表面大面积凹进或破损严重、偏差过大的部位，应用胶粉聚苯颗粒保温浆料填补找平；如果有凸出的部位，可用木锤把高出的部位往里敲打收进，也可采用打磨聚苯板的方法处理。

⑤ 穿墙套管拆除后，混凝土墙部分孔洞应用干硬性砂浆捻塞，聚苯板部位孔洞应用保温材料堵塞，其深度应进入混凝土墙体≥50 mm（脚手架眼等孔洞类似处理）。

7）EPS板外墙装饰。

① 胶粉聚苯颗粒保温浆料抹灰及找平。抹胶粉聚苯颗粒保温浆料时，其平整度偏差为±4 mm，抹灰厚度略高于灰饼的厚度。胶粉聚苯颗粒保温浆料抹灰按照从上至下、从左至右的顺

序抹。涂抹整个墙面后，用杠尺在墙面上来回搓抹，去高补低。最后再用铁抹子压一遍，使表面平整，厚度一致。保温面层凹陷处用稀胶粉聚苯颗粒保温浆料抹平，对于凸起处可用抹子立起来将其刮平。待抹完保温面层 30 min 后，用抹子再赶抹墙面，先水平后垂直，再用托线尺检测是否达到验收标准。

② 抹抗裂砂浆，铺热镀锌电焊网，粘贴面砖。此步工艺同 2.1.1 粘贴泡沫塑料保温板外保温系统饰面施工。

2.1.4　机械固定钢丝网架聚苯板外墙外保温系统

机械固定钢丝网架聚苯板外墙外保温系统是用锚栓或预埋钢筋等机械固定件，穿透 EPS 钢丝网架板固定在墙体外侧，并在表面再做抗裂水泥砂浆抹面层和饰面层。

1. 技术特点

机械固定钢丝网架聚苯板外墙外保温系统能消除外墙“热桥”，保温效果显著；保温板与基层连接可靠，安全性能高；可选任何材料作外饰；解决了流水作业各专业工种、工序互不干扰，大大推进施工进度且提高施工质量，从而降低总造价。

机械固定钢丝网架聚苯板外墙外保温结构层

2. 适用范围

适用于具有保温隔热、隔声要求的围护结构的外墙保温施工。既适用于新建建筑，也适用于既有建筑。

3. 基本构造

机械固定钢丝网架聚苯板外墙外保温系统基本构造如图 2-1-29 所示。

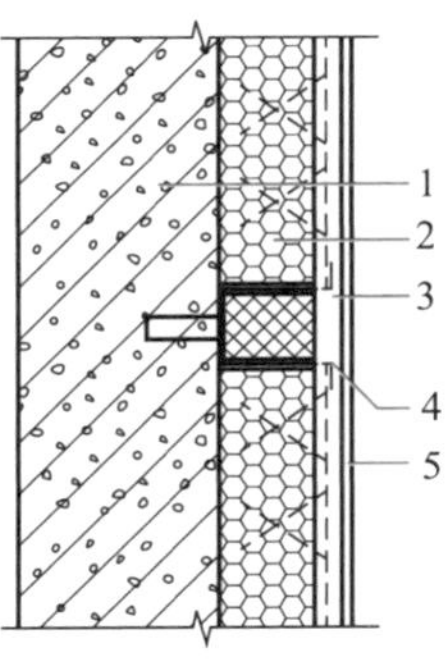

1—基层；2—EPS 钢丝网架板；3—掺外加剂的水泥砂浆厚抹面层；4—机械固定装置；5—饰面层

图 2-1-29　基本构造

4. 施工工艺流程及操作要点

（1）施工工艺流程

施工工艺流程：清理墙面⟶预埋或焊接固定保温板的钢筋⟶裁板、安装⟶抹灰工程施工⟶外墙面砖的施工。

（2）施工准备

1）技术准备。

① 熟悉图纸及施工方案，了解材料特性，对施工人员进行施工培训并对有关技术人员做技术交底。

② 确定施工顺序：结构封顶⟶墙体表面处理⟶准备安装时所需配件⟶分层安装锚筋⟶拼接保温板⟶抹灰⟶外贴饰面砖。

③ 对由于运输、堆放造成的变形，必须予以矫正。脱焊点必须补焊或用钢丝绑扎牢固；所用的配件、数量和技术条件必须符合设计要求。

④ 主体结构验收合格后，室内侧弹出 50 线。

2）施工条件。

① 施工基面达到结构主体验收标准。

② 基墙平整度、垂直度应符合现行国家标准验收要求。

③ 墙体基墙应坚实、平整、干燥、干净、无污染物。

④ 找平层应与墙体黏结牢固，不得有脱层、空鼓、裂缝。

⑤ 洞口尺寸、位置应符合设计要求和质量标准。伸出墙面的预埋件、连接件应按外保温系统厚度留出间隙。

⑥ 必要时各类材料进入现场应进行复检，对材料的质量和性能进行抽样检查。

⑦ 保温施工脚手架或电动吊篮安装完毕后，应经调试运行安全无误、可靠，满足施工作业要求，并配备专职安全检查和维修人员。

⑧ 施工环境温度不应低于 5 ℃，空气相对湿度宜小于 85%，风力不宜大于 5 级，不宜在 5 级及 5 级以上大风气候条件下施工，如需施工需有防风措施。抗裂防护层施工环境温度不应低于 5 ℃。严禁雨天、雾天施工，雨期施工应做好成品及现场的防雨保护措施。

⑨ 确保施工用水、用电。

3）材料准备。

① 保温材料：EPS 单面钢丝网架板，具体尺寸、密度等根据工程要求双方协定。

② 安装配件：L50×50 角钢（角钢通长为 200 mm）、ϕ6 钢筋、ϕ10×100 胀栓、角网、平网。

③ 机具准备：各种宽度的冷拔钢丝平网、角网、U 网、角钢、ϕ6 mm 钢筋头、U 码、铁板、ϕ6 钻头、射钉、射弹、膨胀螺栓和 22#镀锌铁丝。

工具有射钉枪、喷枪、喷浆机、电锤、电焊机、断丝剪、砂轮锯、活动扳手、水平尺、钢锯条、锤及施工常用工具。

（3）操作要点

1）保温板的支撑。对于新建建筑，可在外墙每层圈梁或钢筋混凝土梁上一小沿（根据设计定）作为保温板的支撑，而对于已建建筑或建筑物外墙已砌筑需做外保温时，可在建筑物每层圈梁上根据保温板厚度增设（根据设计定）L50×5～L70×5 角钢，作为保温板的支撑。角钢用 ϕ14 膨胀螺栓固定在墙面上，膨胀螺栓间距为 500 mm，并在角钢上下面各焊 ϕ6 钢筋，长 200 mm，间距 500 mm，以备保温板两端的钢丝架绑扎。

2）预埋或焊接固定保温板的钢筋。对于新建建筑，在砌筑外围护墙时，可在砖墙或砌块墙中预埋 ϕ6 钢筋，长 350 mm，双向间距为 500 mm，呈梅花状或交错预埋。而在钢筋混凝土墙面上，可在固定钢模板时留下的铁板或墙穿套上焊接 ϕ6 钢筋，长 200 mm，双向间距为 500 mm。

3）清理墙面。将墙面不平整处清理干净，并将墙面上灰渣凿掉。

4）裁板、安装。保温板安装前应根据角钢的支撑高度或外挑檐之间的高度把保温板裁好，并安装在预定位置。安装时如果有预埋钢筋，预埋钢筋应穿透保温板，尽量使保温板靠紧墙面，然后将预埋钢筋向上弯起勾住板网，并用镀锌铁丝将钢筋与钢丝网架绑扎牢固，再将角钢上、下面的钢筋与保温板两端的钢丝架绑扎牢固。如果墙面上未预埋钢筋，应用膨胀螺栓把 U 形铁板固定在墙面上，U 形铁板两端压住钢丝网架，U 形铁板的双向间距为 500 mm，最后将保温板缝用平网或角网加固定补强，门窗洞口处四周用连接网补强。

5）保温板安装完毕后进行质量检查、校正、补强。

6）保温板安装允许偏差见表 2-1-3。

7）抹灰工程。

① 抹灰前的准备。钢丝网架聚苯板安装检验合格后，方可进行抹灰施工。抹灰前，钢丝网架聚苯板表面的灰尘、污垢和油渍等应清除干净。用与抹灰层相同的水泥砂浆设置标筋。

表 2-1-3　安装允许偏差

项次	项目	允许偏差/mm	检查方法
1	垂直度	5	用经纬仪或2m托板检查
2	表面平整度	5	用2 m靠尺和楔形尺量检查
3	U形铁板、钢筋间距	±50	尺量检查

② 抹灰用材料要求。水泥:应为普通硅酸盐水泥,符合《通用硅酸盐水泥》(GB 175—2007)的规定。

砂:砂子采用中砂,细度指数不低于2.3,应符合《建设用砂》(GB/T 14684—2011)的规定。

水泥砂浆:应符合《砌体结构工程施工质量验收规范》(GB 50203—2011)的有关规定,用于内墙的水泥砂浆强度不应低于M10,用于外墙和屋面的水泥砂浆强度不应低于M20。

③ 钢丝网架聚苯板墙体抹灰要求。抹灰时应先将墙体与楼地面连接处即在钢丝网架聚苯板的周边25~30 mm缝隙内填实。

墙体抹灰分三层:底层、中层和面层。底层厚度为12~15 mm,中层厚度为8~10 mm,面层厚度为3~5 mm,总厚度不小于25 mm。底层和中层用同一配比水泥砂浆,水泥砂浆强度不低于M10。面层使用抗裂抹面砂浆。

人工抹灰时,以自下而上抹灰为宜,底层用木抹子反复揉搓,使砂浆密实,表面应粗糙。中层则要在底层上洒水湿润,抹灰后要用刮板找平,表面凿光。面层除按中层同样方法抹灰外,还要在收水后用铁抹子压光两遍。

墙面的阳角和门窗洞口的阳角,应用1∶2水泥砂浆做护角,高度不小于2 mm,宽度不小于50 mm。

每层抹灰的间隔时间视气温而定,正常气温下间隔2 d以上,气温较低时,应适当延长间隔时间。每道墙两面的抹灰间隔时间不小于24 h。每层水泥砂浆终凝后均应洒水养护。在水泥砂浆的表面可做饰面,如采用建筑涂料、墙纸、面砖、马赛克、瓷砖等。

8) 外墙面砖的施工工艺。基层处理──→刷界面剂──→基层抹灰──→挂线、排砖──→粘贴──→勾缝──→清理──→检查──→修补。

2.1.5　胶粉聚苯颗粒保温浆料外墙外保温系统

胶粉聚苯颗粒保温浆料外墙外保温系统(简称"胶粉聚苯颗粒外保温系统")是设置在外墙外侧,由界面层、胶粉聚苯颗粒保温层、抗裂防护层和饰面层构成,起保温隔热、防护和装饰作用的构造系统。

1. 技术特点

胶粉聚苯颗粒外墙外保温系统总体造价较低,能满足相关节能规范要求,而且特别适合建筑造型复杂的各种外墙保温工程。胶粉聚苯颗粒保温浆料与基层全面黏结,形成连续整体,保证保温层牢固安全。保温层均匀一致,能够逐层释放变形应力,微孔网状结构消化变形,减少开裂。材质单纯,透气性好,传热均匀,封闭孔结构阻碍了气体的对流,保证保温效果,不会形成冷凝水滞留现象。采用现场涂抹施工,工艺简单,可以随意造型,整体性好,特别适用于异型部位,能在普通外墙、弧形外墙、拐角外墙、楼梯间隔墙等不同结构部位广泛使用。系统本身的强度较高,在采取了适当的加强措施后,可以满足涂料、面砖等多种饰面的要求。系统利用了废旧聚苯板、工业粉煤灰等废料，在创造新价值的同时，净化环境，是环保节能建材，具有较好的经济和社会效益。

2. 适用范围

胶粉聚苯颗粒保温浆料外墙外保温系统适用于多层、高层建筑的钢筋混凝土结构、加气混凝土结构、砌块结构、烧结砖和非烧结砖等外墙保温工程。

3. 基本构造

胶粉聚苯颗粒外墙外保温系统由基层墙体、界面层、保温浆料层、抗裂防护层和饰面层组成，如图 2-1-30 所示。

胶粉聚苯颗粒外墙外保温体系

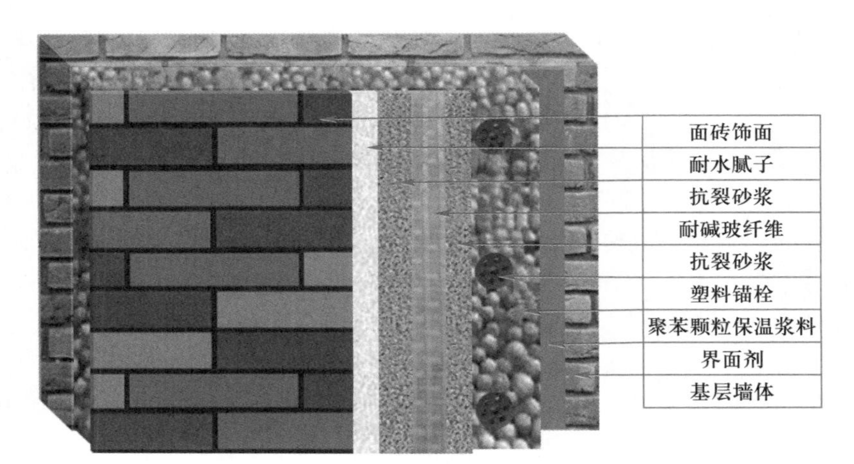

图 2-1-30　胶粉聚苯颗粒外墙外保温系统基本构造

4. 施工工艺流程及操作要点

（1）施工工艺流程

施工工艺流程：基层墙面处理、弹外窗中心线——→吊大角线、贴灰饼——→安外门窗框——→外门窗框保护——→钉射钉——→涂刷专用界面剂砂浆——→吊垂直、套方、弹控制线——→用保温砂浆做灰饼、冲筋、作口——→抹保温砂浆——→绑挂六角铅丝网——→抹面层保温砂浆——→平整度、垂直度验收——→划分格线、开分格槽、门窗滴水槽——→抹抗裂砂浆——→铺压玻纤网格布——→验收——→外饰面施工。

（2）工艺操作方法

1）基层墙面处理。墙面应清理干净，无油渍、浮尘，无施工粘上的混凝土或砂浆块。墙面松动、风化部分应剔凿清除干净；墙面的孔洞、脚手架眼或穿墙螺栓眼，应用同墙体材料进行封堵抹平，伸出墙面的多余物件应清理干净。

2）弹外窗中心线垂线和水平线（50 线）。根据窗的宽度和窗洞宽度在外窗洞口由上至下弹外窗中心垂线，再根据中心垂线确定窗的左右位置与窗洞两侧尺寸是否满足安窗要求，如不满足应对洞口边进行修边处理，再依据水平线（50 线）校核窗下口和窗上口能否满足安窗要求和设计要求。

3）吊大角、贴灰饼。根据外墙大角墙面垂直度和设计保温层厚度，预设定保温层厚度，用 22#镀锌铅丝吊抹保温层预定大角，并将铅丝固定上；再根据预定大角检查墙面保温层厚度（应大于等于设计厚度）并做灰饼，为安外窗框和抹灰做准备。

4）安外门窗框，钉射钉（建筑物高≥30 m时）。依据设计图纸和确定的外墙面，由上而下进行外门窗框安装，窗框加工前应考虑其侧面保温或做结构时应考虑其保温厚度，窗框安装时应考虑上、下窗台流水坡的做法预留量。门窗框安装完，检查合格后对其采用保护措施。在安框的同时在基层墙面进行射钉（ϕ5 mm带尾孔）安装，按间距500 mm呈梅花布点。

5）涂刷界面剂。在清理干净的墙面上用滚刷或扫帚将界面剂砂浆均匀涂刷；水泥∶砂∶界面剂=1∶1∶1。

6）吊垂线、套方找规矩。弹控制线，拉垂直、水平通线，套方作口，按厚度线用胶粉聚苯颗粒保温浆料做标准厚度贴灰饼、冲筋，并将上次灰饼换掉。

7）胶粉聚苯颗粒保温施工。

① 保温层一般做法（建筑物高度<30 m，且饰面为涂料）。抹胶粉聚苯颗粒保温应至少分两遍施工，每遍间隔应在24 h以上，且厚度不应大于20 mm。后一遍施工厚度比前一遍施工厚度小；最后一遍厚度以10 mm左右为宜。操作时应达到冲筋厚度，并用大杆刮平。保温层固化干燥（用手掌按不动表面，一般约5 d）后方可进行抗裂保护层施工。

② 保温层加强做法。建筑物高度≥30 m或饰面特殊时，应加钉金属分层条并在保温层中加一层金属网（金属网在保温层中的位置：距基层墙面不宜小于30 mm，距保温层表面不宜大于20 mm）。具体做法是：在每个楼层处加30 mm×40 mm×0.7 mm的水平通长镀锌轻型角钢，角钢用射钉（间距500 mm）固定在墙体上。在基层墙面上每间隔500 mm钉直径5 mm的带尾孔射钉一枚，呈梅花布点，用22#镀锌铅丝双股与尾孔绑紧，预留长度不少于100 mm，抹保温至距设计厚度20 mm处安装钢丝网（搭接宽度不小于50 mm），用预留镀锌铅丝与钢丝网绑牢并将钢丝网压入刚抹的保温层，抹最后一遍保温、找平并达到设计厚度。

8）做分格线。

① 根据建筑物立面情况，分格缝宜分层设置，分块面积单边长度应小于15 m。

② 按设计要求在胶粉聚苯颗粒保温面层上弹出分格线和滴水槽的位置。

③ 壁纸刀沿弹好的分格线开出设定的凹槽。

④ 在凹槽中嵌满抗裂砂浆，将滴水槽（分格槽）嵌入凹槽中，与抗裂砂浆黏结牢固，用该砂浆抹平槎口。

⑤ 分格缝宽度不宜小于50 mm，应采用现场成型法施工，具体做法是在保温层上开好分格缝槽，尺寸比设计要求宽10 mm，深5 mm，嵌满抗裂砂浆；网格布应在分格缝处搭接，搭接时应用上沿网格布压下沿网格布，搭接宽度应为分格缝宽度。

9）抹抗裂砂浆，铺贴玻纤网格布。玻纤网格布按楼层间尺寸事先裁好，抗裂砂浆一般分两遍完成，第一遍厚度为3～4 mm，随即竖向铺贴玻纤网格布，用抹子将玻纤网格布压入砂浆，搭接宽度不应小于50 mm，先压入一侧，抹抗裂砂浆，再压入另一侧，严禁干搭。玻纤网格布铺贴要平整无褶皱，饱满度应达到100%。随即抹第二遍找平抗裂砂浆，抹平压实，平整度要求应符合规范要求，建筑物首层应铺贴双层玻纤网格布和加强型玻纤网格布，铺贴方法与前述方法相同，但应注意铺贴加强型网格布时宜对接；随即可进行第二层普通网格布的铺贴施工。铺贴普通网格布的方法要求与前述相同，但应注意两层网格布之间抗裂砂浆应饱满，严禁干贴。

10）做护角。建筑物首层外保温墙阳角应在双层玻纤网格布之间加专用金属护角，护角高度一般为2 m，在第一遍玻纤网格布施工后加入，其余各层阴阳角、门窗口角应用双层玻纤网格布包裹增强，包角网格布单边长度不应小于150 mm。

11）验收。抹完抗裂砂浆后，应检查平整度、垂直度及阴阳角方正，对不符合规范要求的应进行修补直至符合。

2.1.6 保温装饰板外墙外保温系统

保温装饰板外墙外保温系统由保温装饰板、界面剂、黏结砂浆、锚固件和密封胶等组成，置于建筑物外墙外侧的保温装饰一体化系统，具有保温和装饰功能。根据防火要求，一般有A级防火型和阻燃型，密闭型和非密闭型。

1. 工艺特点

保温装饰板外墙外保温系统具有品种齐全、构造新颖、装饰多样化、生产工业化以及装配化程度高、施工快捷等特点，是在工厂预制成型，集保温功能和装饰功能于一体的板状材料。特点是功能多、成本低，机械化程度高，成品化程度高，适用性强，饰面多样性。

2. 适用范围

适用于新建、扩建、改建的居住建筑、公共建筑墙体节能保温装饰一体化工程以及工业建筑以及既有建筑的节能保温装饰改造工程。

3. 基本构造

常见保温装饰板外墙外保温系统基本构造如图2-1-31所示。

装饰保温板外墙外保温结构层

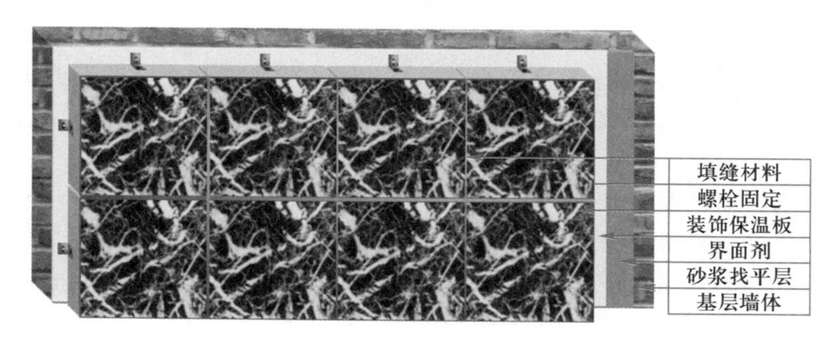

图2-1-31 保温装饰板外墙外保温系统基本构造

饰面层：在保温装饰板面板表面涂装的涂料，起装饰保护作用。当所采用的保温装饰板面板为石材、瓷板等自身直接具有装饰作用的板材时，可略去此构造层。

面板：是粘贴在保温芯材板表面的板材或聚合物砂浆层，在保温装饰板中起增强作用。胶黏剂：采用无溶剂环氧树脂基或聚氨酯树脂基双组分交联固化型胶黏材料，用于面板与保温芯材板、锚固压板黏结。

保温芯材板：是由导热系数小于0.045 W/(m·K)的有机保温板或导热系数小于0.10 W/(m·K)的无机保温板构成，在保温装饰板中起保温作用。

底板：是经工厂流水线直接制备在保温芯材板底面的无机类板材，在保温装饰板中起底面增强、防水、阻燃作用的构造层。由抗碱网格布增强聚合物水泥砂浆或直接粘贴穿孔、开槽无机类板材构成。

4. 施工工艺流程及操作要点

（1）施工工艺流程

施工工艺流程：基层墙面处理——→弹线分隔、设基准线——→设计排版图——→锚固件安装——→

配置黏结剂——→涂刷界面剂——→粘贴保温装饰板——→机械锚固件施拧——→板接缝密封处理——→验收。

（2）操作要点

1）弹线分隔时，应设垂直和水平线作为平直基准；应按照设计排版图的分隔方案，弹出每块板的安装控制线，板缝间距宜控制在6~15 mm，保证外墙大面的装饰效果。

2）根据实际弹线情况，结合设计排版图，应出具相对应每块板的实际尺寸和详细构造图清单。

3）安装时，应设平整度基准控制线，复核保温装饰板的大小，满足安装要求。

4）墙面锚固位置钻孔宜在保温装饰板粘贴前进行，并随即清理钻孔灰尘。

5）黏结砂浆应专人配制，并严格按产品要求的比例调配；调好的黏结砂浆宜在1.5 h内用完。

6）保温装饰板无底板时，粘贴面上应涂刷界面剂；在界面剂表干后，再批刮黏结砂浆。

7）保温装饰板的黏结面积应不小于50%，中间黏结砂浆点应分布均匀。粘贴面周边一圈批刮的黏结砂浆带应从边缘向中间逐渐加厚，最厚处宜为10~15 mm，并在此一圈黏结砂浆上留出透气口。当保温装饰板一侧边长小于300 mm时，宜采用满粘贴法施工。

8）保温装饰板粘贴的平整度和垂直度应符合要求。每贴完一块，应及时清除挤出的砂浆；板与板之间的缝隙要均匀一致且达到设计要求。

粘贴保温装饰板应从勒脚部位开始，自下而上，沿水平方向铺设粘贴，在最下面一排板的底边处应设通长托板条。

9）辅助机械锚固应在保温装饰板粘贴后进行。黏结砂浆未干前，锚钉预拧不应过紧；应在黏结砂浆干燥24 h后拧紧。

10）黏结砂浆干燥后，保温装饰板板材接缝部位应进行密封处理。处理前应清洁板缝及其周边部位，并在保温装饰板侧边涂刷界面剂，然后在板缝中嵌入聚乙烯泡沫条，挤注硅酮密封胶。

11）应由专人向板缝中挤注密封胶。挤注前宜在板缝两侧饰面层上粘贴美纹纸；挤注过程中，枪嘴应伸入缝隙内4 mm以上，均匀缓慢移动，连续进行，不得出现空穴或气泡。

保温装饰板安装缝应使用弹性背衬材料填充后采用硅酮密封胶嵌缝，其厚度宜为缝宽的1/2，最少不得低于4 mm，缝口宜呈凹形，嵌缝应饱满、密实。

12）挤注密封胶后应顺一个方向立即进行胶缝的修刮平整，然后揭下美纹纸。若为覆膜板面，则应在撤脚手架的同时揭去保护膜。

13）施工完成后应做好成品保护工作。施工过程中应及时清理滴水槽、门窗框、管道、槽盒上残存的砂浆。移动吊篮、翻拆脚手架应防止破坏已做好的墙面，刚施工好的门窗洞口、边、角、垛宜采取一定的保护措施防止撞击，其他工种作业时不得污染或损坏墙面，禁止踩踏窗口。各构造层在硬化前应防止淋水、撞击、振动。

思考题

1. 外墙外保温的基本构造形式是什么？

2. 机械固定式与粘贴保温板式外墙外保温构造上有何不同点？

3. 保温装饰板有哪些结构层次？各结构层的作用是什么？

4. 有网现浇系统外墙外保温施工工艺特点是什么？适用于哪些情况？

5. 现场喷涂硬泡聚氨酯外墙外保温特点是什么？施工工艺流程是怎样的？

项目 2　外墙内保温节能技术

【学习目标】

1. 能根据实际工程进行外墙内保温节能施工施工准备。
2. 能通过施工图、相关标准图集等资料制订施工方案。
3. 能够在施工现场进行安全、技术、质量管理控制。
4. 能进行安全、文明施工。

外墙内保温系统是在外墙结构的内部表面加做保温层，将保温隔热材料置于外墙体的内侧，是一种比较成熟的技术。内保温技术对材料的物理性能指标要求相对较低，具有施工不受气候影响、技术难度小、综合造价低、室内升温降温快等优点。外墙内保温系统比较适合于长年室内外温差不大的夏热冬暖地区，尤其适合于南区。

2.2.1　外墙内保温基本知识

1. 内、外保温性能的差异

外墙外保温和内保温各有优势和特点，在采暖条件下一般认为外保温优于内保温。两种不同的保温形式的优势和不足见表 2-2-1。

表 2-2-1　外墙外保温和内保温性能对比

保温形式	优点	缺点
外墙外保温	① 墙身结构整体温度提高，可进一步改善墙体的保温性能，有利于室温稳定；② 保护主体结构，延长建筑物寿命，保温层设于围护结构外侧，缓冲了因温度变化导致结构变形产生的应力，可保护主体结构，提高主体结构的耐久性；③ 基本消除“热桥”，较好发挥材料的节能保温功能，防止“热桥”部位结露，又可消除“热桥”造成的附加热损失；④ 减少内墙面裂缝，方便室内装修及墙面悬挂、固定物件；⑤ 改善墙体潮湿情况，墙体内部不会发生冷凝，无须设置隔气层；⑥ 提高防水功能和气密性；⑦ 减少保温材料用量，不占用房屋的使用面积	① 保温层暴露在室外，受风雨侵袭，耐久性差，相对易剥落，有潜在危险；② 施工复杂，在高层建筑等复杂条件下施工难度较高；③ 对原材料产品质量要求高
外墙内保温	① 保温层位于室内，耐久性好，使用安全；② 施工难度小，施工进度快；③ 成本较低	① 保温隔热效果差，外墙平均传热系数高；② “热桥”保温处理困难，不易处理结露现象；③ 保温层易出现裂缝，外墙结构层表面温度应力大，易引起内表面保温层的开裂；④ 不利于室内装修，包括重物钉挂难等；⑤ 占用室内使用面积

通过表2-2-1中的比较可以发现，在寒冷地区和夏热冬冷等地区条件下，外墙内保温主要存在墙体保温性能差、易冷凝结露等问题，而在夏热冬暖气候区的气候条件下，这些技术缺陷并不存在。

2. 外墙内保温技术在夏热冬暖气候区的优势

夏热冬暖气候区常年室内外温差很小，采用外保温和内保温形式所产生的外墙总体传热系数和建筑能耗差异甚微，“冷桥”“热桥”问题可以忽略，在这一方面外墙内保温并不存在技术缺陷。

夏热冬暖气候区建筑一般为空调制冷和自然通风的运行状态。在空调制冷的状态下，墙体表面或内部界面的温度高于室内气温；在自然通风条件下，室内外空气连通。在这两种情况下都不会因为采用外墙内保温而引起结露问题。

夏热冬暖气候区常年温度变化幅度在15 ℃以下，室内外温差不超过5~10 ℃，一般的外墙主体结构采取适当构造措施完全能够应对温度应力变化，而内保温层在进行表面抗裂等处理后也基本可以保证不出现温度裂缝。

夏热冬暖气候区对墙体传热系数的要求相对宽松，外墙保温材料选用保温砂浆类材料较多，保温层厚度一般不超过20 mm，其硬度和强度方面能适应室内装修的要求。

根据以上分析可见，外墙内保温技术缺陷在夏热冬暖气候区并不存在，而且其在安全性、耐久性和施工与成本控制等方面更具有优势。

① 安全性。夏热冬暖气候区墙体保温多用于高层建筑剪力墙外墙，而该地区沿海风力较大，建筑外立面风荷载较大。外保温层与结构墙体的黏结都相对薄弱，特别是在高空风力拉拔作用下，安全隐患很大，所以夏热冬暖气候区高层建筑应慎用聚苯板类外保温做法，而内保温则不存在此安全隐患。

② 保温材料的耐久性。夏热冬暖气候区太阳辐射总量大，时数长，空气湿度高，空气中含盐量高，这些因素都会加速材料的腐蚀。外墙内保温材料不会暴露于室外大气和太阳辐射中，使用寿命较长，耐久性优于外墙外保温。

③ 施工与成本控制。外墙外保温施工必须借助脚手架，施工难度和成本较高；而内保温施工则在室内进行，施工难度小，成本低。

3. 外墙内保温的应用和技术

根据上面介绍的固有性能的原因，外墙内保温在夏热冬暖气候区得到很多应用。但这并不意味着外墙内保温在寒冷和夏热冬冷等气候区没有使用。实际上，外墙内保温在寒冷和夏热冬冷等气候区也有一定应用。主要鉴于以下几种情况而使用外墙内保温：

一是内、外墙复合保温，在有些情况下仅使用外保温难以满足节能要求，内保温作为一种补充，满足节能法规的要求；二是应用于具有良好保温性能墙体的内保温，如砌块类墙体，就可得到更好的节能效果；三是外墙在采用面砖、饰面块材等饰面时，鉴于安全考虑，采取内保温和其他措施综合使用，避免使用外墙外保温；四是住户在内装修前，为了得到更好的节能效率，在已经具有外墙外保温的前提下再自行进行内保温；五是既有建筑中业主无法对外墙统一进行保温隔热施工，而为了提高保温隔热效果进行外墙内保温处理。

原则上说，应用于外墙外保温的材料或技术都可以在内保温中应用，或者在经过适当处理和改进后应用。但实际上鉴于应用场合和实际要求的变化，内、外保温应用的差别很大。目前外墙内保温有以下几种做法：

(1) 在外墙内侧粘贴或砌筑块状保温板(如膨胀珍珠岩板、水泥聚苯板、加气混凝土块、EPS板等),并在表面抹保护层(如水泥砂浆或聚合物水泥砂浆等)。

(2) 在外墙内侧拼装聚苯复合板或石膏聚苯复合板,表面刮腻子。

(3) 在外墙内侧安装岩棉轻钢龙骨纸面石膏板(或其他板材)。

(4) 在外墙内侧抹保温砂浆。

(5) 公共建筑外墙、地下车库顶板现场喷涂超细玻璃棉绝热吸声系统。

相较于外墙外保温,内保温在耐久和物理、力学性能等方面的要求要低些,但在防火、环保方面的要求则更高。例如,聚苯板用于内墙保温时,在聚苯板表面粘贴无机防火板,需进行良好的防火处理。粘贴保温板、保温砂浆、现场喷涂等施工方法与外保温基本类似。

2.2.2　保温砂浆外墙内保温系统

1. 技术特点

(1) 定义

《建筑保温砂浆》(GB/T 20473—2006)中定义,保温砂浆是以膨胀珍珠岩或膨胀蛭石、胶凝材料为主要成分,掺加其他功能组分制成的用于建筑物墙体绝热的干拌混合物。

实际上,鉴于膨胀珍珠岩或膨胀蛭石的高吸水率,目前应用的绝大多数建筑保温砂浆是以闭孔膨胀珍珠岩或玻化微珠为保温隔热骨料的保温砂浆。

(2) 保温砂浆的特性

1) 防火阻燃,安全性好。无机保温材料保温系统防火达到 A 级都不燃烧,可广泛用于密集型住宅、公共建筑、大型公共场所、易燃易爆场所、对防火要求严格场所,还可以作为防火隔离带施工,提高建筑防火标准。

2) 施工简便,综合造价低。可直接抹在毛坯墙上,减少了抹灰找平工序,其施工方法与水泥砂浆找平层相同。与其他保温系统相比有明显的施工期短、质量容易控制的优势。

3) 使用范围广,阻止“冷桥”“热桥”产生。适用于各种墙体基层材质、各种形状复杂墙体的保温,全封闭、无接缝、无空腔。

4) 强度高。无机保温材料保温系统与基层黏结度高,不产生裂纹,不空鼓。

5) 热工性能好,可以在不同的场合使用。

6) 防霉性能好。可以防止“冷桥”“热桥”传导,防止室内结露后产生的霉斑。

7) 经济性好。施工简便快捷,使用寿命同墙体一致,性价比优越,与用聚苯板、挤塑材料保温相比,综合造价成本降低 10%~30%,节能效果好。

2. 基本构造

建筑保温砂浆主要成分是绝热性能良好的玻化微珠、轻质粉末状材料(如粉煤灰)、聚合物改性水泥基胶凝材料、抗裂增强纤维以及其他外加剂。涂料饰面无机保温砂浆外墙内保温系统基本构造见表 2-2-2。

3. 适用范围

保温砂浆适用于多层及高层建筑的钢筋混凝土、加气混凝土、砌砖、烧结砖和非烧结砖等墙体的外保温抹灰工程以及内保温抹灰工程,对于当今各类旧建筑物的保温改造工程也很适用。

表 2-2-2 涂料饰面无机保温砂浆外墙内保温系统基本构造

基本构造		构造示意图
① 基层	混凝土及各种砌体墙	
② 界面层	界面砂浆	
③ 保温层	无机保温砂浆	
④ 抗裂防护层	抗裂砂浆+耐碱玻纤维网格布	
⑤ 饰面层	柔性腻子+涂料	

4. 施工工艺流程及操作要点

（1）施工工艺流程

施工工艺流程：基层处理——→粘饼冲筋——→胶灰界面层——→分层涂抹保温砂浆——→固定钢丝网或网格布——→涂抹抗裂砂浆——→面层施工。

（2）施工准备

1）施工前修补墙面孔洞，清除表面浮灰、油污、隔离剂、碎屑等杂物，保证施工作业面干净。

2）按结构控制线并结合保温层设计厚度施工控制线、打点，墙面误差不超过 10 mm，采用水泥砂浆找平保温砂浆材料，确保保温层厚度均匀。

3）基层表面处理。混凝土结构表面涂抹界面层（包括填充结构的水泥梁柱部分以及用水泥砂浆打底的表面）处理，厚度为 2~3 mm，趁胶灰层未干，涂抹保温第一遍，基层为空心砖、陶粒混凝土砌块可不做界面处理。

4）工具准备。卧式砂浆搅拌机或手提电动搅拌器、手推车、抹灰桶、水桶、抹子等。

（3）保温砂浆施工

1）施工现场按供应商提供的配合比进行计量，干粉料计量精度为±2%，水计量精度为±2%。先将水加入搅拌器中，再将无机保温砂浆干粉料放入搅拌器中，搅拌 3~5 min，使料浆成均匀膏状体即可使用。料浆必须随配随用，配制好的料浆应在厂家规定的可操作时间内用完，未用完浆料或落地灰不得收回后加水二次搅拌再使用。

2）分层涂抹。

① 第一层必须压实且厚度不可超过 10 mm，表面留毛面；

② 第一层形成初凝后，涂抹第二遍，厚度不超过 20 mm。表面留毛面，以此类推，直至距设计厚度差 10~13 mm 为止，同时做找平处理，留毛面。

3）涂抹保温材料的技术要领。

① 分层涂抹时应适度按压，以确保保温层与基层形成有效黏结，但不可在同一部位来回压抹，在涂抹中，若发现有鼓包产生，应及时剔除补抹；

② 分层涂抹时，保温材料表面不可收光，一定要保证表面毛糙，同时下一层涂抹要在上一层未干燥前进行，确保黏结。

（4）固定钢丝网

1）钢丝网选择：丝径为 0.93 mm，网孔 25.4 mm×25.4 mm 镀锌点焊网。

2）固定钉及固定点确定：固定钉选用 φ8 mm 的膨胀螺栓，长度比保温层厚度长 30~40 mm，固定点的水平垂直距离为 450 mm×500 mm，呈梅花形分布。

3）作业顺序。

① 保温层初凝后，先用电锤按布点打孔（钻头 ϕ8 mm），进入主墙体 40 mm；

② 将钢丝网打开伸平，自上至下竖向铺放平整，将膨胀螺栓套上垫片插入孔内，用螺丝刀拧紧，网与网之间顺序搭接，宽度以 50 mm 为宜；

③ 门窗口部位，按从门窗口外沿进入窗框内 150 mm 的尺寸，用剪刀将钢丝网裁好，再将钢丝网沿窗外口折成 90°后与墙体固定；

④ 整体固定完毕，要求钢丝网平整、舒展。

（5）做分格条（缝）

1）方法一（先做法）。

① 固定钢丝网前，在保温层上按设计图纸弹出分格线；

② 固定钢丝网后，将塑料或木质分格条粘钉住。

2）方法二（后做法），在涂抹保温层之后进行。

① 在保温材料上按设计图纸弹出分格线，沿分格线画出凹槽，凹槽宽度比分格缝宽度大 10 mm，凹槽深度比分格条高度大 5 mm；

② 用水泥砂浆镶嵌分格条；

③ 用底漆刷涂封边，刷涂要严密，切勿漏涂漏刷。

（6）涂抹保温砂浆

涂抹保温砂浆面层至设计厚度，涂抹时适度按压，确保钢丝网网格饱满度为 100%，找平、收光。

（7）面层压入玻纤网

控制表面玻纤网布深浅，使表面光滑不开裂，表面收光时，把网格布用抹子直接压在材料表面，同时收光，严禁漏铺，搭接处至少搭接 5 cm，表面玻纤网布压到似露非露为宜，当天工程量当天完成，禁止隔天处理压网。

（8）喷刷憎水剂

1）将配套提供的憎水剂进行稀释调配，即憎水剂∶水＝1∶16（重量），搅拌均匀后使用。

2）表面基本干燥（颜色呈灰白色）并验收合格后喷憎水剂两遍，严禁遗漏。

3）憎水剂原液严禁直接与皮肤接触。

2.2.3　增强石膏聚苯复合板外墙内保温系统

1. 技术特点

增强石膏聚苯复合保温板是以运用空气 $R=0.14\ m^2\cdot K/W$ 的热阻性、EPS 聚苯板 $\lambda\leqslant 0.041\ W/(m\cdot K)$ 或 XPS 聚苯板 $\lambda\leqslant 0.030\ W/(m\cdot K)$ 的导热系数、石膏 $\lambda\leqslant 0.23\ W/(m\cdot K)$ 的导热系数，共同组合成的热工性能优良的绝热保温系统。使间歇性使用空调或采暖的室内环境升温快，保持室内温度时间长，而降低电能消耗，达到节约能源的目的。

2. 基本构造

增强石膏聚苯复合板外墙内保温系统基本构造见表 2-2-3。

3. 适用范围

增强石膏聚苯复合板外墙内保温系统主要适用于居住建筑，也可用于托幼、医疗等使用功能与居住建筑相近的民用建筑。外墙主体结构一般为黏土砖墙或钢筋混凝土墙，内侧为增强石膏

聚苯复合板工程。不适用于厨房、卫生间等湿度较大的房间。

表 2-2-3 增强石膏聚苯复合板外墙内保温系统基本构造

(1) 外墙	内保温做法		构造示意
	(2) 空气层	(3) 复合保温层	
钢筋混凝土墙或普通黏土砖墙	厚 20 mm	50 mm 60 mm	(1)、(2)、(3)

4. 施工工艺流程及操作要点

(1) 工艺流程

施工工艺流程:结构墙面清理⟶分档、弹线⟶配板、修补⟶标出管卡、炉钩等埋件位置⟶墙面贴饼⟶稳接线盒,安装管卡、埋件等⟶安装防水保温踢脚板⟶安装复合板⟶板缝及阴、阳角处理⟶板面装修。

(2) 施工准备

1) 材料准备。

① 增强石膏聚苯复合板。规格尺寸:长 2 400~2 700 mm,宽 595 mm,厚 50 mm 或 60 mm。面密度≤25 kg/m^2,含水率≤5%,当量热阻≥0.8 m^2·K/W,抗弯荷载≥1.8 G(G 为板的重量,单位 N);抗压强度(面层)≥7.0 MPa;收缩率≤0.08%;软化系数≥0.50。

② 胶黏剂。常用的一种是 SG791 建筑胶黏剂:以醋酸乙烯为单位的高聚物为主胶料,与其他原材料配制而成,是无色透明胶液。胶液与建筑石膏粉调制成胶黏剂,配合比是建筑石膏粉∶胶液=1∶0.6~0.7(重量比),适用于石膏条板黏结和石膏条板与砖墙、混凝土墙黏结。石膏与石膏黏结压剪强度不低于 2.5 MPa。使用其他石膏类胶黏剂应经过试验;另一种是 EC-6 砂浆型胶黏剂,用于粘贴防水保温踢脚。用胶黏剂和 425 号水泥配制而成。胶∶水=1∶1(重量比)混合成胶液,水泥∶细砂=1∶2 拌和成干砂浆,再加入胶液拌制成适当稠度的聚合物水泥砂浆胶黏剂,其黏结强度≥1.1 MPa。

③ 建筑石膏粉。应符合三级以上标准。

④ 石膏腻子。用于满刮墙面,其性能为:抗压强度>2.5 MPa,抗折强度>1.0 MPa,黏结强度>0.2 MPa,终凝时间>3 h。

⑤ 玻纤网布条:用于板缝处理(布宽 50 mm)和墙面转角附加层(布宽 200 mm)。中碱玻纤涂塑网格布 8 目/in,布重>80 g/m^2。25 mm×100 mm 布条,经向断裂强度>300 N,纬向断裂强度>150 N。

⑥ 接缝腻子:用于板缝处理。抗压强度>3.0 MPa,抗折强度>1.5 MPa,终凝时间>0.5 h。

⑦ 防水保温踢脚板。

2) 主要机具:笤帚、木工手锯、钢丝刷、2 m 靠尺、开刀、2 m 托线板、钢尺、橡皮锤、电钻、扁铲等。

(3) 作业条件

1) 结构已验收,屋面防水层已施工完毕。墙面弹出+50 cm 标高线。

2）内隔墙、外墙门窗框、窗台板安装完毕。门、窗抹灰完毕。

3）水暖及装饰工程分别需用的管卡、炉钩、窗帘杆耳子等埋件留出位置或埋设完毕；电气工程的暗管线、接线盒等必须埋设完毕，并应完成暗管线的穿带线工作。

4）操作地点环境温度不低于 5 ℃。

5）外墙内保温施工宜在外檐抹灰完成以后进行。

6）正式安装前，先试安装样板墙一道，经鉴定合格后再正式安装。

（4）操作要点

1）结构墙面清理

凡凸出墙面 20 mm 的砂浆块、混凝土块必须剔除，并扫净墙面。

2）分档、弹线

① 以门窗洞口边为基准，向两边按板宽 600 mm 分档；

② 按保温层的厚度在墙、顶上弹出保温墙面的边线。按防水保温踢脚层的厚度在地面上弹出防水保温踢脚面的边线，并在墙面上弹出踢脚的上口线；

③ 画出贴饼点位置。

3）配板、修补

按分档配板。复合保温板的长度略小于顶板到踢脚上口的净高尺寸。计算并量测出门窗洞口上部及窗口下部的保温板尺寸，并按此尺寸配板。当保温板与墙的长度不相适应时，应将部分保温板预先拼接加宽（或锯窄）成合适的宽度，并放置在阴角处。有缺陷的板应修补。

4）墙面贴饼

① 在贴饼位置，用钢丝刷刷出直径不少于 100 mm 的洁净面并浇水润湿，刷一道胶水泥素浆。

② 检查墙面的平整度、垂直度，找规矩贴饼，并在需设置埋件处也做出 200 mm×200 mm 的灰饼。

③ 冲筋材料为 1∶3 水泥砂浆，灰饼大小为 ϕ100 mm，厚度以保证空气层厚度（20 mm 左右）为准。

5）稳接线盒，安管卡、埋件

安装电气接线盒时，接线盒高出冲筋面不得大于复合板的厚度，且要稳固。

6）粘贴防水保温踢脚板

① 在踢脚板内侧上、下口处，各按 200～300 mm 间距布设砂浆胶黏剂黏结点，同时在踢脚板底面及相邻的已粘贴上墙的踢脚板侧面满刮胶黏剂。

② 按线粘贴踢脚板，粘贴时用橡皮锤敲振使踢脚板贴实，挤实拼头缝，并将挤出的胶黏剂随时清理干净。

③ 粘贴时要保证踢脚板上口平，板面垂直，保证踢脚板与结构墙间的空气层为 10 mm 左右。

7）安装复合板

① 将接线盒、管卡、埋件的位置准确地翻样到板面，并开出洞口。

② 复合板安装顺序宜从左至右依次安装。板侧面、顶面、底面清刷浮灰，在侧墙面、顶面、踢脚板中口，复合板顶面、底面及侧面（所有相拼合面），灰饼面上先刷一道胶液，再满刮胶黏剂，按弹线位置立即安装就位。每块保温板除粘贴在灰饼上外，板中间需有>10%板面面积的胶黏剂呈梅花状布点，直接与墙体粘牢。

安装时用手推挤，并用橡皮锤敲振，使所有拼合面挤紧冒浆，并使复合板贴紧灰饼。复合板的上端，如未挤严留有缝隙时，宜用木楔适当楔紧，并用胶黏剂将上口填塞密实（胶黏剂干后撤去木楔，用胶黏剂填塞密实）。安装过程中，随时用开刀将挤出的胶黏剂刮平。

按以上操作办法依次安装复合板。安装过程中随时用 2 m 靠尺及塞尺测量墙面的平整度，用 2 m 托线板检查板的垂直度。高出的部分用橡皮锤敲平。

③ 复合板在门窗洞口处的缝隙用胶黏剂嵌填密实。

④ 复合板中露出的接线盒、管卡、埋件与复合板开口处的缝隙用胶黏剂嵌塞密实。

8）板缝及阴阳角处理

复合板安装后 10 d，检查所有缝隙是否黏结良好，有无裂缝，如出现裂缝，应查明原因后进行修补。已黏结良好的所有板缝、阴角缝，先清理浮灰，刮一层接缝腻子，粘贴 50 m 宽玻纤网格带一层，压实、粘牢，表面再用接缝腻子刮平。所有阳角粘贴 200 mm 宽（每边各 100 mm）玻纤布，其方法同板缝。

9）胶黏剂配制

胶黏剂要随配随用，配制的胶黏剂应在 30 min 内用完。

10）板面装修

板面打磨平整后，满刮石膏腻子一道，晾干后均需打磨平整，最后按设计规定做内饰面层。

思考题

1. 外墙内保温常用的基本类型有哪些？各自的使用情况如何？
2. 简述外墙内保温与外墙外保温的异同点。
3. 简述保温砂浆外墙内保温施工的工艺流程。

项目3　外墙自保温节能技术

【学习目标】

1. 能根据实际工程进行外墙自保温节能施工施工准备。
2. 能通过施工图、相关标准图集等资料制订施工方案。
3. 能够在施工现场进行安全、技术、质量管理控制。
4. 能进行安全、文明施工。

外墙自保温系统是墙体自身的材料具有节能阻热的功能，是将围护结构和保温隔热功能合二为一，无须另外附加其他保温隔热材料，在满足建筑围护要求的同时又能满足隔热节能要求。在夏热冬暖气候区内外墙自保温尤为适合，只要窗墙面积比和窗地面积比适当，建筑朝向为南北向，采用外墙自保温隔热一般都能满足本地区的节能标准和构造简单、技术成熟、省工省料的要求。自保温墙体材料主要以加气混凝土砌块、轻质混凝土空心砌块、夹芯砌块等自隔热砌块较为常用。

2.3.1　外墙自保温基础知识

1. 技术特点

墙体自保温技术是指使用的墙体围护结构材料本身具有一定的保温隔热性能，再配以相应

的辅助措施（如使用轻质保温砌筑砂浆、保温抹灰砂浆等），由此构成的墙体具有良好的保温隔热效果。在砌体结构完成后，进一步对现浇的梁、柱及砌体结构节点和热工性能差的部位进行外保温处理，这样构成的墙体围护结构能够满足50%或者65%的节能或者更高目标的节能要求。可见，墙体自保温技术同前面介绍的外墙外保温技术一样是一种系统，而非单一材料或者单一技术。

同外墙外保温和外墙内保温技术相比，墙体自保温技术既有其自身的一些性能优势，也有不足。

（1）性能优势

1）简化施工工序、省去外墙外保温施工。具有墙体自保温性能的建筑物无须再进行外墙外保温施工，避免因外墙外保温系统所带来的各种弊端（例如，外墙外保温所带来的系统开裂、渗水甚至脱落以及防火问题，外保温施工所带来的工期延长、大量的施工劳动和工程质量管理的困难等），并使工程综合造价降低。

2）耐久、与建筑物同寿命，维护费用低。墙体自保温系统构成建筑物“主体”结构的一部分，基本实现与建筑物同寿命的耐久性能目标。同时，墙体自保温系统在使用期间几乎不需要维护费用。与现有外墙外保温系统一般有25年的使用寿命，在整个建筑物的寿命周期内，维护和更新费用巨大相比，具有较大的优势。

3）保温隔热效果可靠。由于墙体自保温系统的性能更为稳定、耐久，使之所具有的保温隔热效果不会随使用时间的延长而劣化，在整个建筑物使用期间具有更为可靠的保温隔热效果。

4）良好的防火性能。墙体自保温系统多数为无机不燃材料，与聚苯板、聚氨酯等类的有机保温材料相比，具有极为安全的防火性能，而且多数墙体自保温系统在高温下也不会产生有毒有害气体和物质。

5）灵活的再装饰性能。聚苯板、聚氨酯等外墙外保温系统在需要进行面砖和装饰性块材类装饰时，往往受到一定的限制或约束，或者需要采取很多安全措施，大大增加工程造价。同时，这类外墙外保温系统还不能使用溶剂型涂料。显然，墙体自保温系统在这些方面都灵活得多，没有限制。

6）自保温系统的材料大多数为无机材料，属于硅酸盐类制品，其中有些产品能够利用大量的工业废渣或废料，有利于资源利用和环保，属于国家产业政策推荐或提倡使用的产品或材料。例如，一些工业废渣砌块能够利用大量粉煤灰、炉渣或工业尾矿渣等。

（2）性能不足

墙体自保温技术所存在的不足主要是建筑物结构方面难以处理的问题。例如，一些高层建筑由于抗震或结构的需要，大量使用剪力墙，使得自保温技术无法应用；在框架结构中，对一些梁、柱结构的保温处理；梁、柱保温与非保温部位接缝处容易出现裂缝等。因此，梁、柱保温与非保温部位接缝处的结构处理非常重要。

2. 砌块的种类和特征

从所使用的砌筑材料的不同来说，墙体自保温技术可以分为三类。

1）普通混凝土小型空心砌块中插入保温性能好的膨胀聚苯板或者挤塑聚苯板，通常称为夹芯砌块或插板砌块类。

2）本身具有良好保温隔热性能的多孔砌块，通常称为轻质空心砌块类，如水泥膨胀珍珠岩类空心砌块、陶粒砌块或者其他轻骨料混凝土小型空心砌块。

3）本身具有良好保温隔热性能的加气混凝土砌块。

表 2-3-1 中比较了三类具有保温性能的砌块的特征。

表 2-3-1　墙体自保温用砌块材料的特征

性能项目	砌块类别		
	夹芯砌块类	加气混凝土砌块	轻质空心砌块类
一、生产工艺、原材料和工业废渣利用情况			
工艺特征	免烧结，蒸养或常温水养护，工艺相对简单	高压蒸养	免烧结，蒸养或常温水养护，工艺相对简单
原材料和工业废渣利用情况	一般可就近取材，可利用工业废渣	靠近石英矿矿区，可少量利用工业废料	就近取材，可利用工业废料
二、砌块材性			
厚度	一般 240 mm，可调整	一般 240 mm，可调整	一般 240 mm，可调整
传热系数/[W/(m^2·K)]	0.85~0.94	0.43~0.48	0.80~1.20
吸水率/%	10~20	35~60	40~60
密度/(kg/m^3)	800~1 300	560~850	400~1 200
强度级别(MU)	3.5~10.0	3.5~7.0	3.5~10.0
外观误差/mm	±2.0	±3.0	±2.0
墙体内钢筋锈蚀情况	不易发生锈蚀	可能会锈蚀，需要进行处理	不易发生锈蚀
三、应用情况			
砌体是否能够满足节能要求	根据砌块本身性能和自保温墙体系统性能的不同，有的能够满足寒冷地区节能 50%的要求和夏热冬冷地区节能 65%的要求，有的仅能够满足夏热冬冷地区节能 50%的要求		
产品有无承重规格	有	无	有
是否能够应用于外墙	有的规格产品可用	有的规格产品可用	有的规格产品可用
是否能够应用于有水、潮湿环境	有的规格产品可用	有的规格产品可用，但应加强防水、防潮措施	有的规格产品可用，但应加强防水、防潮措施
保温隔热原理	复合型保温	单一材料保温	单一材料保温
是否可用膨胀螺栓	可用	不可用	不可用
四、施工方面情况			
内粉刷前是否需要使用界面剂处理	不需要	需要	不需要

续表

性能项目	砌块类别		
	夹芯砌块类	加气混凝土砌块	轻质空心砌块类
对专用保温砌筑砂浆的需求	根据砌块块型而定，有的块型必须，有的块型不需要	需要专用保温砌筑砂浆	需要专用保温砌筑砂浆
粉刷施工情况	一遍成活	三遍成活	两遍成活
是否有粉刷问题	同普通黏土砖	比黏土砖难度大，易出现裂纹、空鼓	一般
管线盒砂浆嵌固	容易嵌固	较难嵌固，需要使用专用砂浆嵌固	一般

3. 梁、柱外保温与无保温部位接缝抗裂技术

在框架结构建筑的墙体自保温体系中，墙材采用导热系数较低的砌块，但仍需对结构的梁、柱部分进行保温。在上面叙述该类墙体自保温技术的不足时，曾述及在框架结构中，梁、柱保温与非保温部位接缝处容易出现裂缝，如何处理保温和不保温部位的交界接缝，确保接缝处不开裂，往往变得非常重要。下面介绍其处理技术及施工方法。

（1）组成及结构

主体保温材料为 25 mm 厚挤塑聚苯板，辅材包括聚苯板专用黏结剂、聚苯板抹面胶浆、聚苯板界面处理剂、耐碱玻纤网格布、锚固钉、双组分弹性防水膜、密封膏等。墙体的梁柱部位需比周边砌块凹进一定厚度，待梁、柱保温部位做好后，再与周边做齐。

保温部位与不保温部位的接缝采用双组分弹性防水膜、无纺布、耐碱玻纤网格布和抹面砂浆搭接处理，如图 2-3-1 所示。

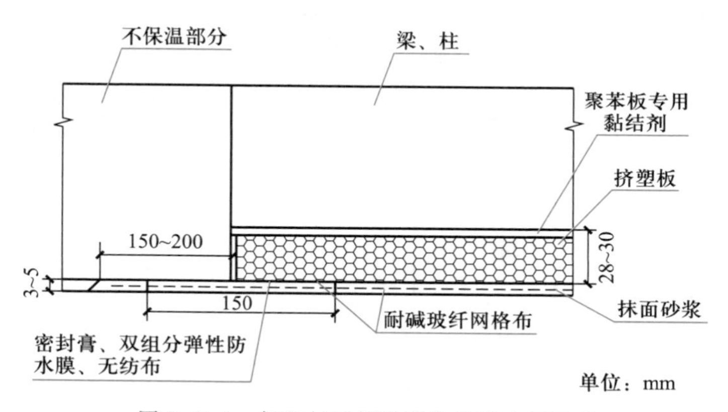

图 2-3-1　保温与不保温部位接缝处理示意

（2）施工工艺

1）基层处理用 1∶3 水泥砂浆找平，充分养护，要求平整、密实、无空鼓、不开裂。梁、柱周边 150~200 mm 宽度的延伸带需同时找平，找平后延伸带比梁、柱高 28~30 mm。

2）裁切挤塑板，将挤塑板朝里的一面涂覆界面处理剂，充分晾干。

3）黏结剂配制：按干粉料∶水=5∶1 的质量比，用电动搅拌机搅拌，静置 5 min，再搅拌一次

即可。

4）用黏结剂将挤塑板（已涂过界面剂的一面）粘贴到墙面预定位置，用力拍打，使板贴实，养护 24 h。

5）在预定位置打孔，安装固定件。

6）板间拼接的缝隙采用合适的挤塑板扁条塞平，再用粗砂纸打磨，使所有接缝处于平整。

7）挤塑板与周边墙体的接缝用密封膏进行填封。

8）跨缝刷涂一层 100 mm 宽的双组分弹性防水膜，并用无纺布增强，养护 24 h。

9）挤塑板上涂覆界面处理剂，充分晾干。

10）在挤塑板上抹第一层抹面砂浆，并延伸至周边墙体 150~200 mm，厚度约 2 mm。

11）挤塑板与周边墙体接缝处，跨缝铺贴一层 150 mm 宽的玻纤网格布，随后再大面积铺贴一层玻纤网格布，用抹刀适当抹压，使玻纤网格布全部埋入抹面砂浆中，养护 24 h。

12）抹第二层抹面砂浆，养护 24 h。两层总厚度约 3 mm。

13）接缝处需配套使用弹性腻子和弹性涂料。

（3）方法效果

该方法将玻纤网格布和抹面砂浆延伸至周边墙体，同时在接缝处用弹性防水膜、无纺布和密封膏进行密封和增强，该防水膜与水泥基材和挤塑板均具有极好的黏结力，其断裂伸长率不小于 200%，再结合无纺布的增强作用，显著提高接缝处的抗裂功能，同时具有极好的防水抗渗效果，能够很好地解决外墙梁、柱保温与非保温交界部位接缝处的开裂问题。

2.3.2 蒸压加气混凝土外墙自保温系统

1. 基本特性

蒸压加气混凝土是由磨细的硅质材料、钙质材料、发气剂和水等经搅拌、浇筑、发泡、静停、切割和蒸压养护等工艺过程而得到的多孔混凝土制品，属硅酸盐混凝土。由于采用蒸压养护工艺，故称为蒸压加气混凝土，简称“加气混凝土”，其特点如下：

1）质量轻。加气混凝土的干密度一般为 500~700 kg/m^3，相当于黏土砖的 1/3，混凝土的 1/4，单排孔空心砌块的 1/2，三排孔空心砌块的 1/3。采用加气混凝土的墙体可大大减轻建筑物自重，进而减小建筑物的基础及梁、柱等结构构件的尺寸，节约建筑材料和工程费用。

2）保温性能好。加气混凝土内部具有大量的气孔和微孔，因而具有良好的保温隔热性能，加气混凝土的导热系数通常为 0.09~0.22 W/（m·K），仅为黏土砖的 1/5~1/4，普通砖的 1/10~1/5。20 cm 厚的加气混凝土墙的保温、隔热效果相当于 49 cm 厚的普通黏土砖墙。

3）可加工性好，施工便捷。加气混凝土不用粗骨料，具有良好的可加工性，可锯、刨、钻、钉，并可用适当的黏结材料黏结，给建筑施工提供了有利的条件，一块砖相当于 18 块红砖，降低了劳动力成本，提高了砌筑速度。

4）耐火极限高。加气混凝土砌块的耐火极限在 700 ℃以上，受到 700 ℃以下的温度作用其强度不会受到明显损失，为一级耐火材料。

5）隔声性能好。加气混凝土的多孔结构使其具备良好的吸音、隔声性能。100 mm 厚砌块墙体双面抹灰，平均隔声量为 40.6 dB。

6）绿色环保。加气混凝土制品的 γ 射线照射量仅为 12μγ/h，远低于 37μγ/h 的国家标准和 24μγ/h 的国际标准。

7）原料来源广，生产效率高，生产能耗低。加气混凝土可以用砂子、矿渣、粉煤灰、水泥等原料生产，可以根据各地的实际条件确定品种和生产工艺，并且可以大大利用工业废渣。加气混凝土生产耗能较低，其单位制品的生产能耗仅为同体积黏土砖能耗的 50%。

8）耐久性好。加气混凝土不易老化、风化，是一种耐久的建筑材料，其正常使用寿命完全可以和各类永久性建筑物的寿命相匹配。

9）抗震性能好。加气混凝土砌块砌体具有良好的抗震性能，日本大阪地震中唯有加气混凝土板材建造的房屋破坏最轻。

2. 蒸压加气混凝土砌块的质量指标

蒸压加气混凝土砌块的现行标准为国家标准《蒸压加气混凝土砌块》（GB/T 11968—2020）常见的规格尺寸见表 2-3-2。

表 2-3-2　规格尺寸

长度 *L*	宽度 *B*	高度 *H*
600	100、120、125、150、180、200、240、250、300	200、240、250、300

注：如需要其他规格，可由供需双方协商确定。

（1）对蒸压加气混凝土砌块的要求

蒸压加气混凝土砌块按尺寸分为Ⅰ型和Ⅱ型，Ⅰ型适合于薄灰缝砌筑，Ⅱ型适合于厚灰缝砌筑。尺寸允许偏差见表 2-3-3，外观质量见表 2-3-4。

表 2-3-3　尺寸允许偏差

项目	Ⅰ型	Ⅱ型
长度 *L*	±3	±4
宽度 *B*	±1	±2
高度 *H*	±1	±2

表 2-3-4　外观质量

项目			Ⅰ型	Ⅱ型
缺棱掉角	最小尺寸/mm	≤	10	30
	最大尺寸/mm	≤	20	70
	三个方向尺寸之和不大于 120 mm 的掉角个数/个	≤	0	2
裂纹长度	裂纹长度/mm	≤	0	70
	任意面不大于 70 mm 裂纹条数/条	≤	0	1
	每块裂纹总数/条	≤	0	2
损坏深度/mm		≤	0	10
表面疏松、分层、表面油污			无	无
平面弯曲/mm		≤	1	2
直角度/mm		≤	1	2

（2）物理力学性能

砌块按抗压强度分为 A1.5、A2.0、A2.5、A3.5、A5.0，强度级别 A1.5、A2.0 适用于建筑保温。干密度级别分为 B03、B04、B05、B06、B07。其抗压强度和干密度应符合表 2-3-5 的规定。

表 2-3-5　抗压强度和干密度要求

强度级别	抗压强度/MPa		干密度级别	平均干密度/(kg/m^3)
	平均值	最小值		
A1.5	≥1.5	≥1.2	B03	≤350
A2.0	≥2.0	≥1.7	B04	≤450
A2.5	≥2.5	≥2.1	B04	≤450
			B05	≤550
A3.5	≥3.5	≥3.0	B04	≤450
			B05	≤550
			B06	≤650
A5.0	≥5.0	≥4.2	B05	≤550
			B06	≤650
			B07	≤750

砌块的干燥收缩值应不大于 0.5 mm/m，应用于墙体的砌块抗冻性应符合表 2-3-6 的规定；导热系数应符合表 2-3-7 的规定。

表 2-3-6　抗　冻　性

强度级别		A2.5	A3.5	A5.0
抗冻性	冻后质量平均值损失/%	≤5.0		
	冻后强度平均值损失/%	≤20		

表 2-3-7　导 热 系 数

干密度级别	B03	B04	B05	B06	B07
导热系数（干态）/[W/(m·K)]，≤	0.10	0.12	0.14	0.16	0.18

3. 蒸压加气混凝土砌块砌体专用砂浆质量指标

蒸压加气混凝土墙体专用砂浆包括薄层砌筑砂浆、抹灰砂浆、界面砂浆和抹灰石膏。薄层砌筑砂浆是以通用硅酸盐水泥、砂为主要原材料，添加保水剂等外加剂制成的，专用于蒸压加气混凝土墙体薄层砌筑（砌筑灰缝不大于 5 mm）或黏结用的干混砂浆。抹灰砂浆是以通用硅酸盐水泥、砂为主要原材料，添加保水剂等外加剂制成的，专用于蒸压加气混凝土墙体表面抹灰的干混砂浆。界面砂浆以通用硅酸盐水泥、砂为主要原材料，添加保水剂等外加剂制成的，专用于蒸压加气混凝土墙体表面的、起到界面增强和过渡作用的干混砂浆。根据界面砂浆的防水性能，分为普通型界面砂浆（P 型）和防水型界面砂浆（F 型）。抹灰石膏是以半水石膏和Ⅱ型无水硫酸钙单独或两者混合后作为主要的胶凝材料，含有砂等集料，添加缓凝剂、保水剂等外加剂制成的，专用于蒸压加气混凝土墙体表面(室内)抹灰的干混砂浆。根据抹灰石膏的体积密度，分为底层抹灰石膏(B 型)和轻质抹灰石膏(L 型)。

(1) 蒸压加气混凝土墙体专用砂浆代号

建材行业标准《蒸压加气混凝土墙体专用砂浆》(JC/T 890—2017)规定了蒸压加气混凝土墙体专用砂浆代号，如表 2-3-8 所示。

表 2-3-8　蒸压加气混凝土墙体专用砂浆代号

品种	薄层砌筑砂浆	抹灰砂浆	界面砂浆		抹灰石膏	
			P 型	F 型	B 型	L 型
代号	DMa	DPa	DBp	DBf	GPb	GPl

(2) 蒸压加气混凝土墙体专用砂浆性能指标

薄层砌筑砂浆性能指标见表 2-3-9 的规定，抹灰砂浆性能指标见表 2-3-10 的规定，界面砂浆性能指标见表 2-3-11 的规定，抹灰石膏性能指标见表 2-3-12 的规定。

表 2-3-9　薄层砌筑砂浆性能指标

项目		性能指标	
外观		产品应均匀、无结块	
强度	强度等级	M5.0	M10
	28 d 抗压强度/MPa	≥5.0	≥10.0
保水率/%		≥99.0	
14 d 拉伸黏结强度(与蒸压加气混凝土黏结)/MPa		≥0.30	≥0.40
收缩率/%		≤0.20	
抗冻性	强度损失率/%	≤25	
	质量损失率/%	≤5	

表 2-3-10　抹灰砂浆性能指标

项目		性能指标		
外观		产品应均匀、无结块		
强度	强度等级	M5	M7.5	M10
	28 d 抗压强度/MPa	≥5.0	≥7.5	≥10.0
保水率/%		≥99.0		
14 d 拉伸黏结强度(与蒸压加气混凝土黏结)/MPa		≥0.25	≥0.30	≥0.40
收缩率		≤0.20		
抗冻性	强度损失率/%	≤25		
	质量损失率/%	≤5		

表 2-3-11　界面砂浆性能指标

项目		性能指标	
		P 型	F 型
外观		产品应均匀、无结块	
保水率/%		≥99.0	
14 d 拉伸黏结强度(与蒸压加气混凝土黏结)/MPa		≥0.40	
拉伸黏结强度(与水泥砂浆黏结)/MPa	常温常态,14d	≥0.50	
	耐水	≥0.30	
	耐热		
	耐冻融		
晾置时间/min		≥10	
抗渗压力/MPa		—	≥0.4

表 2-3-12　抹灰石膏性能指标

项目		性能指标	
		B 型	L 型
凝结时间	初凝时间/h	≥1.0	
	终凝时间/h	≤8.0	
抗折强度/MPa		≥2.0	≥1.0
抗压强度/MPa		≥4.0	≥2.5
拉伸黏结强度(与蒸压加气混凝土黏结)/MPa		≥0.35	≥0.25
保水率(真空抽滤法)/%		≥75	≥60
体积密度/(kg/m^3)		—	≤1 000

4. 加气混凝土自保温与聚苯板外保温隔热性能对比

胶粉聚苯颗粒贴砌聚苯板外保温系统和加气混凝土自保温墙体系统构造如图 2-3-2 所示。

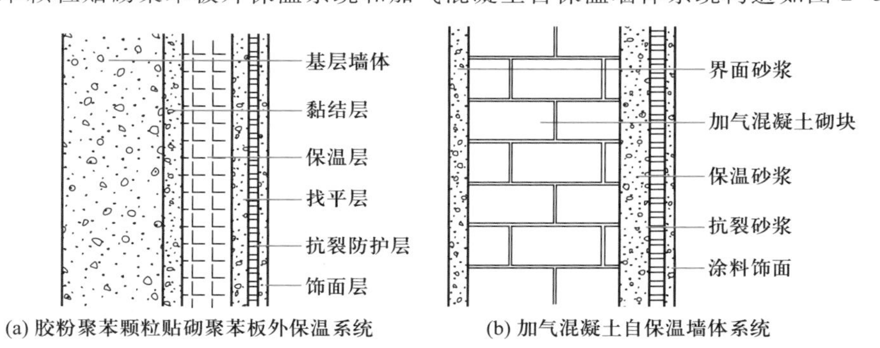

(a) 胶粉聚苯颗粒贴砌聚苯板外保温系统　(b) 加气混凝土自保温墙体系统

图 2-3-2　胶粉聚苯颗粒贴砌聚苯板外保温系统和加气混凝土自保温墙体系统构造示意图

（1）胶粉聚苯颗粒贴砌聚苯板外保温系统

1）胶粉聚苯颗粒贴砌聚苯板外保温墙体各部分材料的热工参数见表2-3-13。

表2-3-13　胶粉聚苯颗粒贴砌聚苯板（EPS）外保温系统各层材料热工参数

基本构造	材料名称	厚度/mm	密度/(kg/m^3)	比热/[J/(kg·K)]	蓄热系数/[W/(m^2·K)]	导热系数/[W/(m·K)]
基层墙体	混凝土	190	2 500	920	17.20	1.74
黏结层	界面砂浆	2	1 500	1 050	9.44	0.76
	保温浆料	15	200	1 070	1.02	0.07
保温层	聚苯板	60	200	1 070	0.36	0.04
找平层	保温浆料	10	200	1 070	1.02	0.07
抗裂防护层	抗裂砂浆	5	1 600	1 050	10.12	0.81
饰面层	涂料	3	1 100	1 050		0.50

注：饰面层涂料的蓄热系数没有统一的规定，在进行热工性能计算时，略去涂料饰面层对墙体热功性能的影响。

2）热工性能保温墙体的保温隔热性能通常用传热系数或传热热阻来评价。经计算，胶粉聚苯颗粒贴砌聚苯板外墙的传热热阻 $R_0=2.13\ m^2\cdot K/W$，传热系数 $K=0.469\ W/(m^2\cdot K)$，热惰性指标 $D=2.971$。

根据《夏热冬冷地区居住建筑节能设计标准》（JGJ 134—2010），外墙部分的传热系数、热惰性指标应满足以下要求：当传热系数 $K\leqslant1.5$ 时，热惰性指标 $D\geqslant3.0$；当传热系数 $K\leqslant1.0$ 时，热惰性指标 $D\geqslant2.5$。对于胶粉聚苯颗粒贴砌聚苯板外墙外保温墙体，其热工性能满足这一要求。

（2）蒸压加气混凝土自保温系统

加气混凝土保温系统选用B04级加气混凝土砌块，鉴于加气混凝土砌块墙体均需做表面抹灰，同时墙体厚度不比胶粉聚苯颗粒贴砌聚苯板外墙外保温墙体厚度大，方能显现其自保温结构的竞争力，因此假设其保温构造如图2-3-2（b）所示，保温砂浆的作用是使加气混凝土自保温墙体厚度与胶粉聚苯颗粒贴砌聚苯板外墙外保温墙体厚度相同，保温砂浆的厚度可依据加气混凝土墙基层厚度及总体保温隔热要求确定，各层材料的性能见表2-3-14。

表2-3-14　加气混凝土保温体系各层材料物理参数

材料名称	厚度/mm	密度/(kg/m^3)	比热/[J/(kg·K)]	蓄热系数/[W/(m^2·K)]	导热系数/[W/(m·K)]
界面砂浆	5	1 500	1 050	10.12	0.81
加气混凝土砌块	d_2	500	1 050	2.42	0.12
保温砂浆	d_1	200	1 070	1.02	0.07
抗裂砂浆	5	1 500	1 050	10.12	0.81
涂料饰面	3	1 100	1 050		0.50

假设两种保温墙体的保温隔热性能完全相同，则二者热阻相同。以胶粉聚苯颗粒贴砌聚苯板外保温墙体为基准，计算相同厚度的两种保温体系在传热阻相同时加气混凝土砌块保温墙体

各层材料的厚度。考虑灰缝的影响，在进行墙体热工参数计算时，加气混凝土的导热系数和蓄热系数均乘以 1.25 的放大系数。

当要求加气混凝土墙体与胶粉聚苯颗粒贴砌聚苯板保温墙体具有相同保温性能时，加气混凝土自保温墙体中加气混凝土的厚度经计算为 251 mm，并再施工厚度为 21 mm 的胶粉聚苯颗粒保温砂浆。此时，经计算加气混凝土自保温墙体的热惰性指标 $D=5.49>2.5$。其传热系数 $K=0.469\ W/(m^2\cdot K)<1.0\ W/(m^2\cdot K)$。由此可知，加气混凝土保温墙体的热工性能满足要求。考虑到施工的可行性，实际工程中加气混凝土和保温浆料的厚度可以分别取 250 mm 和 22 mm，由于保温浆料的导热系数小于加气混凝土的导热系数，调整后的做法不会导致保温墙体保温性能的降低。

5. 蒸压加气混凝土砌块施工技术

（1）材料要求和准备

按照施工要求准备所需规格的蒸压加气混凝土砌块、与砌块配套使用的专用砌筑砂浆、抹灰砂浆和墙拉筋等。

（2）施工机具准备

1）切割砌块的机械设备采用手提式电动切割机和手提式锯刀；刨削砌块的操作工具有钢齿磨板和磨平每皮砌块表面用的磨砂板；采用毛刷清除砌块表面粉尘。

2）控制第一块砌块用的水平尺，控制墙面水平度和平整度的小线；披灰用的披灰勺，清除灰缝处挤出的黏合剂的刮灰刀；控制平整度、敲紧砌块用的橡皮锤。

3）在混凝土柱上固定 L 形连接铁件用的射钉，在砌块上固定 L 形连接铁件用的铁钉。

4）其他搅拌机、后台计量设备、孔径 5 mm 筛子、手推车、大铲、铁锹、刀锯、带刃齿、线锤、托线板、小白线、灰桶、铺灰铲、小锤、小水桶、水平尺、砂浆吊斗及垂直运输工具等。

（3）作业条件

1）施工部位按栋号划分，施工部位植筋工程必须全部完成后方可砌筑。

2）砌块应堆置于室内或不受雨雪影响的干燥场所。在运输装卸砌块时严禁翻斗倾卸和抛掷。砌块应按品种、规格、强度等级分别堆码整齐，高度不宜超过 2.0 m。砌块堆垛应设有标志，堆垛间应留有通道。砌块施工时，砌块龄期不应小于 28 d，施工时含水率应小于等于 15%。

（4）施工方法

1）砌块砌筑

① 砌筑前应先清理基层，按设计要求弹出墙的中线、边线与门洞位置。

② 砌筑时砌块龄期须达到 28 d，应以皮数杆为标志拉水准线，并从转角处两侧与每道墙的两端开始。

③ 厨房、卫生间等潮湿房间及底层外墙等地面有防水要求，底皮应采用具有防水性能的砌块，或砌在高度不小于 200 mm 的钢筋混凝土楼板的四周翻边上或相同高度的混凝土导墙上。砌筑墙体第一皮砌块时，应先用水润湿基面，再用 M7.5 水泥砂浆铺砌，砌块的垂直灰缝应批刮黏合剂，并以水平尺等校正砌块的水平度和垂直度，同时要做好墙面防水处理。

④ 第二皮砌块须待第一皮砌块水平灰缝的砌筑砂浆凝固后方可砌筑。

⑤ 每皮砌块砌筑前，宜先将下皮砌块表面（铺浆面）用磨砂板磨平，并用毛刷清理干净后再用披灰勺铺刮水平、垂直缝处的黏合剂。

⑥ 每块砌块砌筑时，宜用水平尺与橡皮锤校正水平、垂直位置，做到上、下皮砌块错缝搭接，

其搭接长度一般不宜小于 1/3 砌块长度，且不小于 100 mm。

⑦ 砌体转角和交接处应同时砌筑，对不能砌筑而又必须留设的临时间断处，应砌成斜槎。接槎时先清理槎口，然后铺黏合剂接砌。

⑧ 砌块的垂直灰缝可先铺黏合剂于砌块侧面，然后上墙砌筑，用橡皮锤轻击砌块，要求灰缝饱满，并及时将挤出的黏合剂清除干净，做到随砌随勒，灰缝厚 2～4 mm。若遇一皮砌块的最后一块砌块稍长排不下时，可用钢齿磨板锉刮侧面至合适灰缝为止。

⑨ 砌上墙的砌块不应任意移动或受撞击，若需校正应重新铺抹黏合剂进行砌筑。

⑩ 墙体砌完后必须检查表面平整度，不平整处应用磨砂板磨平，使偏差值控制在允许范围内。

⑪ 砌体与钢筋混凝土柱（墙）相接处应设置 L 型连接铁件或拉结钢筋进行拉结，设置间距应为两皮砌块的高度。当采用 L 型铁件时，砌体与钢筋混凝土柱（墙）间应预留 10～15 mm 的空隙，待墙体砌筑完成后，该空隙用 PU 发泡剂嵌填。采用拉结钢筋时，可采用植盘法或预埋钢筋。

⑫ 砌块墙顶面与钢筋混凝土梁底面间应预留 10～15 mm 空隙，然后在墙顶中间部位每隔 600 mm 用经防腐处理的木楔楔紧固定，再在木楔两侧用水泥砂浆或玻璃纤维棉、矿棉和 PU 发泡剂嵌严。

⑬ 跨度小于等于 1 000 mm 的非承重过梁可采用梁高 250 mm 的轻质砂蒸压加气混凝土专用过梁；跨度大于或等于 1 500 mm 的非承重过梁可用梁高 400 mm 的专用过梁，例如用钢筋混凝土过梁或钢筋砌块过梁。使用钢筋混凝土过梁时过梁的宽度宜比砌块墙两侧墙面各凹 5～10 mm。

⑭ 若砌块墙较长，需增强墙体整体刚度时，可在墙长的中间部位设置型钢柱，型钢柱由砌块包裹，墙面仍平整顺直。

⑮ 装饰踢脚线凸出墙面太厚时，可用钢齿磨板将该部位的砌块磨薄后，再用黏合剂镶贴踢脚板块，这样踢脚线出墙厚度薄，观感好。

⑯ 砌筑时，严禁在墙体中留设脚手洞。墙体修补及空洞堵塞宜用专用修补材料（和聚合物水泥砂浆）修补。

2）墙与门窗樘的连接

① 普通木门。应在门洞两侧的墙体按上、中、下位置每边砌入带防腐木砖的 C25 混凝土块，然后用钉子将木门樘与混凝土块连接固定。C25 混凝土块两侧墙面处采用 20 mm 厚砌块贴面，使预埋块与整个墙面观感一致。

② 塑钢、铝合金门窗。应在门窗洞两侧的墙体按上、中、下位置每边砌入 C25 混凝土块，然后用尼龙锚栓或射钉将塑钢、铝合金门窗连接铁件与混凝土固定，并在连接铁件内填充 PU 发泡剂。门窗樘与墙体面层结合处用建筑密封胶封口。

3）墙体暗敷管线

① 水、电、通信及智能管线的暗敷工作，须待墙体完成并达到一定强度后方可进行。开槽时，应使用手提式电动切割机并辅以手工镂槽器。凿槽时与墙面夹角不得大于 45°，开槽深度不宜超过墙厚的 1/3。

② 敷设管线后的槽应用 1 : 3 水泥砂浆填实，宜比墙面微凹 2 mm，再用黏合剂补平，沿槽长外贴宽度不小于 100 mm 的玻璃纤维网格布增强。

③ 浇楼板中的管线弯进墙体时，应贴近墙面敷设，且垂直段高度不低于一皮砌块的高度。

4）墙体抹灰和装饰施工

装饰作业前，应将墙面基层清理干净。墙的阳角部位宜用 25 mm×25 mm 镀锌角网条或 300 mm 宽玻璃纤维网格布护角。

砌体、钢筋混凝土柱、梁与墙交接处均应铺设等于或大于 500 mm 宽玻璃纤维网格布或钢丝网。窗台板、表具箱、配电箱、消火箱、电话箱等与砌体交接处的缝隙，应用 PU 发泡剂封填。

墙面批嵌腻子、粘贴瓷砖（面砖）抹灰宜在墙顶空隙的嵌填作业完成后 7 d 进行。

墙面抹灰前，基层应清扫干净再抹专用界面剂或采用喷浆处理，界面剂厚度宜为 2~3 mm，采取喷浆处理，应及时养护，待浆面凝结达到一定强度后（不小于 1 MPa）方可根据抹灰层厚度做灰饼，冲筋。界面剂施工作业应在 5 ℃以上的气温环境下进行。墙面抹灰 24 h 前应浇水湿润，抹灰前再洒一遍水。墙面抹灰应分层，先抹专用灰砂浆过滤层，每层厚度为 5~7 mm，下一层抹灰应待前一层抹灰终凝后进行。抹灰分层接槎处，先施工的抹灰层应稍薄，要均匀结合，接槎不应过多，防止面层凹凸不平。罩面灰应边抹边用钢抹子抹平压实、抹光。

门窗、各种箱盒侧壁分层填实抹严后，用抹子划出 3 mm×3 mm 的沟槽，避免框体侧壁与砌体交接处空鼓、裂缝。需要打密封胶的框体周围，抹灰时应留出 7 mm×5 mm 的缝隙，以便嵌缝打胶。

2.3.3　轻质混凝土空心砌块外墙自保温系统

1. 基本特性和热工性能

（1）基本特性

轻质混凝土小型空心砌块属于轻骨料混凝土小型空心砌块的一种，简称“轻质空心砌块”或“轻质砌块”，具有密度小、强度适中、保温性能好、隔热、隔声、抗冻性能好以及与抹灰材料相容性好，不易空鼓、脱落，有利于结构设计，且施工方便，降低建筑造价等特点。

轻质空心砌块在生产过程中能够使用粉煤灰、炉渣等工业废料，利于环境保护，符合国家节土、节能、利废政策的要求。生产过程中不涉及对环境和人体健康不利的物质，不消耗石油化工资源，因而是国家产业政策提倡使用的新型墙体材料。

轻质空心砌块的导热系数一般为 0.23~0.55 W/(m·K)，具有适当的保温隔热性能，配合以具有适当保温隔热性能的砌筑砂浆和辅助适当的保温隔热性能的抹灰砂浆（或保温砂浆保温）等，可以使所得到的砌体围护结构的传热系数小于 1.0 W/(m^2·K)或者更小，能够满足国家 50%节能标准的要求，属于自保温墙体系统。但是，对于寒冷、严寒气候区或者节能标准更高要求的气候区，仅使用轻质空心砌块及其配合辅助措施，通常保温效果很难达到节能标准要求。

（2）应用中的不利因素

轻质空心砌块材料为多孔材料，孔隙率高，吸水速度慢，仅为黏土砖的 25%左右，施工预湿处理难达饱水状态，使抹灰时仍吸收砂浆中的水分，影响砂浆的强度和黏结力，造成抹灰层的质量问题。同时，内部水分的挥发也缓慢，解湿时间长，砌体内水分和抹灰砂浆水分不能同时蒸发，产生干缩应力差，使抹灰层空鼓开裂；其干缩系数较砂浆大，也易导致抹灰层开裂。此外，轻质砌块表面强度低也对砂浆黏结力产生不利影响。与蒸压加气混凝土砌块相比，由于“座浆面”小，因而对砌筑技术的要求更高。

（3）热工性能

表 2-3-15 中列出了轻质空心砌块保温隔热性能的参数。表中的传热系数是在使用普通砌

筑砂浆情况下砌筑所得到的砌体的热工性能。可见，仅使用普通砌筑砂浆砌筑的轻质空心砌块砌体，还不能够满足建筑节能的要求。因此，砌块砌筑时必须使用轻质砌筑砂浆，同时采取适当的辅助措施，如使用轻质砂浆抹灰或者配合以保温砂浆保温等。

表 2-3-15　不同密度等级轻质空心砌块热工性能

砌块尺寸 /mm×mm×mm	排孔数	孔洞率/%	表观密度 /(kg/m³)	传热阻 /[(m²·K)/W]	传热系数 /[W/(m²·K)]
390×240×190	3	34.5	520	0.87	1.15
390×190×190	2	34.5	670	0.74	1.35
390×190×190	2	34.5	790	0.70	1.42
390×240×190	3	38	716	0.86	1.16
240×200×115	3	38	896	1.19	0.84

2. 轻集料混凝土小型空心砌块产品类别和质量指标

（1）分类

轻集料混凝土小型空心砌块的质量指标可以执行国家标准《轻集料混凝土小型空心砌块》(GB/T 15229—2011)，该标准按砌块孔的排数分类为单排孔、双排孔、三排孔和四排孔等。如图 2-3-3 所示；按砌块密度等级分为 700、800、900、1 000、1 100、1 200、1 300 和 1 400 八个等级（除自燃煤矸石掺量不小于砌块质量 35%的砌块外，其他砌块的最大密度等级为 1 200），按砌块强度等级分为 MU2.5、MU3.5、MU5.0、MU7.5 和 MU10.0 五个等级。

图 2-3-3　按砌块孔的排数分类

（2）标记

轻集料混凝土小型空心砌块(LB)按代号、类别、密度等级、强度等级标准编号的顺序进行标记。例如符合 GB/T 15229—2011，双排孔，800 密度等级、MU3.5 强度等级的轻集料混凝土小型空心砌块标记为：LB2800MU3.5 GB/T 15229—2011

（3）规格尺寸

主规格尺寸为长×宽×高为 390 mm×190 mm×190 mm。其他规格尺寸由供需双方商定。

（4）尺寸偏差和外观质量

尺寸偏差和外观质量应符合表 2-3-16 的要求。

（5）密度等级

密度等级应符合表 2-3-17 的要求。

（6）强度等级

同一强度等级砌块的抗压强度和密度等级范围应同时满足表 2-3-18 的要求。

表 2-3-16 尺寸偏差和外观质量

项目			指标
尺寸偏差/mm	长度		±3
	宽度		±3
	高度		±3
最小外壁厚/mm	用于承重墙体	≥	30
	用于非承重墙体	≥	20
肋厚/mm	用于承重墙体	≥	25
	用于非承重墙体	≥	20
缺棱掉角	个数/块	≤	2
	三个方向投影的最大值/mm	≤	20
裂缝延伸的累计尺寸/mm		≤	30

表 2-3-17 密度等级

密度等级	表观密度范围
700	≥610,≤700
800	≥710,≤800
900	≥810,≤900
1 000	≥910,≤1 000
1 100	≥1 010,≤1 100
1 200	≥1 110,≤1 200
1 300	≥1 210,≤1 300
1 400	≥1 310,≤1 400

表 2-3-18 强度等级

强度等级	砌块抗压强度/MPa		密度等级范围
	平均值	最小值	
MU2.5	≥2.5	≥2.0	≤800
MU3.5	≥3.5	≥2.8	≤1 000
MU5.0	≥5.0	≥4.0	≤1 200
MU7.5	≥7.5	≥6.0	≤1 200[a] ≤1 300[b]
MU10.0	≥10.0	≥8.0	≤1 200[a] ≤1 400[b]

注:当砌块的抗压强度同时满足2个强度等级或2个以上强度等级要求时,应以满足要求的最高强度等级为准。

a. 除自燃煤矸石掺量不小于砌块质量35%以外的其他砌块;

b. 自燃煤矸石掺量不小于砌块质量35%的砌块。

（7）吸水率、干缩率和相对含水率

① 吸水率不应大于18%；

② 干燥收缩率应不大于0.065%，相对含水率应符合表2-3-19的要求。

表2-3-19　相对含水率

干燥收缩率/%	相对含水率/%		
	潮湿地区	中等湿度地区	干燥地区
<0.03	≤45	≤40	≤35
≥0.03，≤0.045	≤40	≤35	≤30
>0.045，≤0.065	≤35	≤30	≤25

注：1. 相对含水率为砌块出厂含水率与吸水率之比。$W=\frac{\omega_1}{\omega_2}\times100$

式中：W——砌块的相对含水率，用百分数表示，%；

ω_1——砌块出厂时的含水率，用百分数表示，%；

ω_2——砌块的吸水率，用百分数表示，%。

2. 使用地区的湿度条件：

潮湿地区——年平均相对湿度大于75%的地区；中等湿度地区——年平均相对湿度为50%～75%的地区；干燥地区——年平均相对湿度小于50%的地区。

（8）碳化系数和软化系数

碳化系数应不小于0.8，软化系数应不小于0.8。

（9）抗冻性

抗冻性应符合表2-3-20的要求。

表2-3-20　抗　冻　性

环境条件	抗冻标号	质量损失/%	强度损失率/%
温和与夏热冬暖地区	D15	≤5	≤25
夏热冬冷地区	D25		
寒冷地区	D35		
严寒地区	D50		

注：环境条件应符合现行国家标准《民用建筑热工设计规范》（GB 50176）的规定。

（10）放射性核素限量

砌块的放射性核素限量应符合现行国家标准《建筑材料放射性核素限量》（GB 6566）要求。

3. 轻质空心砌块施工技术措施

（1）施工工艺流程

施工工艺流程：材料选择⟶样板墙砌筑⟶基层清理⟶墙体放线⟶砌筑页岩砖坎台⟶排砖撂底⟶拌制砂浆⟶砌筑⟶校正⟶竖缝填实砂浆⟶勾缝⟶构造柱⟶现浇混凝土带⟶验收。

（2）施工要点

1）材料选择既要符合强度、密度等级的要求，还要根据具体工程符合隔声要求。

2）构造柱。墙端、拐角、丁字交叉、十字交叉处均设置构造柱，长度大于 4 m 的墙体中部也应设构造柱，相邻构造柱间距不得大于 4 m。

构造柱一律做上、下生根处理，采用 M12 加长型膨胀螺栓植入顶板或梁内，锚入部分长度为 70 mm，外露部分长度为 80 mm，构造柱主筋与膨胀螺栓以 5 d（即 60 mm 长）双面满焊连接。钻孔时遇梁部位，先找出梁主筋位置，不得伤及梁内主筋。构造柱主筋生根时，膨胀螺栓应靠构造柱内侧下，保证箍筋能紧贴主筋（图 2-3-4）。

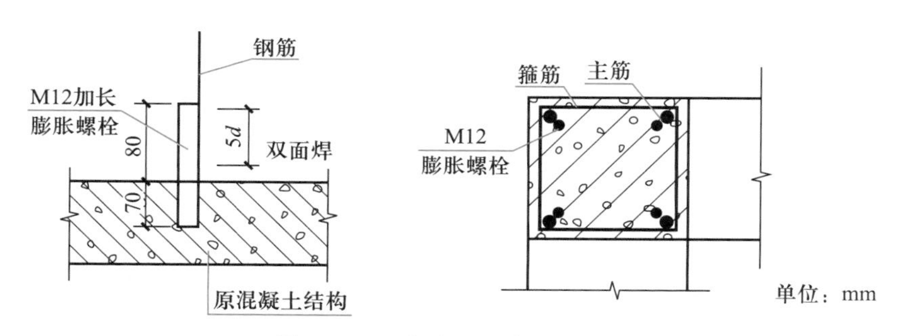

图 2-3-4　构造柱钢筋生根方式

3）门窗洞口抱框。其截面为墙厚×100 mm，主筋为 2Φ12，搭接长度为 650 mm，接头错开 845 mm。主筋需做生根处理，方法同构造柱，另配置 S 形拉筋，间距 200 mm，S 形拉筋端头弯钩为 180°。当门窗洞口净宽不小于 2 100 mm 时，抱框应通顶设置，当门窗洞口净宽小于 2 100 mm 时，抱框顶部至门窗上部过梁，抱框主筋锚入过梁内 35 d。

4）现浇钢筋混凝土带。外填充墙的窗台下部和门窗上部及高度大于 4 m 的墙中部，每隔 2 m设置与柱连接且沿墙贯通的现浇钢筋混凝土带，内填充墙在门上部及高度大于 4 m 的墙中部每隔 2 000 mm 设置与柱连接且沿墙贯通的现浇钢筋混凝土带。

现浇钢筋混凝土带截面为墙厚×200 mm，配筋为 4ϕ10，搭接长度为 540 mm，接头错开 700 mm，箍筋 ϕ6@ 250。在框架柱或剪力墙上弹出现浇带位置线，采用 4 根加长型 M12 膨胀螺栓植入柱或墙内，现浇带主筋与膨胀螺栓以 5 d（即 50 mm 长）双面满焊连接，方法同构造柱。

5）墙体拉结筋。砌筑墙与框架柱或剪力墙相接处设置拉结筋，墙厚小于 300 mm 时拉结筋为 2ϕ6@ 400，墙厚不小于 300 mm 时拉结筋为 3ϕ6@ 400，拉结筋沿墙全长通长布设，拉结筋埋设在砂浆灰缝中（图 2-3-5、图 2-3-6）。

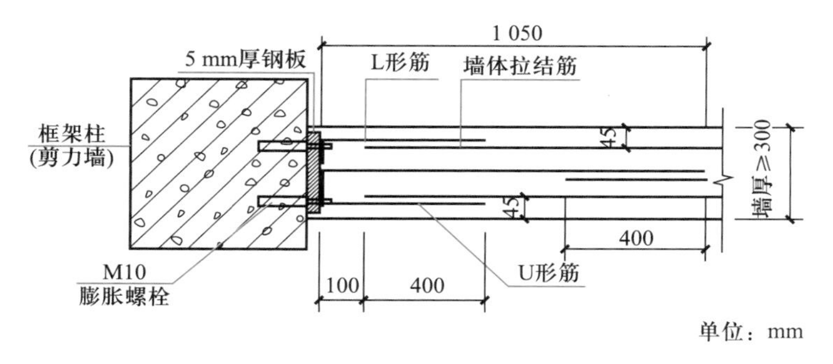

图 2-3-5　墙厚不小于 300 mm 时设 U 形筋、L 形筋示意图

在框架柱或剪力墙上弹出砌块位置线和拉结筋位置线，墙体拉结筋与原混凝土结构采用焊

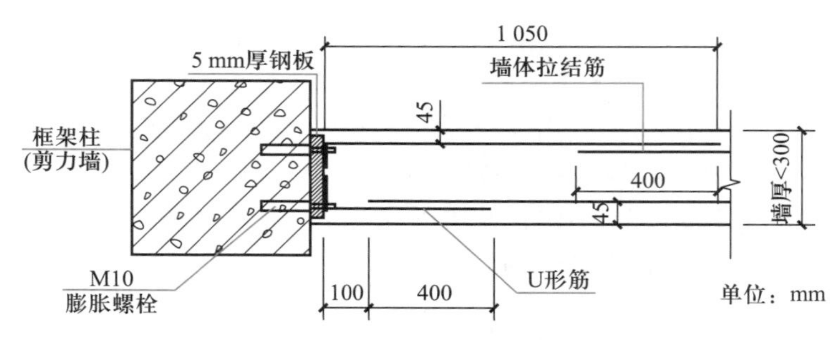

图 2-3-6　墙厚小于 300 mm 时设 U 形筋

接方式连接，采用 2 根 M10 膨胀螺栓将 5 mm 厚钢板固定于混凝土结构上，所用钢板平面尺寸为 50 mm×（墙厚−40 mm），采用 U（或 L）形钢筋（ϕ6）与钢板以 10 d 单面焊接，拉结筋与 U（或 L）形筋搭接 400 mm，接头相互错开 550 mm，对于 200 mm 厚的墙，其接头沿墙竖向也应相互错开。

墙体拉结筋保护层厚度为 45 mm，构造柱、现浇带、抱框内主筋保护层均为 25 mm。砌筑工程中的模板工程、混凝土工程施工均按混凝土结构中的质量标准严格要求，确保混凝土构件的施工质量。模板工程施工中，为确保混凝土不漏浆，在混凝土构件部位的砌块墙上应粘贴海绵条。

6）砌筑小砌块底面朝上反砌于墙上。日砌筑高度控制在 1.5 m 以内（一砌筑架步距）。砌筑时对孔错缝搭砌，上、下皮竖向灰缝相互错开 1/2 砌块长。采用半砖和七分头调整组砌，严禁砖墙上出现半砖以下尺寸的砖。所有墙体下部采用页岩砖砌筑 200 mm 高（以室内建筑地面标高为基准）坎台，有防水要求的房间现浇 200 mm 高素混凝土坎台。

墙体转角处、沿墙 10 m 左右立皮数杆，控制灰缝标高及砌块标高。填充墙砌至接近梁、板底时，应留一定空隙，待填充墙砌筑完并应至少间隔 7 d 后，再用页岩砖将其补砌挤紧，补砌时要求斜砌且逐块敲紧砌实，砂浆饱满，倾斜角度以 60°为宜。区分墙顶不同情况采用不同措施。

① 隔墙满顶混凝土结构板或梁时，根据排砖要求，当砌块墙顶至混凝土结构板（梁）底的距离不小于 120 mm 时，满足斜砌条件，使用页岩砖进行斜砌；否则不满足斜砌条件，采用单侧支模，用 C20 干硬性混凝土捣实。

② 隔墙一部分顶结构梁底，一部分顶结构板底时，顶板底的部分墙宽不小于 120 mm 时，采用页岩砖砌筑，墙中加设一道 ϕ6 水平拉结筋（图 2-3-7）。

顶板底的部分墙宽小于 120 mm 时，采用 C20 干硬性混凝土捣实，墙中加设两道 ϕ6 水平拉结筋，竖向每 600 mm 加一道 ϕ6 竖筋，与水平筋绑扎，两者中间加设一道钢板网（图 2-3-8）。

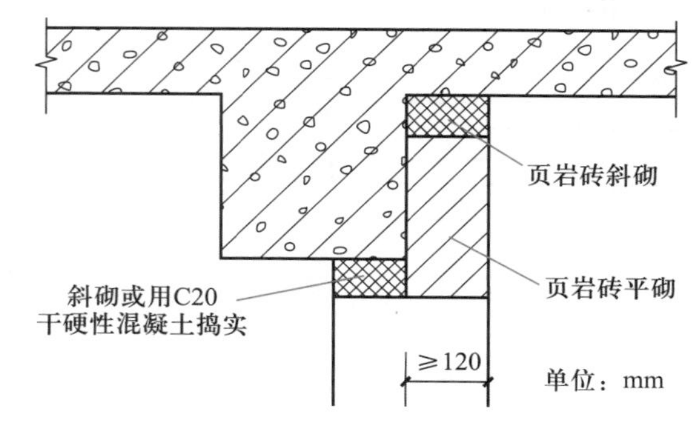

图 2-3-7　顶板底的部分墙宽不小于 120 示意图

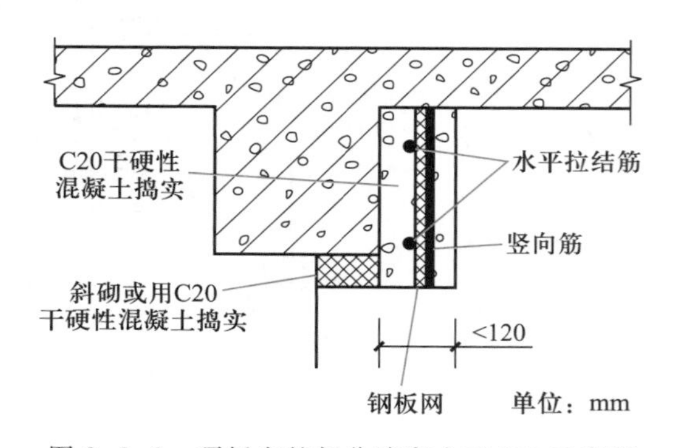

图 2-3-8　顶板底的部分墙宽小于 120 示意图

构造柱及抱框部位墙体砌成高 400 mm 的马牙槎,先退后进。墙体内的各种管线应提前找好位置,管线避开砖肋位置,砌块上打孔,管线直接穿砖孔,线盒处使用无齿锯切割,并且用 C20 灌孔混凝土将线盒部位的砌块灌实。

有设备吊挂的墙体应将其固定点处的砌块用 C20 混凝土灌实,采用膨胀螺栓进行设备吊挂。暗装式配电箱的位置应在砌筑时预留。对已砌筑完成的墙体均进行质量标识。

4. 轻质砌块墙体抹灰层防裂技术措施

轻质砌块墙体抹灰层空鼓、开裂是常见的质量缺陷,因而施工时采取适当技术措施防止抹灰层空鼓、开裂是很重要的。

(1) 轻质砌块墙体抹灰层开裂的原因

轻质砌块墙体粉刷层开裂一般裂缝宽度在 0.05~0.20 mm,少量裂缝宽度可达 1.2 mm,主要是温度裂缝和干缩裂缝。裂缝产生的原因可能有以下几个方面:

1) 轻质砌块自身特性。轻质砌块孔隙率高且吸水速度慢,施工预湿处理难达饱水状态,同时内部水分挥发也慢,解湿时间长,砌块和抹灰砂浆产生干缩应力差,使抹灰层空鼓开裂;砌块干缩系数较砂浆大,温、湿度变化引起的胀缩应力大于抹灰砂浆抗拉黏结强度时,抹灰层就出现空鼓开裂;同时,轻质砌块表面强度较低也影响砂浆黏结力而易产生空鼓开裂。

有的轻质砌块外形尺寸偏差大,造成灰缝宽窄不一,抹灰层厚薄不均,收缩变形不等;砌块自身密度大小差异大,养护龄期不达标,含水率差异大造成收缩变形不一致等也易造成抹灰层空鼓开裂。

2) 水泥抹灰砂浆特性。普通水泥抹灰砂浆性脆而干缩大、保水性及施工和易性差、易失水、黏结强度低,无纤维增强时自身抗裂性能差。对抹灰砂浆来说,要求黏结力强,不空鼓;施工和易性好,便于操作;而体积稳定,干缩小。传统水泥抹灰砂浆不能满足轻质砌块墙体粉刷的施工要求,在施工中必须添加能改善砂浆保水性、增强黏结力、减小收缩、具有抗裂性的外加剂组分,或使用专用砂浆。

3) 设计和施工不当。设计时未考虑温度应力的变化;梁下柱边与砌块连接塞和拉结筋设置要求不明确;未考虑采用与轻质砌块相匹配的抹灰砂浆;对抹灰工序及电线管、开关盒、消防栓的安装方法无详细技术交底,这些都是造成抹灰层开裂的原因。

未严格按设计和规范要求施工也是造成抹灰层空鼓、开裂的主要因素。例如,墙面抹灰时未按设计要求对基层进行处理,一般按设计要求,砌体与混凝土结构结合处应挂钢丝网,墙面清除浮灰后应施工界面砂浆;抹灰成活工序控制不严,墙面一次抹灰过厚;墙体预留施工洞口,新开管线槽、开关盒、消防栓箱等处不按要求进行填补处理,引起局部开裂等。

(2) 轻质砌块砌筑施工防裂控制措施

1) 确保砌块在使用前达到稳定期

砌体的干缩变形特征是早期发展比较快,以后逐步减慢。因此,使用前应确保砌块已达到使用龄期,体积已基本稳定,干缩变形较小。

2) 严格控制砌块含水率

砌块的含水率对砌体的收缩性能影响很大,要严格控制砌块上墙时的含水率。除选用含水率符合标准的产品外,砌块上墙前还必须避免淋湿。

3) 采用正确的施工方法

必须根据砌块干缩变形相对较大的特点,采取正确的施工方法和控制措施。重点是砌块的砌筑方法及洞口处理两方面，主要有以下一些要点：

① 施工现场的砌块应按规格堆放，堆放高度不宜超过 1.6 m，并应采取防雨措施，砌筑前砌块不宜洒水淋湿，以防相对含水率超标。

② 砌筑时应尽量采用主规格砌块，并应清除砌块表面污物及底部毛边，尽量对孔搭砌，砌体的灰缝应横平竖直并且饱满，以确保墙体质量。

③ 应严格控制日砌高度，高 3 m 及以上的墙体砌体必须隔日顶紧砌筑，避免引起结合部位开裂。

④ 不能随意砍凿砌块，禁止采用不同材料混砌。

⑤ 砌块与混凝土柱连接处及施工留洞后填塞部位应增加拉结钢筋，锚固钢筋必须展平后砌入水平灰缝中。

⑥ 严格控制墙体孔洞预留及开槽，以避免削弱墙体强度。洞边砌块应采取填实及加设边框等处理，以确保墙体的整体性。

（3）抹灰层防裂技术措施

1）使用专用抹灰砂浆。专用抹灰砂浆的性能应能够满足黏结力强、施工和易性好、干缩小不开裂和成本低的要求。

2）施工方法和裂缝处理技术措施。采用专用抹灰砂浆施工时，应清除基层表面浮灰，按要求施工界面砂浆进行处理；施工作业时，如基层较平整，可以单层 5～15 mm 薄灰施涂，使用木抹板配合直边大刮尺（或冲筋）进行初步找平，然后再用钢抹子将表面抹平。对需分层施工墙面，底层抹灰厚度不应小于 8 mm，用木抹子压平搓毛，使其与基层黏结牢固。待底层抹灰具有一定强度后再进行第二层抹灰施工。

2.3.4　夹芯砌块外墙自保温系统

1. 基本构造及规格

（1）基本概念

夹芯砌块是利用混凝土砌块的块型结构进行设计，用孔型变化并复合保温材料（挤塑聚苯板或者膨胀聚苯板）而实现节能保温的新型墙体材料，即首先以水泥为胶结料，石子、砂等为粗骨料，石粉或工业废渣（如粉煤灰）为细骨料，加入适量掺合剂，制成一定孔型的混凝土砌块，再在砌块孔洞中插入聚苯板而制成具有良好保温隔热性能的自保温砌块。

（2）基本构造及各部位名称

自从 2006 年国家实施建筑节能以来，夹芯砌块因其结构功能和保温隔热功能一体化而受到高度重视，得到大量研究，有很多专利公开，有很多产品投入市场并应用于建筑工程。这些产品技术的不同之处在于块型（如三排孔、两排孔）、内插保温板的种类（主要是挤塑聚苯板和膨胀聚苯板的不同）和不同砌块之间接缝（灰缝）的“热桥”隔断处理方法等方面。如图 2-3-9 所示为夹芯砌块结构基本构造及各部位名称。

（3）夹芯砌块规格

夹芯砌块规格通常根据外形尺寸、密度和强度级别而定，一般需要形成系列产品以满足不同工程的要求。不同生产商一般需要具有自己完整的产品系列，各产品系列并不完全相同。除了主产品外，还需要具有与芯柱等结构构件配套的配块，以满足建造的特殊要求。

例如，某类产品 240 mm（190 mm）宽度系列主砌块的外形尺寸规格有：390 mm×240 mm

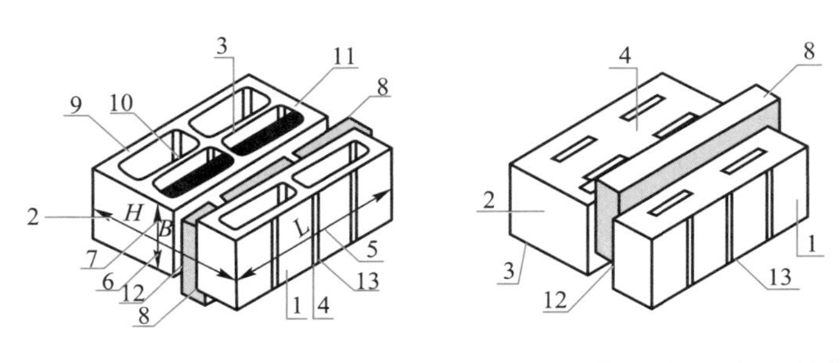

1—条面;2—顶面;3—坐浆面(外壁、肋的厚度较小的面);4—铺浆面(外壁、肋的厚度较大的面);
5—长度;6—宽度;7—高度;8—外插保温隔热材料板块;9—外壁;10—肋;11—边肋;12—榫槽;13—浆槽

图 2-3-9 夹芯砌块基本构造及各部位名称示意图

(190 mm)×190 mm;290 mm×240 mm(190 mm)×190 mm;190 mm×240 mm(190 mm)×190 mm;190 mm×240 mm(190 mm)×190 mm。系列芯柱配套砌块的外形尺寸规格有:390 mm×240 mm(190 mm)×190 mm;290 mm×240 mm(190 mm)×190 mm;190 mm×240 mm(190 mm)×190 mm等,如图 2-3-10 所示。强度等级规格有:MU3.5、MU5.0、MU7.5、MU10.0、MU15.0、MU20.0 等。密度(kg/m^3)等级有:700、800、900、1 000、1 200、1 400、1 600 等;并需要与强度等级相对应。

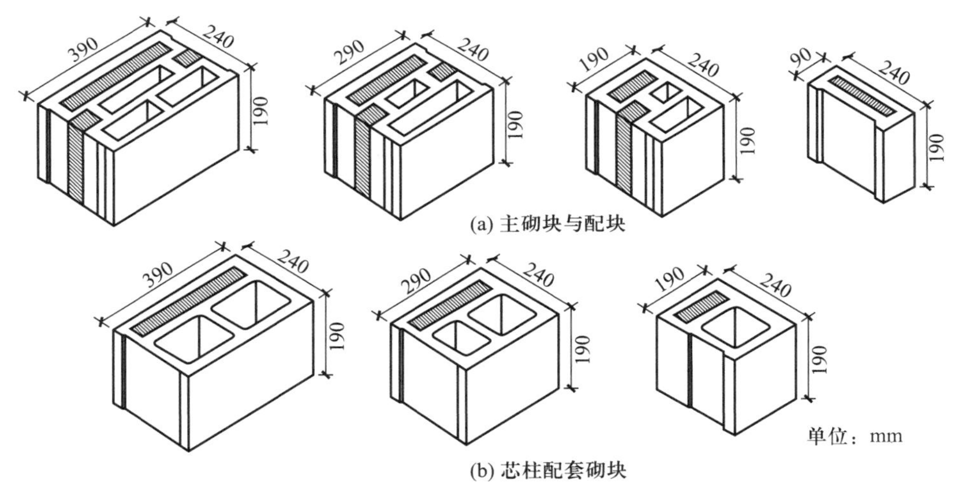

图 2-3-10 某产品 240 宽度系列外形尺寸规格示意图

2. 应用技术条件

(1) 质量要求

夹芯砌块型自保温墙体节能系统属于近年来开发的新技术,夹芯砌块产品一般执行企业标准。企业标准通常参照有关混凝土小型空心砌块、混凝土多孔砖产品检验方法的国家标准和行业标准制定,并引入砌块砌体的传热系数(热阻)和热惰性指标等热工性能。

不同企业标准对砌块产品质量的规定大同小异。鉴于这一状况,下面以某些企业标准为例介绍对夹芯砌块产品的质量要求。

1) 规格。夹芯砌块的外形为直角六面体;主规格尺寸为 240 mm×240 mm×115 mm;240 mm×190 mm×115 mm;290 mm×240 mm×115 mm;290 mm×190 mm×115 mm。其他规格尺寸可由供需双方协商。

2）尺寸允许偏差尺寸允许偏差应符合表 2-3-21 的要求。

表 2-3-21　尺寸允许偏差

项目名称	一等品	合格品
长度(mm)	±1	±2
宽度(mm)	±1	±2
高度(mm)	±1.5	±2.5

3）外观质量应符合表 2-3-22 的要求。

表 2-3-22　外 观 质 量

项目名称			一等品	合格品
弯曲		<	2	2
掉角缺棱	个数，个	<	0	2
	三个方向投影尺寸最小值	<	0	20
裂纹延伸投影尺寸累计		<	0	20

4）密度等级应符合表 2-3-23 的要求。

表 2-3-23　密 度 等 级

密度等级	干表观密度(g/m^3)	密度等级	干表观密度(g/m^3)
700	710～800	1 200	1 210～1 400
800	810～900	1 400	1 410～1 600
900	910～1 000	1 600	1 610～1 800
1 000	1 010～1 200	1 800	1 810～2 000

5）强度等级应符合表 2-3-24 的要求。

表 2-3-24　强 度 等 级

强度等级	抗压强度(MPa)		强度等级	抗压强度(MPa)	
	平均值>	单块最小值>		平均值>	单块最小值>
MU3.5	3.5	2.8	MU10.0	10.0	8.0
MU5.0	5.0	4.0	MU15.0	15.0	12.0
MU7.5	7.5	6.0	MU20.0	20.0	16.0

6）传热系数和热惰性指标。传热系数根据夹芯砌块主规格(厚度)的不同，对其砌体传热系数 K 的规定不同。对厚度为 240 mm 的夹芯砌块，$K<0.84\ W/(m^2 \cdot K)$；对厚度为 190 mm 的夹芯砌块，$K<0.96\ W/(m^2 \cdot K)$。热惰性指标 $D=2.5 \sim 3.5$。

7）干燥收缩率和相对含水率。干燥收缩率应不大于 0.045%。相对含水率为砌块的含水率与吸水率之比。根据应用地区湿度条件的不同，夹芯砌块应符合表 2-3-25 的规定。

表 2-3-25 夹芯砌块的相对含水率指标

干燥收缩率	相对含水率		
	潮湿地区(相对湿度>75%)	中等地区(相对湿度 50%)	干燥地区(相对湿度)
<0.03%	45	40	35
0.03%~0.045%	40	35	

8) 抗冻性应符合表 2-3-26 的规定。

表 2-3-26 夹芯砌块的抗冻性指标

使用环境		抗冻标号	指标
夏热冬冷地区		D15	质量损失<5%;强度损失<25%
寒冷地区	一般环境	D20	
	干湿交替环境	D30	

9) 抗渗性应用于外墙的砌块,应进行抗渗性试验,且 3 块试块中任一块试块的水面下降高度不应大于 10 mm。

10) 放射性应符合《建筑材料放射性核素限量》(GB 6566—2010)的规定。

(2) 配套产品

夹芯砌块本身强度很高,如果在砌缝处已经有"热桥"隔断,一般使用符合强度等级、和易性等指标满足要求的砌筑砂浆即可。如果砌块没有考虑砌缝处的"热桥"隔断,往往需要使用专用砌筑砂浆。表 2-3-27 中列出了某夹芯砌块专用砌筑砂浆的质量指标。

表 2-3-27 夹芯砌块专用砌筑砂浆的质量指标

项目	单位	性能指标	项目	单位	性能指标
干密度	kg/m^3	<1 200	导热系数	W/(m·K)	<0.23
分层度	mm	<20	抗压强度	MPa	>7.5
凝结时间	h	3~5			

(3) 基本应用条件

1) 使用夹芯砌块产品及其配套材料,按照建筑节能设计标准及其他相关标准规定要求,对新建、扩建、改建等民用建筑围护结构的非承重墙体所进行的节能设计、施工和验收,所得到的砌体工程必须能够能满足地方建筑节能的要求(如节能 50%)。

2) 砌体结构各部分的传热系数和热惰性指标,均应能够符合本地区建筑节能设计标准的规定,并按照建筑热工计算方法确定。

3) 砌体容重、传热系数、隔声性能、耐火极限及砌体的静力设计、抗震设计均应符合国家相关设计标准规定的要求,并应满足《混凝土小型空心砌块建筑技术规程》(JGJ/T 14—2011)的相关规定。

4) 建筑设计要求如下:

框架结构填充小砌块墙体的平面模数网格宜采用 2M,竖向模数网格宜采用 1M,墙体的分段

净长应为1M,即平面参数是200 mm的倍数,竖向高度是100 mm的倍数。

框架梁、柱、门窗洞口的平面和竖向(高度)尺寸应符合1M的基本模数。

当墙体超过层高1.5~2倍时,应采用构造柱或芯柱,间距根据砌体受力或稳定要求由工程设计确定。

3. 夹芯砌块施工技术

(1) 材料质量要求

1) 夹芯砌块产品质量要求

夹芯砌块的品种、强度应符合设计要求且外墙不低于MU5.0,其他性能应符合产品标准要求。

2) 其他要求

① 进入施工现场的夹芯砌块的养护期不得少于28 d,相对含水率不大于35%,具有产品出厂合格证或经检验合格后方可使用。

② 当砂浆和混凝土掺外加剂时,外加剂应符合《混凝土外加剂应用技术规范》(GB 50119—2013)的有关规定,并应通过试验确定其掺量。

③ 保温砌块砂浆宜使用生产厂家提供的成品保温砌筑砂浆,保温性能应满足设计要求,且用于外墙的砌筑保温砂浆强度等级不低于M7.5,保温砌筑砂浆的导热系数应不大于0.24 W/(m·K)。

④ 外墙梁、柱与砌体交接处用热镀锌钢丝网,宜采用密度大于290 g/m^2,丝径为9 mm,孔径为12.7 mm×12.7 mm,并应符合有关现行标准,具有出厂合格证。

⑤ 内墙梁、柱与砌体交接处用耐碱玻纤网格布,网眼尺寸不大于8 mm×8 mm,单位面积重量不大于130 g/m^2,并应符合有关现行标准,具有出厂合格证。参照《耐碱玻璃纤维网布》(JC/T 841—2007)有关规定。

(2) 砌体施工

1) 施工要求

① 堆放夹芯砌块场地应预先夯实平整,不同规格型号、强度等级的砌块应分别堆放、标识,垛间应留有适当宽度的通道,堆置高度不宜超过1.6 m;装卸时不得翻斗自卸和随意抛掷;露天堆放砌块时,应有防雨、防潮、排水措施。

② 施工前宜按照设计施工图编绘夹芯砌块平、立面排块图;排列时应根据夹芯砌块规格、灰缝厚度和宽度、门窗洞口尺寸等进行搭接排列,以主块规格为主,辅以相应辅块,并沿框架柱每400 mm高度预埋2ϕ6、长度不小于1 000 mm拉结钢筋,与砌体连接加固。

③ 严禁使用有竖向裂纹、断裂、龄期不足且相对含水率大于35%的夹芯砌块;夹芯砌块在施工前不宜浇水湿润,在天气干燥炎热的情况下,可提前洒水湿润,外表面受潮或有浮水的夹芯砌块不得砌筑施工。

④ 用于砌筑夹芯砌块砌体的砂浆,宜采用成品保温砌筑砂浆;除品种和强度等级必须满足设计要求外,还应具有良好的工作性能,稠度宜控制在50~70 mm。

⑤ 现场制作保温砌筑砂浆应采用机械搅拌,搅拌时间应从投料完毕算起,不宜少于2 min。

⑥ 夹芯砌块砌体施工时严禁将砌块侧砌,用孔洞作脚手眼,应采用双排脚手架施工。

2) 砌体施工

砌体施工工艺流程:基层处理⟶夹芯砌块试排块⟶墙体放竖向控制线砌筑(预埋拉结钢筋或钢筋网片)⟶预留门窗洞口和预埋砌体塞顶施工⟶墙面防渗抗裂处理⟶墙体抹灰。

① 基层处理施工前,应先清理基层,用提高一级强度等级的保温砌筑砂浆将梁面或楼层结

构面按照标高找平。

② 砌块试排列。夹芯砌块排列按不同规格在墙体范围内分块定尺画线，排列夹芯砌块时应从基础面开始，使上、下皮夹芯砌块的竖缝相互错开搭接，搭接长度不宜小于 90 mm。当无法错缝时，其竖向缝不得大于两皮通缝。

③ 墙体放线及设竖向、水平控制线施工前，放出第一皮夹芯砌块的轴线、边线、门窗洞口线等，放线结束后应进行复线。应在柱与墙体交接处设置竖向控制线和水平控制线。

④ 砌筑。砌块应采取“反砌”法。有转角的墙体，砌筑时应从房屋转角处开始，砌一皮，校正一皮，拉线控制砌体标高和墙面平整度。在砌筑夹芯砌块时，保温砌筑砂浆应满铺。夹芯砌块在砌筑时，保温插板面宜统一设在外墙外侧。

砌体砌筑时尽量采用 390 mm 长的主砌块，少用辅助砌块，上、下皮应错缝搭接，搭接长度为 200 mm，每两皮为一循环，个别条件下自保温砌块的搭接长度不应小于 90 mm。

厨房、卫生间等有防水要求的四周墙根，当无防水反梁时，应现浇混凝土防水带，如图 2-3-11 所示。

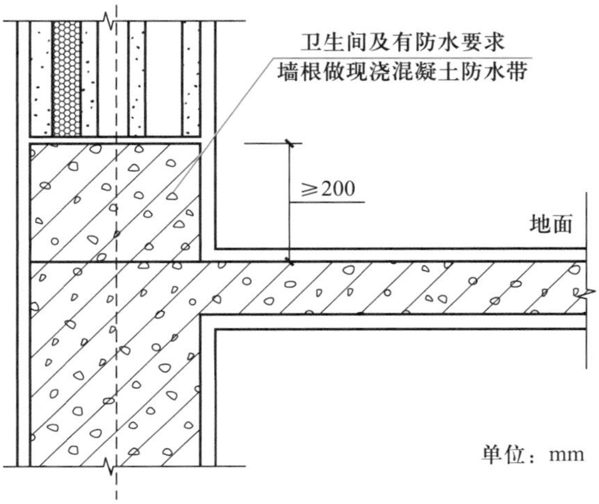

卫生间及有防水要求
墙根做现浇混凝土防水带
≥200
地面
单位：mm

图 2-3-11　墙根防水处理

外墙转角和内外墙交接处应同时砌筑。不能同时砌筑而又必须留置的临时间断处应砌成斜槎，斜槎长度小于其高度的 2/3。夹芯砌块砌体与钢筋混凝土柱（墙）交接处，应按照设计要求在柱（墙）内预留或用化学结构胶钻孔锚固拉结钢筋，应沿墙高每 400 mm 设置 2ϕ6 拉结钢筋（或 4 点焊钢筋网片），伸入墙内不应小于 1 000 mm；夹芯砌块砌体与后砌隔墙交接处应沿墙高每 400 mm 设置 2ϕ6 拉结钢筋（或 4 点焊钢筋网片），伸入墙内不应小于 1 000 mm，埋设端应带有 90°弯钩，如图 2-3-12 所示。

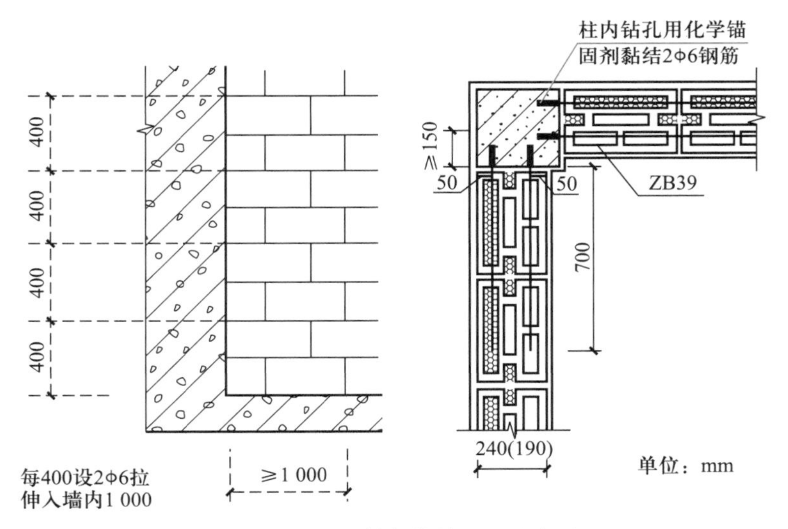

图 2-3-12　砌体拉结筋设置示意图

砌筑夹芯砌块采用满铺浆法，一次铺浆长度不超过两块夹芯砌块 80 cm 长度，水平灰满铺砌块全部壁肋，水平灰缝饱满度不低于 90%；竖向灰缝应在已就位和即将就位的砌块的端面同时铺砂浆，随即用挤浆法将新砌块就位，竖向灰缝饱满度不低于 80%。

水平灰缝高度和竖向灰缝宽度宜为 10 mm，但不得小于 8 mm，不应大于 12 mm；墙面宜用砌筑原浆做勾缝处理，宜做成 2~3 mm 凹缝，缺灰处应补浆压实。

严禁使用断裂或壁肋有裂纹的夹芯砌块砌筑墙体，不得与其他不同材料在墙体中混砌。日砌筑高度应根据气候、风压和墙体的具体不同部位，正常施工条件下，夹芯砌块砌体的日砌筑高度宜控制在 1.6 m 范围内。伸缩缝、沉降缝、防震缝中夹杂的落灰与杂物应清除干净。

雨季施工应有防雨措施，雨后继续施工应复核墙体垂直度，砌块表面有浮水的不得施工。施工中需要在砌体中设置临时施工洞，其侧边离交接处的墙面不应小于 800 mm，在施工洞两边砌体中，每 40 cm 各设 2ϕ6 拉筋加固，并应在顶部设置过梁；补砌筑施工洞的保温砌筑砂浆强度应提高一个等级。

⑤ 预留门窗洞口和管线预埋。当设计对外墙门窗洞口的两侧砌体强度有要求时，宜在夹芯砌块边设置钢筋混凝土抱框，厚度不小于 12 cm，竖向宜设不少于 2 根直径不小于 10 mm 的钢筋。门窗头应设置过梁；窗台板应用混凝土现浇或预制，并应按设计要求施工，如图 2-3-13 所示。

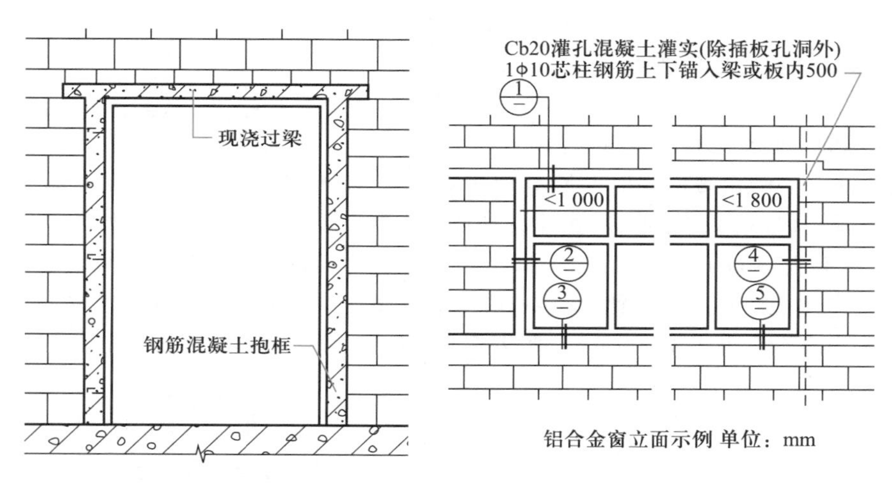

图 2-3-13　门窗框安装示例示意图

电器管道竖向管敷设在相应的砌块芯孔内，开关插座及线盒位置应预留，如图 2-3-14 所示。

设备及支架固定，宜设在梁、柱混凝土上，采用长度不小于 80 mm 膨胀螺栓、塑料膨胀管固定；若需设在砌体上，在砌体施工时（插板芯孔外）芯孔内应灌满 C20 细石混凝土，如图 2-3-15 所示。

⑥ 砌体顶层处理。砌筑到梁顶部时应预留一定的空隙，待砌体砌筑完毕至少 7 d 后，采用夹芯砌块辅助块斜砌，逐一敲紧挤实，并用保温砌筑砂浆灌实，如图 2-3-16 所示。

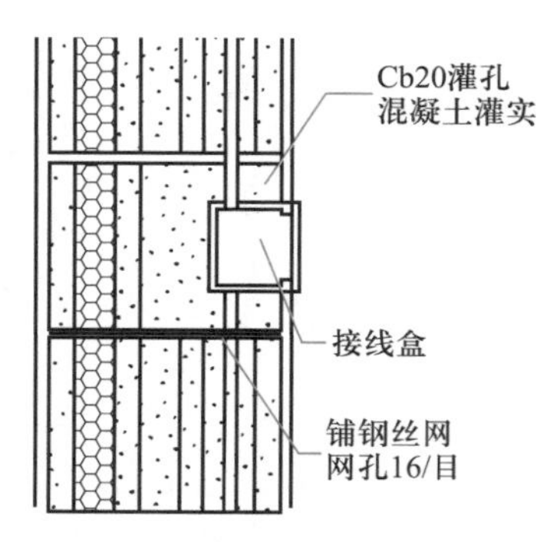

图 2-3-14　两种电气管线安装示例示意图

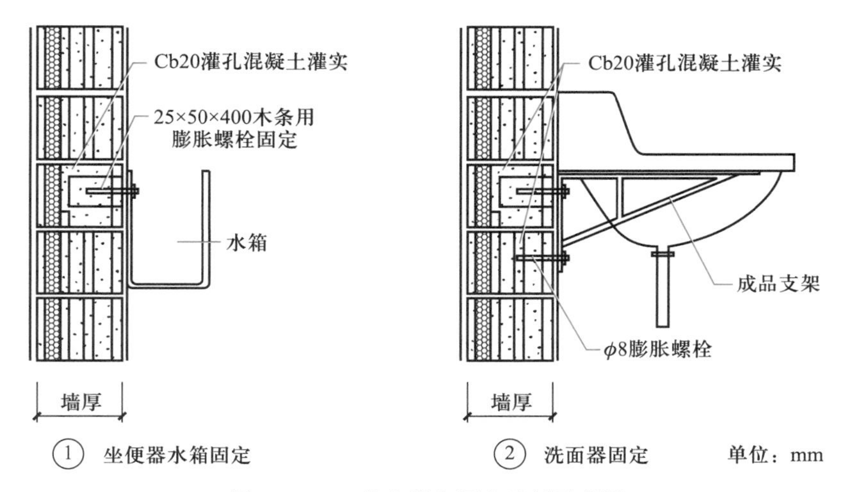

图 2-3-15 墙上设备固定示例示意图

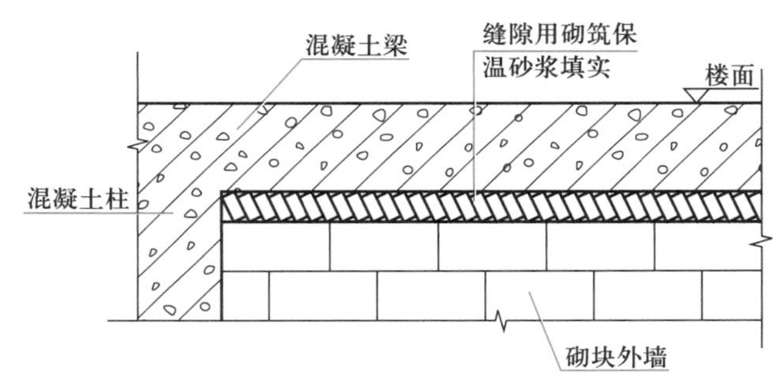

图 2-3-16 砌块顶部处理示意图

⑦ 防渗抗裂处理。施工时，应按相关标准、规范、夹芯砌块砌体施工图和设计要求，设置砌体及门窗洞口周边的拉结筋或钢筋网片、包柱等防裂构造，如图 2-3-17 所示。

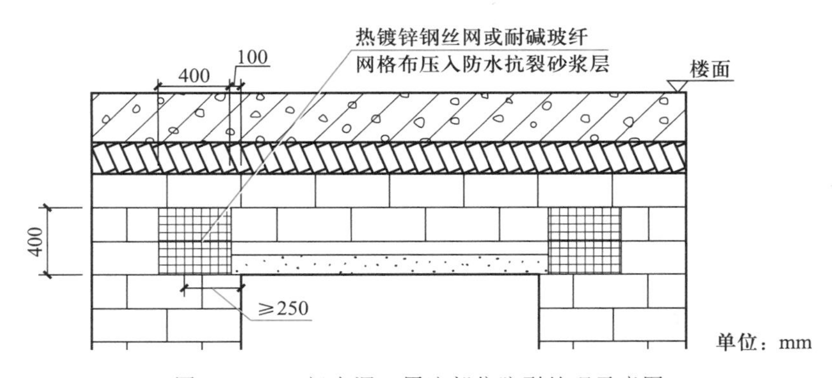

图 2-3-17 门窗洞口周遍部位防裂处理示意图

对于夹芯砌块砌体内墙与混凝土柱、梁、板或其他墙体接缝部位，在砌体抹灰前，宜用砂浆嵌缝打底后，压入耐碱玻纤网格布，其宽度宜盖住缝两侧不小于 200 mm；对于外墙梁、柱等重点接缝部位，宜砂浆打底嵌缝后，采用盖缝两侧不小于 200 mm 的热镀锌钢丝网进行防护加强，钢丝网两侧用锚栓辅助锚固，间距不大于 300 mm。

⑧ 芯柱施工。芯柱混凝土要具有高流动度、低收缩的性能，其强度等级应不低于 Cb20。所用原材料技术要求及配合比应符合《混凝土砌块（砖）砌体用灌孔混凝土》（JC 861—2008）标准的有关规定，并经试验符合要求后，方可使用。芯柱混凝土的灌注必须待墙体砌筑砂浆强度等级大于 1 MPa 时方可浇灌。芯柱宜按层分段、定量浇注。每次浇注的高度应<1.5 m，混凝土注入芯孔后要用小直径（D<30 mm）振捣棒略加捣实，待 3～5 min 多余水分被块体吸收后再进行二次振捣，以保证芯柱灌实，如图 2-3-18 所示。

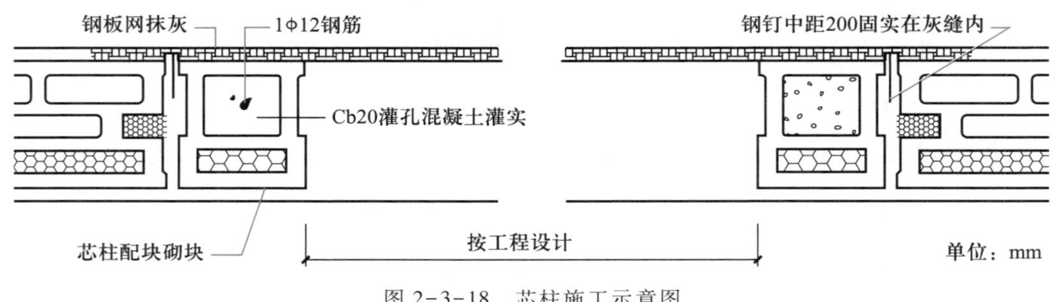

图 2-3-18　芯柱施工示意图

施工的每层芯柱混凝土至少应制作一组试块（每组三块）；当混凝土强度等级变更或配合比调整时，应制作相应试块。

⑨ 抹灰夹芯砌块墙体砌筑完后应使其充分干燥、收缩后再进行抹灰作业。砌体抹灰前对墙面设置抗裂网的部位，应现采取抗裂砂浆或界面剂等材料满涂后，方可进行抹灰施工。

3）冬期施工

夹芯砌块冬期施工应执行《混凝土小型空心砌块建筑技术规程》（JGJ/T 14—2011）的规定：

① 不得使用水浸后受冻的砌块，砌筑前应清理冰雪等冻结物。

② 当日最低气温>-5 ℃时，需用抗冻保温砂浆，砂浆强度等级应按照常温施工提高一级；气温低于-5 ℃时不得进行施工。

③ 每日砌筑后，应使用保温材料覆盖新砌筑的砌体。

思考题

1. 外墙自保温特点及类型是什么？
2. 外墙自保温如何防裂？
3. 蒸压加气混凝土保温机理是什么？
4. 夹芯砌块砌筑要求是什么？

项目 4　外墙夹芯保温节能技术

【学习目标】

1. 能根据实际工程进行外墙夹芯保温节能施工施工准备。
2. 能通过施工图、相关标准图集等资料制订施工方案。
3. 能够在施工现场进行安全、技术、质量管理控制。
4. 能进行安全、文明施工。

外墙夹芯保温体系是把保温材料置于同一外墙的内、外侧墙片之间，内、外侧墙片均可采用普通混凝土空心砌块、轻集料混凝土空心砌块等。

外墙夹芯保温可以采用砌块墙体的方式，即在砌块孔洞中填充保温材料或采用夹芯墙体的方式，即墙体由两片墙组成，中间根据不同地区外墙热工要求设置保温隔热材料。成品金属面复合夹心板也属于这种保温隔热体系。

2.4.1　外墙夹芯保温基本知识

外墙夹芯保温是将保温材料置于外墙的内、外侧墙片之间，内、外侧墙片可采用混凝土空心砌块，如图 2-4-1 所示。

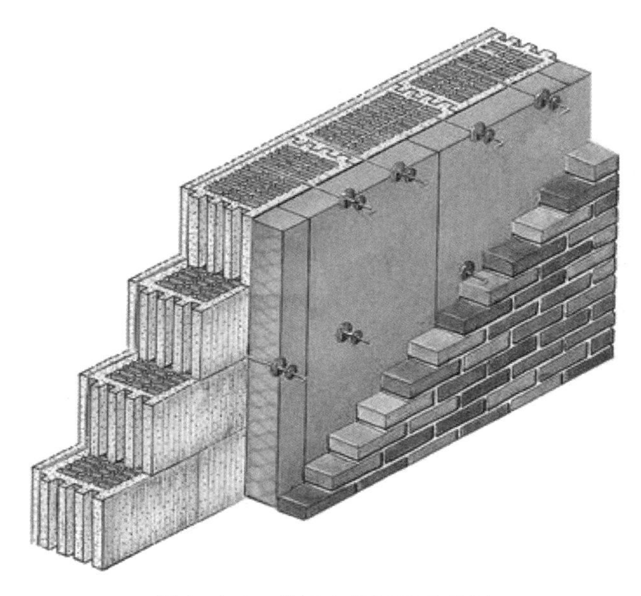

图 2-4-1　外墙夹芯保温示意图

1. 外墙夹芯保温的优点

(1) 对内侧墙片和保温材料形成有效的保护，对保温材料的选材要求不高，聚苯乙烯、玻璃棉以及硬泡聚氨酯现浇材料等均可使用。

(2) 对施工季节和施工条件的要求不十分高，不影响冬期施工。在严寒地区曾经得到一定的应用。

2. 外墙夹芯保温的缺点

1) 在非严寒地区，此类墙体与传统墙体相比尚偏厚；内、外侧墙片之间需有连接件连接，构造较传统墙体复杂。

2) 外围护结构的“热桥”较多。在地震区，建筑中圈梁和构造柱的设置导致“热桥”更多，保温材料的效率仍然得不到充分的发挥。

3) 外侧墙片受室外气候影响大，昼夜温差和冬夏温差大，容易造成墙体开裂和雨水渗漏。下面以硬泡聚氨酯现场发泡为例介绍外墙夹芯保温技术。

现浇发泡夹芯墙体保温系统是采用高压向已经砌筑好的空心砌块墙体中灌注有机发泡材料。发泡材料在压力作用下灌入砌块的孔洞中以后，在极短的时间内（约 60s）充满孔洞并随之固化成泡沫保温材料,使墙体产生能够满足节能要求的保温性能。空心砌块可以是多孔砖、混凝土小型砌块等。

2.4.2　硬泡聚氨酯现场发泡外墙夹芯保温系统

1. 技术特点

1）适用范围广:适用于有外保温要求的所有框架结构、框剪结构和多层砖混结构。

2）外墙装饰装修方式不受限制,可以干挂石材、铝塑板,也可以镶贴外墙瓷砖、粉刷涂料等,同正常工艺施工没有区别。

3）保温效果明显,基本消除了“热桥”的影响。聚氨酯的传热系数相对较小,在门窗洞口边缘、柱、墙角等部位采用了有效的节点做法,提高了墙体的保温效果。

4）外墙整体性好:拉结钢片的使用增强了内外叶墙间的连接效果;现场发泡聚氨酯,最大限度地封堵了内腔的空洞(包括砌筑不密实的灰缝),增强了保温性能,也提高了外墙的整体性和结构的抗震性能。

2. 工艺原理

钢筋混凝土外墙(或非承重围护墙)外侧砌筑墙砖,用波形钢锚片和膨胀螺栓(非承重围护墙用专用网式拉墙筋)将外叶墙与内叶墙体拉结,在内腔充填硬质发泡聚氨酯,外侧镶贴装饰瓷砖。其基本构造如图 2-4-2 所示。

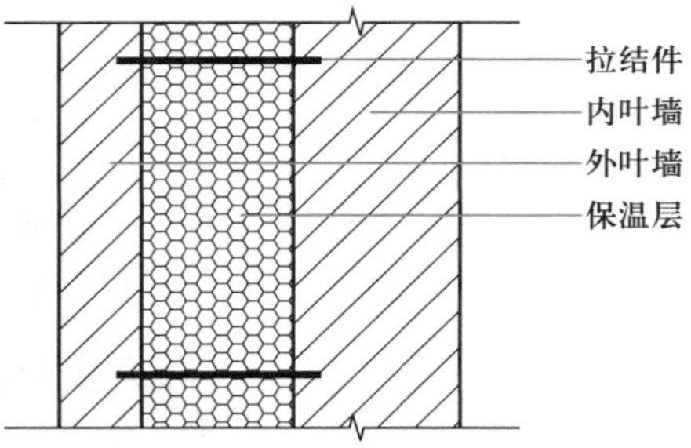

拉结件
内叶墙
外叶墙
保温层

图 2-4-2　基本构造

3. 施工工艺流程及操作要点

(1) 工艺流程

1）钢筋混凝土墙体

钢筋混凝土墙体施工工艺流程:钢筋混凝土墙体验收⟶按砌块两层高度(40 cm)、长度≤1 m梅花形用膨胀螺栓安装波形钢锚片⟶外叶墙体定位⟶砌筑墙砖⟶清理缝隙内落地灰等⟶保温腔隐蔽验收⟶硬质聚氨酯发泡填充⟶节点部位处理⟶外墙面装饰。

2）框架非承重围护墙

框架非承重围护墙施工工艺流程:清理墙跟、验收预置墙体拉结筋⟶内外叶墙定位⟶同时砌筑内外舒布洛克砖⟶清理缝隙内落地灰等⟶保温腔隐蔽验收⟶硬质聚氨酯发泡填充⟶节点部位处理⟶外墙面装饰。

(2) 操作要点

1）叶墙砌筑

① 叶墙砌筑前必须对砌块进行验收,包括外形尺寸及强度,必须符合设计要求。

② 对钢筋混凝土墙体,在砌筑前按砌块每两层高度(40 cm)弹水平墨线,沿长度≤1m 梅花形用 ϕ8 膨胀螺栓安装波形钢锚片,膨胀螺栓须做抗拉拔试验,强度不小于 4.4 kN,波形钢锚片长度 120 mm,锚入外叶墙中 60 mm。

③ 对于框架非承重围护墙,砌筑前先检查墙体拉结筋,沿叶墙高度每 40 cm 须设置 4 道,内、外叶墙各设两道,伸入墙体长度≥1 m,端部 90°弯折,弯折长度为 60 mm,同普通黏土砖砌筑要求。内外叶墙的拉结用 ϕ4 专用网式拉结网,每两层(40 cm 高)砌体放置一道。

④ 砌筑砂浆强度等级不应低于 M10,灰缝饱满,竖缝必须加浆挤紧,砌筑上部时,不允许对

下部墙体造成扰动。波形钢锚片的下侧座浆必须密实,不允许出现空鼓。

2）聚氨酯填充

① 聚氨酯施工前,应将保温腔内落地灰浆等杂物清除干净,穿墙孔及墙面的缺损处均修整完毕;报监理工程师进行隐蔽验收,合格后方可施工。

② 聚氨酯现场发泡材料性能应符合表 2-4-1 的要求:

表 2-4-1　聚氨酯现场发泡材料性能指标

项目		单位	指标
表观密度		kg/m^3	30～50
导热系数		W/(m·K)	≤0.025
压缩强度		MPa	≥0.15
拉伸强度		MPa	≥0.15
燃烧性	平均燃烧时间	s	≤30
	平均燃烧高度	mm	≤250

③ 聚氨酯现场发泡填充,按聚氨酯黑料∶聚氨酯白料 = 1∶1 体积比,采用高压无气喷涂机在≥10 MPa 压力条件下进行发泡作业,喷枪沿底至高逐层进行,要求物料雾化均匀,发泡速度一致,白化时间控制在 5 s 左右,失黏时间控制在 20 s 左右,同里向外,由下向上逐层喷涂,一层失黏后覆盖下一层。

4. 节点处理

确保节点部位聚氨酯连通,外侧用耐候胶封闭,门窗侧口、上口节点如图 2-4-3 所示。

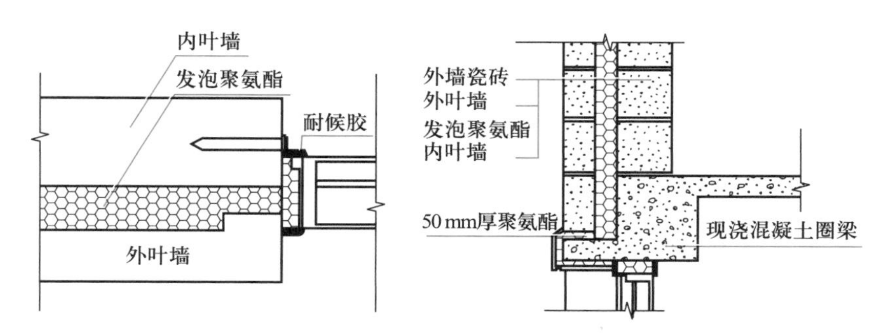

图 2-4-3　门窗侧口、上口节点

思考题

1. 外墙夹芯保温优缺点是什么?

2. 简述硬泡聚氨酯现场发泡外墙夹芯保温系统施工工艺。

项目 5　预制(PC)工程墙体节能技术

【学习目标】

1. 能根据实际工程指导建筑工业化及其构件生产流程。

2. 能根据图纸和规范等材料制订预制(PC)夹心墙体节能施工方案。

3. 能在预制(PC)夹心墙体节能施工中对常见质量通病进行预防与治理。

4. 进行安全、文明施工。

装配式建筑工艺设计就是把建筑物看作一台机械设备,运用机械设计的思维把建筑物拆分成一块块墙、楼板、梁、楼梯等,再以机械加工的公差要求来制作墙、楼板、梁、楼梯,最后在现场将各个构件按次序、按配合精度装配好,并通过局部现浇或机械方法来连接各个构件,从而实现建筑工业化。

2.5.1　预制(PC)夹心外墙基础知识

1. 预制(PC)夹心保温外墙板

预制混凝土夹心保温外墙板是在墙厚方向,采用内外预制,中间夹保温材料,通过连接件相连而成的钢筋混凝土复合墙板,简称"预制(PC)夹心外墙板"。预制夹心外墙板可分为预制混凝土夹心保温剪力墙板和预制混凝土夹心保温外挂墙板。预制混凝土夹心保温剪力墙板是起承重作用的预制夹心外墙板,简称"预制夹心剪力墙板";预制混凝土夹心保温外挂墙板安装在主体结构上,是起围护作用的非承重预制夹心外墙板。预制夹心外墙板宜采用结构、保温与装饰一体化设计。预制夹心外墙板的设计、制作、安装等环节宜采用建筑信息模型技术(BIM 技术)。

2. 制作工艺

预制夹心外墙板制作可采用一次成型工艺或二次成型工艺。采用一次成型工艺,应先浇筑外叶墙板混凝土,随即安装保温板和连接件,最后浇筑内叶墙板混凝土。采用二次成型工艺,应先浇筑外叶墙板混凝土,随即安装连接件,待外叶墙板混凝土强度达到设计强度的40%以上时,拆模后再铺装保温板,浇筑内叶墙板混凝土,其他要求和一次成型工艺相同。

3. PC 构件生产流程

PC 构件生产流程:钢台车模具清理⟶模具组装、尺寸检查⟶涂抹脱模剂⟶安装预留预埋⟶摆放、剪切钢丝网⟶再次检查外形、预留预埋尺寸⟶按理论立方量浇筑混凝土⟶振捣混凝土⟶表面抹光⟶养护、脱模⟶存放、后期养护。

4. 预制(PC)夹心外墙板基本构造

预制(PC)夹心外墙板基本构造见表 2-5-1。

表 2-5-1　预制(PC)夹心外墙板基本构造

基本构造					构造示意图
内叶墙板	夹心保温层	外叶墙板	连接件	饰面层	1. 拉结件 2. 内叶墙 3. 外叶墙 4. 保温层
钢筋混凝土	保温材料	钢筋混凝土	A. 纤维增强塑料(FRP)连接件; B. 不锈钢连接件	A. 无饰面; B. 面砖; C. 其他饰面	

2.5.2 预制(PC)夹心保温外墙系统

1. 预制(PC)夹心保温外挂墙板系统

预制夹心保温外挂墙板系统基本构造如图2-5-1所示。

2. 施工工艺流程及操作要点

(1) 施工工艺流程

施工工艺流程:预先钻孔——→浇筑外叶墙混凝土——→安装保温板和拉结件——→挤密加固——→专项检查——→填补保温板缝隙和空间——→预备并浇筑内叶墙混凝土墙板——→完成脱模.

(2) 操作要点

1) 预先钻孔

保温板需要按照设计的尺寸和位置预先钻孔,并将拉结件穿过保温板装配在预先钻好的孔内。

2) 浇筑外叶墙混凝土(反打工艺)

夹心墙板一般采用卧式生产的方法,外叶墙浇筑的混凝土坍落度以130~180 mm为宜,初凝时间不早于45 min。MS、MC系列拉结件的锚固性能取决于鸽尾型末端在混凝土中被包裹,如果外层混凝土坍落度低,混凝土在拉结件插入时会形成孔洞,低坍落度的混凝土很难在鸽尾末端回流,即使混凝土在浇筑后震平,仍然有不能让所有的拉结件达到锚固标准的可能。

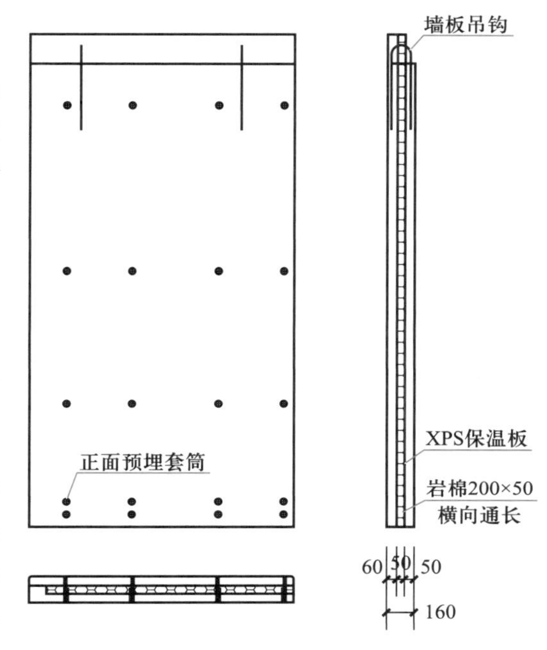

图2-5-1 外挂墙板基本构造

3) 安装保温板和拉结件。

在外叶墙混凝土浇筑后20 min内,需要在混凝土处于可塑状态时将保温板和拉结件铺装到混凝土上,穿过绝热板上的预钻孔插入混凝土的底层,插入时应将拉结件旋转90°,使拉结件尾部与混凝土充分接触,直到塑料套圈紧密顶到挤塑板表面,到达指定的嵌入深度。对于保温板厚度大于75 mm的安装过程,必须使用混凝土平板震动器在保温板上表面对每一个拉结件进行震动。

4) 挤密加固

操作人员用脚踩压拉结件周围,对拉结件周围的混凝土进行挤密加固,并及时对拉结件在混凝土中的锚固情况进行专项质量抽查。

5) 专项检查

抽查每块保温板两个对角的拉结件(图2-5-2),以及利用每块保温板中间附近的一个拉结件来检查嵌入末端,湿水泥浆应当覆盖在所有被检查的拉结件末端的整个表面。如果检查没有问题,将拉结件插回原孔中并再次施加局部压力或者机械震动;如果检查不合格,在绝热板上施加更多压力和/或在每个拉结件上施加更多机械震动。然后再检查该拉结件周边更大范围的所有临近的拉结件,直到水泥浆覆盖所有的拉结件嵌入末端,如此循环。例如,对一块2 400 mm×1 800 mm墙板的检查图案,第一步对编号为"1"的拉结件进行抽检,拔出观察尾部倒角部位是否已经与混凝土接触。如图2-5-3所示,带"×"的拉结件末端未被混凝土完全包裹时,应检查该拉

结件周围相邻的拉结件，重复程序。

图 2-5-2　抽查顺序

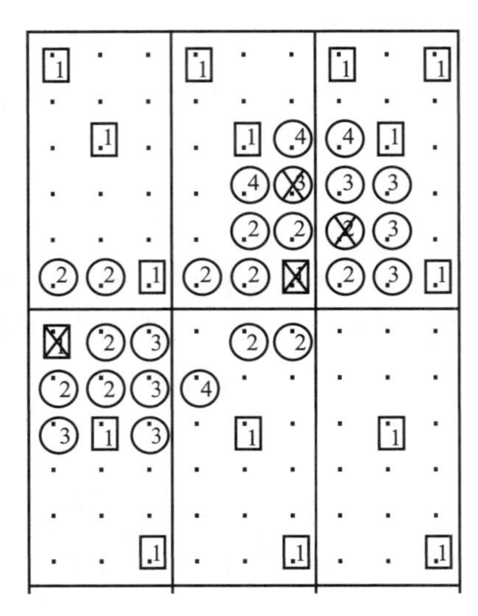

图 2-5-3　连续抽查顺序

6）填补保温板缝隙和空间

在浇筑上层混凝土之前，检查大于 3 mm 的保温板缝隙，缝隙和空间按要求注入发泡聚氨酯，或采用宽胶带粘贴盖缝，防止内叶墙浇筑混凝土时渗入水泥浆，导致保温板上浮引起拉结件锚固深度不足。

7）预备并浇筑内叶墙混凝土：连续浇筑内叶墙混凝土：如果计划在同一个工作日（8 h）内浇筑内叶墙和外叶墙两层混凝土，必须控制外叶墙混凝土的初凝时间，内叶墙混凝土的钢筋准备工作和浇筑过程都是十分重要的，如果外叶墙混凝土初凝后，需要避免工人接触拉结件和绝热板。这段时间，如果安装于外叶墙混凝土的拉结件移动了，对拉结件的锚固能力可能会有负面影响。非连续浇注时，为了能够安装内叶墙的钢筋、钢筋保护层马凳和其他埋件设施，外叶墙混凝土必须达到设计强度的 25%。影响混凝土强度的主要因素包括时间和周围环境。可以使用对比同条件试块的强度是否达到设计强度的 25%来判断。

8）工厂预制

上层混凝土准备的时间和浇筑十分重要。如果两层混凝土在同一天浇筑，一定在下层初凝之前安装上层的钢筋、起吊装置和其他插件并浇筑上层混凝土，浇筑上层混凝土至设计厚度、抹平养护并且根据情况对混凝土采取保护措施。

9）墙板完成脱模

除去墙板边缘多余的混凝土渣来最大程度减小冷热桥，将墙板运输到指定的位置。推荐墙板和模具一起翻身后起吊构件，如果构件采用平吊出模，应使用外力先顶推构件使之与模具脱离，避免构件与模具之间产生过大的吸附力而导致外叶墙破坏。

为了方便生产，Thermomass 一般按照整齐行列进行等间距布置，在有门窗的墙板上，往往需要根据洞口尺寸对保温板进行分块，在每块保温板上宜尽量均匀布置拉结件，并满足以下布置要求：

① 在门窗洞口边缘，拉结件距边不宜小于 150 mm，且不大于 300 mm。

② 拉结件间距不宜大于 600 mm×600 mm，不宜小于 200 mm×200 mm。

③ 非预应力墙板的外叶墙厚度不宜小于 50 mm,预应力墙板的外叶墙厚度不宜小于 75 mm。

④ 不宜在局部过度加密拉结件间距,以防不同板块之间的外叶墙垂直位移差过大,影响外墙美观和经济性。

⑤ 在特殊情况下应按以下原则调整拉结件,如现浇部位的 PCF 板部位在构件生产时影响边模无法安装,当 PCF 长度小于 400 mm 时,可将 PCF 板上的拉结件取消,此时应将相邻的第一排拉结件间距加密 1 倍,此时悬臂的 PCF 板保护层水平配筋应适当加密。

⑥ 当拉结件与钢筋、埋件等碰撞时,允许移动 50 mm 避开。

2.5.3　预制(PC)夹心保温外墙安装

1. 预制夹心剪力墙板安装

1) 预制夹心剪力墙板安装施工前,应针对作业面被连接竖向钢筋和墙板内灌浆套筒进行重点检查:

① 套筒的规格、位置、数量、深度等;当套筒内或灌浆孔、溢浆孔内有杂物或混凝土浆时,应清理干净。

② 作业面被连接钢筋的规格、数量、位置、长度、垂直度等;当被连接钢筋倾斜时,应进行校直,必要时可采用专用钢筋定位器,以提高效率和精度。

③ 被连接钢筋与套筒中心位置的偏差值,应符合现行行业标准《钢筋套筒灌浆连接应用技术规程》(JGJ 355—2015)的规定。

2) 预制夹心剪力墙板的吊装施工应符合下列规定:

① 吊装使用的起重设备应按施工方案配置到位,并经检验验收合格。

② 墙板竖向起吊点不应少于 2 个,宜将内、外叶墙板的吊点连接为一个吊点进行起吊。

③ 正式吊装作业前,应先试吊,确认可靠后,方可进行作业。

④ 墙板在吊运过程中应保持平衡、稳定,吊具受力应均衡。吊装时应采用“慢起、快升、缓放”的操作方式,先将墙板吊起离地面 200~300 mm,将墙板调平后再快速平稳地吊至安装部位上方,由上而下缓慢落下就位。

⑤ 墙板吊装时,起吊、回转、就位与调整各阶段应有可靠的操作与防护措施,以防墙板发生碰撞扭转与变形。

⑥ 墙板吊装就位后,应及时校准并采取临时固定措施。

⑦ 墙板底部应设置可调节墙板拼缝宽度、底部标高的硬质垫块或调节标高的螺栓。

3) 预制夹心剪力墙板安装过程中的临时固定措施应符合下列规定:

① 墙板的临时固定采用临时支撑形式,每块墙板的临时支撑不应少于 2 道,间距不宜大于 4 m,每道临时支撑由上部支撑及下部支撑组成。

② 墙板上部支撑的支撑点至墙板底部的距离不宜小于墙板高度的 2/3,且不应小于墙板高度的 1/2。

③ 墙板上部支撑与水平面的夹角一般为 45°~60°,应经承载能力及稳定性验算选择合适的规格。

④ 支撑杆端部与墙板或地面预埋件的连接应选择便捷、牢固、既可承受拉力又可承受压力的连接形式。

⑤ 墙板安装就位后,可通过临时支撑微调墙板的平面位置及垂直度。

⑥ 墙板临时固定措施的拆除应在墙板与结构可靠连接,且确保装配式混凝土结构达到后续施工承载要求后进行。

4）钢筋连接灌浆套筒内注入高强灌浆料的作业时间,应根据施工组织制定;当预制夹心剪力墙板安装就位且调整位置后即行灌浆的,应确保灌浆料同条件养护试件抗压强度达到 35 N/mm^2后,方可进行对接头有扰动的后续施工;灌浆作业滞后于结构施工作业层的,临时固定措施的拆除应在灌浆料抗压强度能确保结构达到后续施工承载要求后进行。

5）预制夹心剪力墙板宜采用连通腔灌浆,连通腔灌浆应符合下列规定:

① 应合理划分连通灌浆区域,每个区域内除预留灌浆孔、溢浆孔与排气孔外,应形成密闭空腔且不应漏浆。

② 连通灌浆区域内任意两个灌浆套筒间距离不宜超过 1.5 m。

③ 钢筋连接灌浆套筒内灌浆作业前,应对墙板底部接缝进行封堵,封堵措施应符合结合面承载力设计要求,且封堵材料不应减小结合面的设计面积。

④ 连通腔的封堵应具有一定的强度,能够承受灌浆时的侧压力。当采用柔性材料时,应避免在灌浆压力作用下发生较大变形。

⑤ 当不采用连通腔灌浆方式时,应在墙板就位前设置分仓缝将套筒分隔为独立区域,灌浆套筒各自独立灌浆。

6）预制夹心剪力墙板灌浆施工作业前应进行工艺检验,检验合格后方可进行灌浆作业。工艺检验应满足以下规定:

① 应模拟施工条件制作接头试件,每种规格钢筋应制作 3 个对中套筒灌浆连接接头试件,并应检查灌浆质量。

② 应制作尺寸为 40 mm×40 mm×160 mm 的灌浆料试块不少于 1 组,与连接接头试件共同在标准养护条件下养护 28 d。

③ 接头试件与灌浆料试块按照现行行业标准《钢筋套筒灌浆连接应用技术规程》(JGJ 355—2015)的相关规定进行检验,检验结果应满足该规程的规定。

7）预制夹心剪力墙板灌浆施工应严格执行现行行业标准《钢筋套筒灌浆连接应用技术规程》(JGJ 355—2015)的相关规定。

8）预制夹心剪力墙板的现浇混凝土节点钢筋安装及绑扎施工,应避开局部 PCF 区段的保温连接件,严禁破坏保温连接件。

9）预制夹心剪力墙板的现浇混凝土节点施工,在混凝土浇筑前应进行以下隐蔽工程验收:

① 钢筋的牌号、规格、数量、位置、间距、形状等。

② 纵向受力钢筋的连接方式、接头位置、接头数量、接头面积百分率、搭接长度、采用机械连接时的螺纹套筒规格、连接质量等。

③ 预埋件的规格、数量、位置。

④ 预留管线、线盒等的规格、数量、位置及固定措施。

⑤ 采用接驳式拉结件时,应检查拉结件的规格、数量、位置、长度等。

⑥ 墙板连接件的规格、数量、位置、连接质量等。

⑦ 墙板竖向拼缝防漏浆措施及连接区段保温板安装。

10）预制夹心剪力墙板的现浇混凝土节点的纵向受力钢筋,当采用Ⅰ级接头连接时,其施工应符合现行行业标准《钢筋机械连接技术规程》(JGJ 107—2016)的有关规定。

11）预制夹心剪力墙板的现浇混凝土节点施工应符合下列规定：

① 应清除墙板结合面的浮浆、松散骨料和污物并洒水湿润，不得粘有脱模剂和其他杂物。

② 现浇混凝土节点宜采用可重复周转使用的工具式模板支模，模板应具有足够的刚度和强度，且与墙板拼缝间应做相应处理，应采取技术措施保证现浇混凝土部分形状、尺寸、位置准确，不漏浆、不胀模。

③ 现浇混凝土竖向节点高度较大时宜分层浇筑，振捣密实。

12）预制夹心剪力墙板的防水施工应符合下列规定：

① 密封防水施工前，接缝处应清理干净，保持干燥，伸出外墙的管道、预埋件等应安装完毕。

② 密封防水施工的嵌缝材料应牢固黏结，不得漏嵌和虚贴。

③ 防水密封胶的注胶宽度、厚度应符合设计要求；注胶应均匀、顺直、密实；表面应光滑，不应有裂缝；十字缝处应连续填注防水密封胶。

13）预制夹心剪力墙板之间或预制夹心剪力墙板与现浇结构的连接应符合设计要求和现行有关标准的规定，采用焊接连接时应避免由于连续施焊引起连接部位混凝土开裂。

14）应避免外围护架的连墙件固定时在预制夹心剪力墙板上开洞。当不可避免时，应采用内叶剪力墙作为外围护架的附墙，并应在拆除连墙件后修补好洞口。

2. 预制夹心外挂墙板安装

1）预制夹心外挂墙板的安装施工不应改变墙板的边界条件，安装后的墙板约束及受力状态应符合其计算模型。

2）预制夹心外挂墙板的连接节点及接缝构造应符合设计要求；墙板安装完成后应及时移除临时支承支座、墙板接缝内的传力垫块。

3）线支承式预制夹心外挂墙板的安装同步于主体结构施工，其标高调整、临时支撑、钢筋绑扎、节点连接等各项作业可参照预制夹心剪力墙板安装相关规定执行。

4）点支承式预制夹心外挂墙板的安装滞后于主体结构施工，当主体结构外围护架尚未拆除且对预制夹心外挂墙板安装产生影响时，应采取安全防护措施，避免预制夹心外挂墙板安装过程中碰撞外围护架。

5）点支承式预制夹心外挂墙板与主体结构的连接，需要在结构中预先埋设连接件；预埋件的安装、固定需严格按照设计要求进行施工，且在浇筑混凝土前进行预埋件规格，数量、位置的专项检查验收；主体结构拆模后应对连接件进行复查，对不满足设计要求的连接件及时进行维修、加固、改造，并应经设计确认。

6）点支承式预制夹心外挂墙板安装前应对主体结构连接部位的混凝土强度进行复核，满足设计要求后方可进行连接固定。

思考题

1. 预制混凝土夹心外墙板的分类及特点是什么？
2. 预制混凝土夹心外墙板制作工艺是什么？
3. 预制混凝土夹心外墙板连接件如何布置？
4. 预制混凝土夹心保温外挂墙板施工工艺流程是什么？

学习情境

3

建筑门窗与幕墙节能技术

项目1 门窗节能及基础知识

【学习目标】

1. 能根据不同建筑结构，进行科学、合理的节能门窗类型设计。
2. 能依据实际工程选择合适的节能门窗材料。

3.1.1 门窗保温隔热对建筑节能的作用与意义

1. 门窗的功能、结构特性与能耗

门窗是建筑外围护结构的开口部位，是实现建筑热、声、光环境等物理性能重要功能性部件，具有建筑外立面以及室内环境双重装饰效果。同时，门窗必须具有采光、通风、防风雨、保温、隔热、隔声、防尘、防虫、防火、防盗等多种使用功能，才能为人们提供安全舒适的室内居住环境。

另一方面，窗户是建筑围护结构中的轻质、薄壁、透明构件，受窗户影响的采暖、空调、照明等能耗对整个建筑物能耗的影响很大，其节能水平与整个居住建筑节能的最终效果密切相关。因而，提高建筑门窗保温隔热性能、增强节能效果是提高建筑节能水平的重要环节，对建筑节能具有重要意义。

建筑外窗、外门本来是作为室内采光、通风或阻断室内外之用。但外窗、外门又是对室外气候变化最敏感的围护构件，因门窗所能达到的气密程度，室外风力变化会迅速影响室内温度。在冬季采暖能耗中，通过外窗、外门的热量损失占很大比重。有资料表明，我国华北地区一般6层楼的砖混结构住宅，通过外窗、外门的传热损失和空气渗透热损失之和约占建筑物全部热量损失的45%~50%。因此，提高外窗、外门的保温性能，就成为降低冬季采暖能耗的关键。

另外，建筑外窗的功能质量对居住者或使用者的健康、舒适有很大影响。窗户的节能、舒适度已经越来越引起人们的重视。窗户状况对室内热环境、声环境和光环境也都有很大影响。许多建筑物采用大窗户或落地窗，导致窗墙比发生很大变化。所以，节能窗和高性能窗的应用尤为重要。

在建筑围护结构节能措施已有成熟系统、配套技术的今天，注重节能窗在建筑节能中的重要地位，制造、使用高性能的节能窗以节约采暖、空调制冷能源，降低采暖和空调制冷费用，提高建筑物内部居住、工作和其他活动的舒适环境，是实施建筑节能的重要工作。

2. 玻璃窗对舒适性的影响

玻璃窗对人体舒适性的影响主要体现在热舒适性、阻隔噪声和视觉舒适三个方面。近年来

我国已研制开发出诸多的低能耗、高舒适度节能窗技术，如双层（或 3 层）中空玻璃、内充惰性气体中空玻璃、Low-E 镀膜玻璃、低导热窗框、遮阳帘等。

（1）热舒适性

玻璃窗会与室内人体之间进行辐射热交换。人与窗户距离不同、窗户大小不同及窗户表面温度的不同，都会导致人舒适感的明显差别，特别是盛夏与寒冬时节。

（2）阻隔噪声

过去，我国窗户多用单层玻璃窗，加之密封不良，隔声问题突出。噪声对人们生活产生干扰，影响正常工作和休息，严重时还会令人焦躁不安。

（3）视觉舒适

玻璃面积大的窗户使室内光线充足，视野宽阔，但窗户为单层玻璃时会导致极高的建筑能耗：冬季失热过多；夏季过多的太阳辐射进入室内，增加空调制冷能耗。节能窗能够使窗户的热工性能大大提高，如果窗墙比较大，会对室内的舒适环境有很大帮助。

（4）光环境质量

照明能耗占建筑总能耗的 20%～40%，合理利用天然采光可节省照明能耗 50%～80%：而且，由灯产生的废热所引起的冷负荷增加占总能耗的 3%～5%；夏季热辐射光线无遮蔽直接进入室内而增加的制冷能耗占室内制冷能耗的 50%以上。

总之，应根据地域和建筑条件，采取相应的技术措施，选择节能型窗框，选用透光率高、传热系数低的玻璃，并设外遮阳措施，这样，我们既能受益于大玻璃窗带给我们的各种效益，又能够利用节能窗对人体舒适性产生的作用，还可节约冬季采暖和夏季制冷的能源。

3. 建筑外窗、外门热量损耗影响因素

（1）传热系数

外窗、外门的传热系数是在单位时间内通过单位面积的传热量，传热系数越大，则在冬季通过门窗的热量损失越大。而门窗的传热系数又与门窗的材料、类型有关。

（2）气密性

门窗的气密性是在门窗关闭状态下阻止空气渗透的能力。门窗气密性等级的高低，对热量的损失影响极大，室外风力变化会对室温产生不利的影响，气密性等级越高，则热量损失就越少，对室温的影响也越小。《建筑外窗气密、水密、抗风压性能检测方法》（GB/T 7106—2019）规定了外窗气密性的分级。

（3）窗墙比与朝向

一般建筑物在围护结构中外门窗的传热系数要比外墙的传热系数大，所以应在允许范围内尽量缩小外窗面积，有利于减少热量损失，也就是说窗墙面积比越小，热量损耗就越小。热量损耗还与外窗朝向有关，行业标准《严寒和寒冷地区居住建筑节能设计标准》（JGJ 26—2018）中规定，窗户面积不宜过大，严寒地区窗墙面积比北面不宜超过 0.25，东西面不宜超过 0.3，南面不宜超过 0.45。

3.1.2　节能门窗的定义与特征

1. 节能门窗的定义

节能门窗是指达到国家现行建筑节能设计标准的门窗。换言之，凡是门窗的保温性能（传热系数）、隔热性能（遮阳系数）和空气渗透性能（气密性）等节能性能指标达到或高于住房和城乡建设部制定的《公共建筑节能设计标准》(GB 50189—2015)和《严寒和寒冷地区居住建筑节能设计标准》(JGJ 26—2018)及各省、市、自治区颁发的实施细则技术实施的建筑门窗产品,可以称为节能门窗。

2. 节能门窗特征

节能门窗应该是节能型窗型、节能型玻璃、节能型框扇材料(型材)、节能型五金配件和节能型密封材料等很多方面的组合,通过这些单个要素的良好组合而构成具有显著节能效果的建筑门窗产品。

(1) 窗型

窗型对门窗的节能效果影响显著。例如,由于推拉窗在窗框下的滑轨上来回滑动,窗扇上部与窗框之间有较大的间隙;窗扇下部与滑轮间也存在空隙,窗扇上下都会形成明显的空气对流,热冷空气的对流形成较大的热损失。这种情况下即使使用节能效果好的框扇材料也难达到节能效果。因而,推拉窗型不是节能窗型。

平开窗、固定窗等窗型的节能效果很好。平开窗的窗扇和窗框间均用良好的橡胶密封压条,在窗扇关闭后,密封橡胶压条压得很紧,几乎没有空隙,很难形成空气对流。这种窗型的热量损失主要是玻璃、窗扇和窗框型材的热传导和热辐射散热,这种散热远比对流损失少,因而平开窗比推拉窗具有明显的节能优势。所以通常认为平开窗是一种节能窗型。

固定窗的窗框镶嵌在墙体内,玻璃直接安装在窗框上,玻璃周边和窗框的接触面积用密封胶密封,完全消除空气对流影响,避免因对流而导致的热损失。固定窗的热损失是通过玻璃和窗框传导的热损失,如对玻璃采取绝热措施,能够有效提高节能效果。因而,固定窗是最节能的窗型。

除了上述几种窗型外,现在还有平开带内翻转窗,各种上下滑动窗,以及各种类型外开、内开窗型等,但都是推拉、平开和固定三种窗型的变形。

(2) 框扇材料(型材)

断桥铝合金、PVC塑料、实木、木塑复合、铝木复合和玻璃钢型材等类框扇材料的导热系数都较低,是节能门窗使用的框扇材料。这些框扇材料配以不同的节能玻璃能够制备出节能性能好的节能门窗产品。

(3) 玻璃

玻璃约占窗户面积的80%,对窗户的节能效果影响很大。中空玻璃、镀膜玻璃是最常用的节能玻璃产品。玻璃厚度6 mm、两层玻璃间的距离12 mm的中空玻璃,其传热系数K值可控制在3.0 W/(m^2·K)以下。若改用Low-E玻璃,则K值可控制在2.0 W/(m^2·K)以下。

(4) 五金配件

由于五金配件的质量直接影响门窗的气密性能,而气密性能越差,门窗的节能效果越差,因而五金配件对于门窗的节能效果影响更大。

(5) 密封材料

密封材料(密封条、毛条等)和五金配件一样,也会对门窗的节能效果产生明显影响,是生产节能门窗不可忽视的材料。

上面只考虑了门窗本身的节能性能,实际上,要使门窗工程达到良好的节能效果,除需选用节能性能良好的节能型门窗外,还必须进行正确的施工安装,这是门窗工程中的重要环节。施工安装时,门窗框与门窗洞之间的缝隙必须用发泡聚氨酯等保温材料填充严实,内外边沿使用密封胶密封以防裂抗渗。

3. 建筑门窗节能性能标识(RISN)

建筑门窗节能性能标识是指表示标准规格门窗(1 500 mm×1 500 mm,外平开窗为 1 200 mm×1 500 mm)的传热系数、遮阳系数、空气渗透率、可见光透射比等节能性能指标的一种信息性标识,标识包括证书和标签,是对企业某品种的标准规格门窗产品与建筑能耗相关的性能指标的客观描述。推行建筑门窗节能性能标识能够保证建筑门窗产品的节能性能,规范市场秩序,促进建筑节能技术进步,提高建筑物的能源利用效率。

如图 3-1-1 所示为我国建筑门窗节能标识的标识示例,标识内容包括标签编号、门窗的基本信息(企业名称、产品名称、框材、玻璃、适宜地区等)和门窗的节能性能评价指标数据等。

推行建筑门窗节能性能标识能够保证建筑门窗产品的节能性能,规范市场秩序,促进建筑节能技术进步,提高建筑物的能源利用效率,降低建筑能耗,实现节能目标,减少环境污染等。

RISN
标签编号
企业名称
产品名称
框　材
玻　璃
适宜地区
传热系数(K)
空气渗透率(q_1)
遮阳系数(Sc)
可见光透射比(Tv)
查询网址: www.ccsn.gov.cn

图 3-1-1　建筑门窗节能性能标识

3.1.3　提高建筑外窗保温隔热性能的途径

建筑外窗的能耗包括通过玻璃和窗框的传热、窗缝的空气渗透、太阳辐射得热三方面。提高建筑外窗保温隔热性能主要是在制造过程中合理使用窗户构件材料,即选择合适的窗框和玻璃以及采用新的制造技术,如中空玻璃的密封、铝型材窗框的“热桥”隔断等。

1. 框扇材料的选择

框扇是窗户的基本构件之一,框扇材料的导热面积虽不大,但其导热系数很大,其传导热损失仍占整个窗户热损失的主要部分。例如,单层玻璃铝合金窗的传热系数为 6.2 W/(m^2·K),而单层玻璃塑料窗的传热系数为 4.6 W/(m^2·K),传热系数降低了 25.8%。可见,窗框(扇)材料的导热系数直接影响外窗的传热系数。

常用窗框材料有木材、塑料(PVC 塑料、玻璃钢窗框等)、铝合金和钢材,这四种窗框材料的导热系数依次为 0.14~0.29 W/(m·K)、0.10~0.25 W/(m·K)、58.2 W/(m·K)和 174.4 W/(m·K)。可见木、塑材料的导热系数远低于金属材料,保温隔热性能优良。但木材资源短缺,应用受到限制。目前窗框材料使用得最多的是塑钢、铝材和玻璃钢材料。

铝合金窗框除多采用空腔结构外,最重要的是要有断热桥,断热桥的材质一般采用尼龙 66,以符合绝热和硬度的要求。例如,普通中空玻璃铝合金窗的传热系数为 3.9 W/(m^2·K),采用断热铝合金窗后其传热系数降为 3.4 W/(m^2·K)。若断热铝合金框与 Low-E 中空玻璃配合使用,可使铝合金外窗的传热系数降低到 2.5 W/(m^2·K)左右。

塑料窗框是由钢材支撑结构与多空腔的塑料构架紧密结合构成,钢骨架起支撑作用,而塑料(PVC)自身的材质有很好的阻隔“热桥”的性能。采用中空玻璃制作的 PVC 塑料窗,其传热系数 K 可达 2.5~2.8 W/(m^2·K),甚至更小,这是 PVC 塑料窗作为节能外窗的有利条件之一。

玻璃钢窗框是近几年发展起来的新型窗框材料，在绝热和硬度上均能满足要求。

2. 窗玻璃的选择

居住建筑外窗中，玻璃面积占70%～80%，玻璃的节能效果对整个外窗节能影响显著。透过玻璃的热损失主要是由传导传热和太阳辐射直接透过两部分组成，分别用传热系数和太阳直接辐射部分的遮阳系数 *SC* 表征。

常用的窗玻璃有普通浮法玻璃、中空玻璃、镀膜玻璃等。在多年的实践中，我国的窗玻璃已由过去的单层白玻，经双层白玻、三层白玻，发展到现在的中空玻璃、中空充气玻璃、中空镀膜玻璃、中空镀膜充气玻璃以及低辐射玻璃（Low-E 玻璃）等。

单层透明玻璃对阳光辐射阻挡能力很差，保温性能也比较差。例如，以6 mm厚单层透明玻璃为例，其遮阳系数 *SC* 为0.99，传热系数为5.58 W/(m^2·K)，都比较高。不同种类玻璃的热工性能见表3-1-1。

表3-1-1　不同种类玻璃的热工性能

玻璃种类	单片 *K* 值，[W/(m^2·K)]	中空组合	组合 *K* 值 [W/(m^2·K)]	遮阳系数 *SC*(%)
透明玻璃	5.8	6白玻+12A+6白玻	2.7	72
吸热玻璃	5.8	6蓝玻+12A+6白玻	2.7	43
热反射玻璃	5.4	6反射玻+12A+6白玻	2.6	34
Low-E 玻璃	3.8	6Low-E 玻+12A+6白玻	1.9	42

透明中空玻璃是以两片或多片玻璃，以有效的支撑均匀隔开，周边黏结密封，使玻璃层间形成干燥气体空间。透明中空玻璃空气层为12 mm厚时，其传热系数值可达到3 W/(m^2·K)以下，可见中空玻璃保温性能优良。而且在中空玻璃中，若两层玻璃的厚度不同，可有效地避免玻璃窗上产生的共振，隔声效果显著。但中空玻璃的遮阳系数 *SC* 在0.87左右，对太阳直接辐射热的传入降低有限。

镀膜玻璃应用于住宅外窗，能有效控制远红外线与可见光的数量，减少紫外线的透射。其中主要有热反射镀膜玻璃、低辐射镀膜玻璃（Low-E 玻璃）。将Low-E 玻璃和中空玻璃结合，形成Low-E 中空玻璃，具有很好的热学、隔声、防结霜、不结露及密封性能，具备更低的传热系数和更大的遮阳系数选择范围（0.2～0.7），比普通中空玻璃的节能效果有很大提高。

不过，镀膜玻璃虽具有良好的热反射性能，但可见光透过率太低，影响窗户的采光，增加照明能耗，故镀膜玻璃一般不适用于居住建筑。

3. 外窗密封材料的选择

相同气候条件下，外窗空气渗透量的大小取决于缝隙的宽度、深度和几何形状。因而，密封材料的选择对外窗气密性的影响很大。

（1）玻璃与窗体

玻璃装配常采用湿法和干法两种镶嵌形式。湿法是在玻璃与窗框之间采用高黏度聚氨酯双面胶带和硅酮结构玻璃胶为一体，气密性有保证，对窗的刚性和整体性也有所加强。干法是在玻璃与窗框间采用耐候性好的弹性密封条。

（2）窗扇与窗框

推拉窗一般采用毛条来封闭窗扇之间及窗扇与窗框间的间隙，而毛条本身气密性较差，影响外窗节能效果。平（悬）开窗采用胶条密封（如三元乙丙橡胶等），但存在热胀冷缩问题。

（3）窗框与墙体

窗框与墙体之间应采用高效、保温、隔声的弹性材料来填充，一般采用发泡聚氨酯材料，密封胶采用与基底相容且黏结性能良好的中性耐候密封胶。

（4）玻璃与玻璃

中空玻璃已广泛推广，两块玻璃之间如胶结不可靠就会造成充填的惰性气体的泄漏和水蒸气的进入，影响中空玻璃节能效果，也会引起玻璃结雾。目前中空玻璃周边用间隔框分开，并用密封胶封闭，常采用胶接或熔接的办法加以封闭密封。

4. 适当的外窗结构形式

目前居住建筑中常用的外窗结构形式为推拉窗、平（悬）开窗和固定窗。推拉窗因制作安装简单，通风效果好，使用可靠，造价经济而得到广泛使用。该窗型主要有框包窗及窗包框两种形式，常见的框包窗即窗扇插入窗框内滑动，采用外、中、内三级阶梯式密封，提高了外窗的气密性。但滚动滑轮及密封毛条容易磨损和变形，导致窗扇之间及窗扇与窗框之间的间隙增大，气密性降低，能耗增加。

由于热、冷气对流的大小与窗扇周边空隙大小成正比，若将推拉窗设计成单滑道形式，即其中的一扇玻璃镶嵌在窗框和中（横）梃上，形成一个固定扇，另一扇在其内侧推拉活动，则可使框扇缝隙总长度缩短 40%。这样既提高了外窗的气密性，又可以使高层居住建筑推拉窗的使用安全得到保证。

平（悬）开窗主要有内平开和外平开两种形式，窗框与窗扇之间采用三级阶梯状密封，形成气密和水密两个独立系统。独立气密系统能有效保证窗的气密性。

高层建筑外开窗扇在使用过程中会形成潜在的安全隐患，《全国民用建筑工程设计技术措施》10.4.2 条明确规定，高层建筑不应采用外开窗。随着建筑门窗五金配件系统的进一步发展和完善，内平开下悬外窗等更安全、更舒适的新型节能外窗将得到更多应用。

固定窗是将玻璃固定在窗的型材上，而窗型材又直接固定在窗洞口。在正常情况下，固定窗的气密性、保温节能效果最好。

实际应用中往往会顾及立面效果、抗风压（安全）、采光、通风、保温等因素，综合考虑采用何种窗型或几种窗型的组合。当采用大固定小平开的复合窗型时，不但能满足采光、通风等要求，且具有良好的保温性能，在造价方面也比较经济，是值得推广的窗型。

5. 外窗的制作和安装质量

外窗制作和安装是实现各项质量指标的最后一道环节，对最终节能效果有着极其重要的影响。

（1）制作外窗的型材和窗型结构在满足抗风、气密性、水密性等设计前提下，应考虑节能因素。

（2）外窗的制作和安装质量应满足相关规范要求，特别是几何尺寸、垂直度等指标。

（3）外窗安装位置宜居中相对靠外侧为好，并做好四周充填和密闭，将窗框与四周洞口及墙面外保温作为整体，特别要解决好窗框渗水问题。

（4）窗扇密封材料的选择要恰当，施工要精细，安装后要检查窗扇搭接和配合间隙，解决窗扇制作尺寸偏小和四周间隙过大等问题，将四周搭接量调整均匀。

从建筑节能来说，狭义建筑节能侧重于某个建筑或建筑构件本身所采取的节能措施和手段及其达到的节能效果，但广义建筑节能不仅涉及建筑设计方案、能源、生活质量等方面，还考虑整个建筑对资源、环境、气候、地理条件、维护管理、经济等方面的影响，是将建筑物的节能作为一个系统进行考虑。而广义的节能门窗不仅只考虑门窗或门窗构件的节能效果，还应考虑门窗及门窗材料在生产、加工过程中消耗的能源、资源和对环境产生的影响等问题。

思考题

1. 门窗节能的途径有哪些？
2. 低辐射玻璃的特性是什么？

项目2　节能门窗工程施工技术

【学习目标】

1. 能根据实际工程进行节能门窗施工施工准备。
2. 能通过施工图、相关标准图集等资料制订施工方案。
3. 能够在施工现场进行安全、技术、质量管理控制。
4. 能正确使用检测工具并对节能门窗施工质量进行检查验收。
5. 能对节能门窗施工常见质量通病进行预防与治理。
6. 能进行安全、文明施工。

3.2.1　木门窗安装

1. 材料性能要求

1）木门窗的规格、型号、数量、选材等级、含水率及制作质量必须符合设计要求，有出厂合格证。外用窗的传热系数应符合节能设计要求。

2）门窗五金及其配件的种类、规格、型号必须符合设计要求，有产品合格证书。

3）门窗玻璃、密封胶、油漆、防腐剂等应符合设计选用要求，有产品合格证书。

2. 施工工具与机具

1）机具：电锯、电刨、手电钻。

2）工具：螺钉旋具、斧、刨、锯、锤子及放线、检测工具。

3. 作业条件

1）进入施工现场的木门窗应经检查验收合格。

2）门窗框靠墙、靠地的一面应涂刷防腐涂料，然后通风干燥。

3）木门窗应分类水平码放在仓库内的垫木上，底层门窗距离地面应不小于 200 mm。每层门窗框或扇之间应垫木板条，以便通风。若在敞棚堆放，底层门窗距离地面不小于 400 mm，并应采取措施防止日晒雨淋。

4）预装门窗框，应分别在楼、地面基层标高和墙砌到窗台标高时安装；后装的门窗框应在门窗洞口处按设计要求埋设预埋件或防腐木砖，在主体结构验收合格后安装。

5）门窗扇的安装应在饰面完成后进行。

6）安装前先检查门窗框、扇有无翘扭、窜角、劈裂、榫槽间松散等缺陷，如有则进行修理。

4. 施工工艺

木门窗安装工艺流程:安装定位──→安装门窗框──→安装门窗扇──→安装贴脸板、筒子板、窗台板──→安装窗帘盒──→安装五金及配件。

5. 施工要点

(1) 门窗框安装规定

1) 门窗框安装前,应按施工图要求分别在楼、地面基层上和窗下墙上弹出门窗安装定位线。门窗框的安装必须符合设计图纸要求的型号和门窗扇的开启方向。

2) 预装的门窗框:立起的门窗框按规格型号要求应做临时支撑固定,待墙体砌过两层木砖后,可拆除临时支撑并矫正门窗框垂直度。

3) 后装的门窗框:在主体结构验收合格后进行,安装前,应检查门窗洞口的尺寸、标高和防腐木砖的位置。

4) 对等标高的同排门窗,应按设计要求拉通线检查门窗标高;外墙窗应吊线坠或用经纬仪从上向下校核窗框位置,使门窗的上下、左右在同一条直线上。对上下、左右不符线的结构边角应进行处理。用垂直检测尺校正门窗框的正、侧面垂直度,用水平尺校正冒头的水平度。

靠内墙皮安装的门窗框应凸出墙面,凸出的厚度应等于抹灰层或装饰面层的厚度。用砸扁钉帽的铁钉将门窗框钉牢在防腐木砖上。钉帽要冲入木门窗框内 1~2 mm。每块防腐木砖要钉两处以上。

(2) 门窗扇安装规定

1) 量出樘口净尺寸,考虑留缝宽度,定出扇高、扇宽尺寸,先定中间缝的中线,再画边线,并保证梃宽一致。四边画线后刨直。

2) 修刨时先锯掉余头,略修下边。双扇先做打叠高低缝,以开启方向的右扇压左扇。

3) 若门窗扇高、宽尺寸过小,可在下边或装合页一边用胶和铁钉补钉刨光木条。钉帽砸扁,钉入木条内 1~2 mm。锯掉余头刨平。

4) 平开扇的底边、中悬扇的上下边、上悬扇的下边、下悬扇的上边应刨成 1 mm 的斜面。

5) 试装门窗扇时,先用木楔塞在门窗扇的下边,然后再检查缝隙,并注意窗楞和玻璃芯子平直对齐。合格后画出铰链的位置线,剔槽装铰链。

(3) 贴脸板、筒子板、窗台板和窗帘盒安装规定

1) 按图纸做好贴脸板,在墙面粉刷完毕后量出横板长度,两头锯成 45°,贴紧框子冒头钉牢,再量竖板并钉牢在门窗两侧框上。要求横平竖直,接角密合,搭盖在墙上宽度不少于 20 mm。

2) 筒子板钉在墙上预埋的防腐木砖上,钉法同贴脸板。

3) 窗台板应按设计要求制作,并钉在窗台口预埋木砖上。

4) 窗帘盒两端伸出洞口长度应相等。在同一房间内标高应一致,并保持水平。

(4) 门窗五金安装规定

1) 铰链安装均应在门窗扇上试装合适后画线剔槽。先安扇上后安框上。铰链距门窗扇上下端的距离为扇高、梃高的 1/10,且避开上、下冒头。门窗扇往框上安装时,应先拧入一个螺钉,然后关上门窗扇检查缝隙是否合适,口与扇是否平整,无问题后方可将全部螺钉拧入拧紧。门窗扇安好后必须开关灵活。

2) 安装地弹簧时,必须使两轴套在同一直线上,并与扇底面垂直。从轴中心挂垂线,定出底轴中心,安好底座,并用混凝土固定底座外壳。待混凝土强度达到 C10 以上再安装门扇。

3）装窗插销时应先固定插销底板，再关窗打插销压痕，凿孔，打入插销。门插销应位于门内拉手下边。

4）风钩应装在窗框下冒头与窗扇下冒头夹角处，使窗扇开启后约成90°，并使上下各层窗扇开启后整齐一致。

5）门锁距地面高为900~1 000 mm，并错开中冒头与立梃的结合处。

6）门窗拉手应在扇上框前装设。位置应在门窗扇中线以下。窗拉手距地面1.5~1.6 m，门拉手距地面0.8~1.0 m。

7）安装五金时，必须用木螺钉固定，不得用铁钉代替。固定木螺钉时应先用锤打入全长的1/3，再用螺钉旋具拧入。严禁全部打入。

3.2.2 铝合金门窗安装

1. 材料性能要求

1）门窗的品种、规格、型号、尺寸应符合设计要求，并有出厂合格证。外用窗的传热系数应符合节能设计要求。

2）门窗的五金及配件的种类、型号、规格应符合设计要求，并应有产品合格证。

3）门窗的玻璃、密封胶、密封条、嵌缝材料、防锈漆、连接铁脚、连接铁板等应符合设计选用要求，并应有产品合格证。

4）门窗的外观、外形尺寸、装配质量、力学性能应符合设计要求和国家现行标准的有关规定。门窗表面不应有影响外观质量的缺陷。

2. 施工工具与机具

1）机具：电焊机、电锤、电钻、射钉枪、切割机。

2）工具：螺钉旋具、锤子、扳手、钳子及放线、检测工具。

3. 作业条件

1）进入施工现场的门窗应经检查验收合格。

2）运到现场的门窗应分型号、规格竖直排放在仓库内的专用木架上。樘与樘间用软质材料隔开，防止相互磨损，压坏玻璃及五金配件。露天存放时应用苫布覆盖。

3）主体结构已施工完毕并经有关部门验收合格，或墙面已粉刷完毕。

4）主体结构施工时门窗洞口四周的预埋铁件的位置、数量应符合图纸要求，如有问题应及时处理。

5）拆开包装，检查门窗的外观质量、表面平整度及规格、型号、尺寸、开启方向是否符合设计要求及国家现行标准的有关规定。检查门窗框扇角梃有无变形，玻璃、零件是否损坏，如有破损，应及时更换或修复后方可安装。门窗保护膜若发现有破损的，应补粘后再安装。

6）准备好安装脚手架或梯子，并做好安全防护。

4. 施工工艺

铝合金门窗安装工艺流程：洞口检查——→安装门窗——→嵌缝密封——→安装门窗扇——→安装玻璃——→安装五金、配件——→清洗保护。

5. 施工要点

1）对等标高的同排门窗，应按设计要求拉通线检查门窗标高；外墙窗应吊线坠或用经纬仪从上向下校核窗框位置，使门窗的上下、左右在同一条直线上。对上下、左右不符线的结构边角

应进行处理。应注意根据建筑物墙面粉刷材料确定门窗洞口比门窗框尺寸大30~60 mm。

2）门窗框外表面的防腐处理应按设计要求或粘贴塑料薄膜进行保护，以免水泥砂浆直接与铝合金门窗表面接触，产生电化学反应，腐蚀铝合金门窗。连接铁件、锚固板等安装用金属零件应优先选用不锈钢件，否则必须进行防腐处理，以免产生电化学反应，腐蚀铝合金门窗。

3）根据设计要求，将门窗框立于墙的中心线部位或内侧，使窗、门框表面与饰面层相适应。按照门窗安装的水平、垂直控制线，对已就位立樘的门窗进行调整、支垫，符合要求后，再将镀锌锚板固定在门窗洞口内。

4）铝合金门窗框上的锚固板与墙体的固定方法可采用射钉固定法、燕尾铁脚固定法及膨胀螺钉固定法等。当墙体上预埋有铁件时，可把铝合金门窗框上的铁脚直接与墙体上的预埋铁件焊牢。锚固板的间距不应大于500 mm。

带型窗、大型窗的拼接处，如需增设组合杆件（型钢或型铝）加固，则其上、下部要与预埋钢板焊接，预埋件可按每1 000 mm间距在洞口内均匀设置。

严禁在铝合金门窗上连接地线进行焊接工作，当固定铁码与洞口预埋件焊接时，门、窗框上要盖上橡胶石棉布，防止焊接时烧伤门窗。

5）铝合金门窗安装固定后，应进行验收。合格后及时按设计要求处理门窗框与墙体间的缝隙。若设计没有要求时，可采用矿棉条或玻璃棉毡条分层填塞，缝隙表面留5~8 mm深的槽口，填嵌密封材料。

在施工中注意不得损坏门窗上面的保护膜；如表面沾上了水泥砂浆，应随时擦净，以免腐蚀铝合金，影响外表美观。全部竣工后，剥去门窗上的保护膜，如有油污、脏物，可用醋酸乙酯擦洗（操作时应注意防火）。

6）门窗扇及门窗玻璃安装应在室内外装修基本完成后进行。

① 推拉门窗扇的安装：应先将外扇插入上滑道的外槽内，自然下落于对应的下滑道的外滑道内，然后再用同样的方法安装内扇。应注意推拉门窗扇必须有防脱落措施，扇与框的搭接量应符合设计要求。

可调导向轮应在门窗扇安装之后调整，调节门窗扇在滑道上的高度，并使门窗扇与边框间平行。

② 平开门窗扇安装：应先把合页按要求位置固定在铝合金门窗框上，然后将门窗扇嵌入框内临时固定，调整合适后，再将门窗扇固定在合页上，必须保证上、下两个转动部分在同一条轴线上。

③ 地弹簧门扇安装：应先将地弹簧的顶轴安装于门框顶部，挂垂线确定地弹簧的安装位置，安好地弹簧，并浇筑混凝土使其固定。待混凝土达到设计强度后，调节上门顶轴将门扇装上，最后调整门扇间隙及门扇开启速度。

7）铝合金门窗交工前，应将型材表面的塑料胶纸撕掉，如果塑料胶纸在型材表面留有胶，宜用香蕉水清洗干净。

铝合金门窗框扇可用水或浓度为1%~5%、pH=7.3~9.5的中性洗涤剂充分清洗，再用布擦干。不应用酸性或碱性制剂清洗，也不能用钢刷刷洗。

玻璃应用清水擦洗干净，对浮灰或其他杂物，要全部清除干净。

3.2.3　塑料门窗安装

1. 材料性能要求

1）塑料门窗的品种、规格、型号、尺寸应符合设计要求，并有出厂合格证。外用窗的传热系数应符合节能设计要求。

2）塑料门窗的五金及配件的种类、型号、规格应符合设计要求，并应有产品合格证。

3）塑料门窗的玻璃、密封胶、嵌缝材料等应符合设计选用要求，并应有产品合格证。

4）塑料门窗的外观、装配质量、力学性能应符合设计要求和国家现行标准的有关规定。塑料门窗中的竖框、中横框或拼樘等主要受力杆件中的增强型钢，应在产品说明书中注明规格、尺寸。门窗表面不应有影响外观质量的缺陷。

2. 施工工具与机具

1）机具：电锤、电钻、射钉枪。

2）工具：螺钉旋具、锤子、扳手及放线、检测工具。

3. 作业条件

1）进入施工现场的塑料门窗应经检查验收合格。

2）运到现场的塑料门窗应分型号、规格竖直排放在仓库内的专用木架上。远离热源 1 m 以上，环境温度低于 50 ℃。露天存放时应用苫布覆盖。

3）主体结构已施工完毕，并经有关部门验收合格；或墙面已粉刷完毕。

4）当门窗用预埋木砖与墙体连接时，墙体中应按设计要求埋置防腐木砖。对于加气混凝土墙应预埋粘胶圆木。

5）安装组合窗的洞口，应在拼樘料的对应位置设预埋件或预留洞。

6）安装前先检查门窗框、扇有无变形、劈裂等缺陷，如有则进行修理或更换。

7）安装塑料门窗时的环境温度不宜低于 5 ℃。

8）准备好安装脚手架或梯子，并做好安全防护。

4. 施工工艺

塑料门窗安装工艺流程：洞口检查──→安装门窗──→嵌缝密封──→安装门窗扇──→安装玻璃──→安装五金及配件──→清洗保护。

5. 施工要点

1）对等标高的同排门窗，应按设计要求拉通线检查门窗标高；外墙窗应吊线锤或用经纬仪从上向下校核窗框位置，使门窗的上下、左右在同一条直线上。对上下、左右不符线的结构边角应进行处理。注意门窗洞口比门窗框尺寸大 30~60 mm。

2）将塑料门窗按设计要求的型号、规格搬到相应的洞口旁竖放。当塑料门窗在 0 ℃以下环境中存放时，安装前应在室温下放置 24 h。当有保护膜脱落时，应补贴保护膜。在门窗框上画中线。

3）如果玻璃已装在门窗框上，应卸下玻璃，并做好标记。

4）塑料门窗框与墙体的连接固定点按表 3-2-1 设置。在连接固定点位置，用 3.5 mm 钻头在塑料门窗框的背面钻安装孔，并用 M4×20 自攻螺钉将固定片拧固在框背面的燕尾槽内。

表 3-2-1　连接固定点间距　　单位：mm

项目	尺寸
连接固定点中距不应大于	600
连接固定点距框角不应大于	150

① 根据设计要求的位置和门窗开启方向，确定门窗框的安装，将塑料门窗框放入洞口内，使其上下框中线与洞口中线对齐，无下框平开门应使两边框的下脚低于地面标高线 30 mm。带下框的平开门或推拉门应使下框低于地面标高线 10 mm。然后将上框的一个固定片固定在墙体上，并应调整门框的水平度、垂直度和直角度，用木楔临时固定。

② 门窗框与墙体固定时，应先固定上框，后固定边框。固定方法符合表 3-2-2 要求。

表 3-2-2　门窗框固定方法

项目	方法
混凝土墙洞口	应采用射钉或塑料膨胀螺钉固定
砖墙洞口	采用塑料膨胀螺钉或水泥钉固定，但不得固定在砖缝上
加气混凝土墙洞口	采用木螺钉将固定片固定在胶粘圆木上
设有预埋铁件的洞口	采用焊接方法固定，也可先在预埋件上按紧固件打基孔，然后紧固
设有防腐木砖的墙面	采用木螺钉把固定片固定在防腐木砖上
窗下框与墙体的固定	将固定片直接伸入墙体预留孔内，用砂浆填实

5）安装门连窗或组合窗时，门与窗采用拼樘料拼接，拼樘料与洞口的连接方法如下：

① 拼樘料与混凝土过梁或柱子连接时，应将拼樘料内增强型钢与梁或柱上的预埋铁件焊接牢固。

② 拼樘料与砖墙连接时，先将拼樘两端插入预留洞中，然后用 C20 细石混凝土浇灌固定。

6）应将门窗框或两窗框与拼樘料卡接，并用紧固件双向扣紧，其间距不大于 600 mm；紧固件端头及拼樘料与窗框之间缝隙用嵌缝油膏密封处理。

7）嵌缝密封方法：

塑料门窗上的连接件与墙体固定后，卸下木楔，清除墙面和边框上的浮灰，即可进行门窗框与墙体间的缝隙处理，并应符合以下要求：

① 在门窗框与墙体之间的缝隙内嵌塞 PE 高发泡条、矿棉毡或其他软填料，外表面留出 10 mm 左右的空槽。

② 在软填料内外两侧的空槽内注入嵌缝膏密封。

③ 注嵌缝密封膏时墙体需干净、干燥，室内外的周边均需注满、打匀，注嵌缝膏后应保持 24 h 不得见水。

8）门窗扇安装。

① 平开门窗。应先剔好框上的铰链槽，再将门、窗扇装入框中，调整扇与框的配合位置，并用铰链将其固定，然后复查开关是否灵活自如。

② 推拉门窗。由于推拉门窗扇与框不连接，因此对可拆卸的推拉扇，则应先安装好玻璃后再安装门窗扇。

③ 对出厂时框扇就连在一起的平开塑料门窗，则可将其直接安装，然后再检查开闭是否灵活自如，如发现问题，则应进行必要的调整。

9）五金及配件安装

① 安装五金及配件时，应先在框、扇杆件上钻出略小于螺钉直径的孔眼，然后用配套的自攻螺钉拧入，严禁将螺钉用锤直接打入。

② 安装门窗铰链时，固定铰链的螺钉应至少穿过塑料型材的两层中空腔壁，或与衬筋连接。

③ 在安装平开塑料门窗时，剔凿铰链槽不可过深，不允许将框边剔透。

④ 平开塑料门窗安装五金时，应给开启扇留一定的吊高，正常情况是门扇吊高 2 mm，窗扇吊高 1.2 mm。

⑤ 安装门锁时，应先将整体门扇插入门框铰链中，再按门锁说明书的要求装配门锁。

⑥ 塑料门窗的所有五金及配件均应安装牢固，位置端正，使用灵活。

3.2.4　门窗玻璃安装

本安装工艺适用于平板、吸热、反射、中空、夹层、夹丝、磨砂、钢化、压花玻璃等玻璃安装工程施工。

1. 材料性能要求

1）玻璃的品种、规格、质量标准要符合设计及规范要求。

2）腻子（油灰）应是柔软、有拉力及支撑力的灰白色的塑性膏状物，且具有塑性、不泛油、不粘手的特征，且常温下 20 昼夜内硬化。

3）其他材料：玻璃钉、钢丝卡子、油绳、橡皮垫、木压条、红丹、铅油、煤油等应满足设计及规范要求。

2. 施工工具

工作台、玻璃刀、尺板、钢卷尺、木折尺、方尺、手钳、扁铲、批灰刀、锤子、棉纱或破布、毛笔、工具袋和安全带等。

3. 作业条件

1）门窗安装完，初验合格，并在涂刷最后一道涂装前安装玻璃。

2）玻璃安装前，应按照设计要求的尺寸且结合实测尺寸，预先集中裁制，并按不同规格和安装顺序码放在安全地方待用。

3）对于加工后进场的半成品玻璃，提前核实来料的尺寸留量（上下余量 3 mm，宽窄余量 4 mm），边缘不得有斜曲或缺角等情况，并应进行试安装，如有问题，应做再加工处理或更换。

4）使用熟桐油等天然干性油自行配制的油灰，可直接使用；如用其他油料配制的油灰，必须经过检验合格后方可使用。

5）应在 0 ℃以上施工。如果玻璃从过冷或过热的环境中运入施工地点，应等待玻璃温度与室内温度相近后再进行安装；如条件允许，要将预先裁割好的玻璃提前运入施工地点。外墙铝合金框扇玻璃不宜冬期安装。

4. 施工工艺

门窗装工艺流程：裁割玻璃⟶清理裁口⟶安装玻璃⟶清理。

5. 施工要点

1）玻璃裁割应根据所需安装的玻璃尺寸，结合玻璃规格统筹裁割。

2）门窗玻璃安装顺序应按先安外门窗，后安内门窗顺序安装。

3）玻璃安装前应清理裁口。先在玻璃底面与裁口之间，沿裁口的全长均匀涂抹 1~3 mm 厚的底油灰，接着把玻璃推铺平整、压实，然后收净底油灰。

4）木门窗玻璃推平、压实后，四边分别钉上钉子，钉子间距为 100~150 mm，每边不少于 2 个钉子，钉完后用手轻敲玻璃，响声坚实，说明玻璃安装平实，否则应取下玻璃，重新铺实底油灰后，

再推压挤平，然后用油灰填实，将灰边压光压平，并不得将玻璃压得过紧。

5）钢门窗安装玻璃，应用钢丝卡固定，钢丝卡间距不得大于 200 mm，且每边不得少于 2 个，并用油灰填实抹光；如果采用橡皮垫，应先将橡皮垫嵌入裁口内，并用压条和螺钉加以固定。

6）安装斜天窗的玻璃，如设计没有要求时，应采用夹丝玻璃，并应从顺水方向盖叠安装。盖叠搭接长度应视天窗的坡度而定，当坡度为 1/4 时或大于 1/4 时，不小于 30 mm；坡度小于 1/4 时，不小于 50 mm。盖叠处应用钢丝卡固定，并在缝隙中用密封膏嵌填密实；如果用平板或浮法玻璃时，要在玻璃下面加设一层镀锌铅丝网。

7）门窗安装彩色玻璃和压花玻璃，应按照设计图案仔细裁割，拼缝必须吻合，不允许出现错位松动和斜曲等缺陷。

8）安装窗中玻璃，按开启方向确定定位垫块位置，定位垫块宽度应大于玻璃的厚度，长度不宜小于 25 mm，并应符合设计要求。

9）铝合金框扇玻璃安装时，玻璃就位后，其边缘不得与框扇及其连接件相接触，所留间隙应符合有关标准规定。所用材料不得影响流水孔；密封膏封贴缝口，封贴的宽度及深度应符合设计要求，必须密实、平整、光洁。

10）玻璃安装后，应进行清理，将油灰、钉子、钢丝卡及木压条等随即清理干净，关好门窗。

思考题

1. 简述木门窗安装施工工艺。
2. 简述塑料门窗安装施工工艺。
3. 简述门窗玻璃安装工艺。

项目3 建筑幕墙节能技术

【学习目标】

1. 能根据实际工程制订节能幕墙方案。
2. 能掌握双层幕墙节点构造。

3.3.1 建筑幕墙基本知识

1. 建筑幕墙概念

建筑幕墙通常由面板（玻璃、铝板、石板、陶瓷板等）和后面的支承结构（铝横梁立柱、钢结构、玻璃肋等等）组成，可相对主体结构有一定位移能力，或自身有一定变形能力，不承担主体结构载荷与作用的建筑外围维护结构。

2. 建筑幕墙与填充墙、窗（窗墙）区别

（1）建筑幕墙与填充墙的区别

幕墙不同于填充墙。幕墙是由面板和支承结构组成的完整的结构系统，它在自身平面内可以承受较大的变形或者相对于主体结构可以有足够的位移能力。幕墙不分担主体结构所受的荷载和作用。

（2）建筑幕墙与窗墙的区别

幕墙与窗墙的区别在于，幕墙是一种悬挂在建筑结构框架外侧的外墙围护构件，它的自重和所承受的风荷载、地震作用等通过锚接点以点传递方式传至建筑物主框架，幕墙构件之间的接缝和连接用现代建筑技术处理，使幕墙形成连续的墙面；窗（窗墙）的四周嵌入框架并固定在框架上，或固定在两相对侧面上，其自重和承受的作用通过连续的接缝传到建筑结构框架上，使建筑物整个结构框架直接暴露在建筑物立面上；或窗坎墙、窗间墙（立柱）直接暴露在建筑物立面上。

3. 建筑幕墙发展趋势

1）从笨重型走向更轻型的板材和结构（天然石材厚度为 25 mm，新型材料最薄达到 6 mm）。

2）品种少逐步走向多类型的板材及更丰富的色彩（目前有石材、陶瓷板、微晶玻璃、高压层板、水泥纤丝维板、玻璃、无机玻璃钢等近 60 种板材应用在外墙）。

3）板材向节能方向发展（幕墙玻璃发展为低辐射玻璃、吸热玻璃等镀膜玻璃，中空玻璃、真空比例等复合玻璃，型材发展为断热型材等）。

4）更高的安全性能（钢销式发展到背栓式，连接方式简单，安全系数高）。

5）更高的防水性能，延长了幕墙的使用寿命（从封闭式幕墙发展到开放式幕墙）。

6）向绿色幕墙，即无污染（或污染很低），并具有环保和节约能源的方向发展（呼吸式幕墙、双层动态节能幕墙、生态幕墙）。

4. 建筑幕墙节能要求

1）减少温差传热的热负荷损失。

2）降低太阳辐射的负荷强度。

3）提高幕墙的气密性。

5. 建筑幕墙节能方法

（1）玻璃节能法

对于铝合金窗及玻璃幕墙来说，由于玻璃的面积占据立面的绝大部分，可以参与热交换的面积较大，就决定了玻璃是窗、玻璃幕墙节能的关键。

1）玻璃是否镀膜及膜层材质可初步确定其节能效果，通常情况下，玻璃可分为以下几大类：浮法清玻璃、镀膜玻璃、低辐射镀膜玻璃。这些玻璃传热系数虽然没有明显的变化，但由于膜层对光（能量）的控制能力不同，使其节能效果依次增加，如图 3-3-1 所示为低辐射镀膜双层玻璃保温隔热示意图。

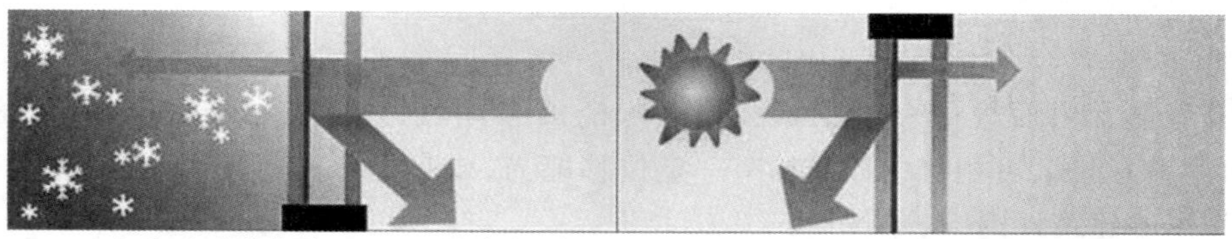

冬季：室内热能因 Loe-E 双层玻璃阻断而不能辐射至室外，而能保暖。　夏季：阻断大量太阳辐射能的穿透，仅少数热能进入室内，保持凉爽。

图 3-3-1　低辐射镀膜双层玻璃保温隔热示意图

2）根据玻璃结构形式，可分为单层玻璃、中空玻璃、多层中空玻璃。其传热系数依次降低，即节能效果逐次增强。通过计算和实验数据显示，通常单片玻璃的传热系数 $K=6\ \mathrm{W/m^2\cdot K}$ 左右，中空玻璃（普通）$K=2.3\sim3.2\ \mathrm{W/m^2\cdot K}$，而低辐射镀膜中空玻璃（中空层充惰性气体）$K=1.4\sim1.8\ \mathrm{W/m^2\cdot K}$。

3）对玻璃除上述方法外，还可以采用贴节能膜方法，提高节能效果。

（2）铝合金断热型材节能法

铝合金型材在窗及幕墙系统中，不但起着支承龙骨的作用，而且对节能效果也有较大影响。通常情况下，铝合金型材断面比玻璃面积小得多，导热对节能效果的影响较大，为此，产生了断热型材。

根据断热铝型材加工方法的不同，分为灌注式断热铝型材和插条式断热铝型材。这两种形式的铝合金断热型材的共同特点是在内、外两侧铝材中间采用有足够强度的低导热系数的隔离物质隔开，从而降低传热系数，增加热阻值，如图 3-3-2 所示。即使在炎热的夏季，当太阳暴晒的情况下，断热型材室外部分表面温度通常可达 35~85 ℃，而室内仍可维持在 24~28 ℃左右，有效地减少传到室内的热量，可减少制冷费用；而在寒冷的冬季，室外铝材的温度可与环境温度相当（一般-28~-20 ℃），而室内铝材仍然可达到 8~15 ℃，从而减少热量损失，节约冬季取暖的费用，从而达到节能目的。

（3）双（多）层结构体系节能法

通常的窗及玻璃幕墙，在温暖地区一般为单层结构，而在寒冷或炎热地区则可以采用多层（双层）窗或双层幕墙、动态幕墙的方法，利用两层结构间的空气层（通过设计的空气层）降低系统总传热系数的办法，来实现节能目的。如图 3-3-3 所示为双层玻璃幕墙示意图。

图 3-3-2 断热铝型材

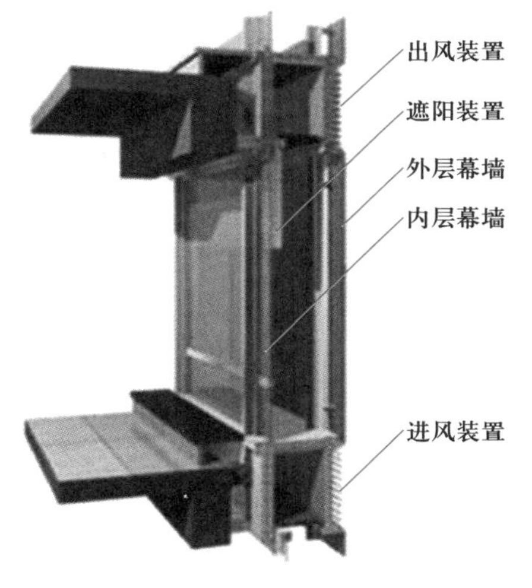

图 3-3-3 双层玻璃幕墙示意图

（4）遮阳体系节能法

由于铝合金窗及玻璃幕墙大面积采用玻璃，太阳的照射是辐射热。节能的本质就是如何实现在烈日炎炎的夏季将光（能量）挡在室外，或在寒冷的冬季能让充足的光（能量）传入室内。在铝合金窗和幕墙体系上融入遮阳技术也是节能的有效途径之一，如图 3-3-4 所示。

（5）点支承玻璃幕墙的节能方法

点支承玻璃幕墙的节能除了可采取前面提到的玻璃方法以外，还要处理好玻璃与驳接头处的断热设计。工程经验和实验证明，在寒冷地区和炎热地区，点支承式玻璃幕墙节能设计值得采用，如图 3-3-5 所示。

图 3-3-4 北京百度总部大波浪遮阳

图 3-3-5 点支承玻璃幕墙

6. 建筑节能幕墙发展方向

光电幕墙技术充分体现了建筑智能化的特点，是一种集发电、隔声、隔热、装饰等功能于一体的，把光电技术与幕墙技术相结合的新型功能性幕墙，代表着幕墙技术发展的新方向。

1）通过建筑幕墙龙骨实现供暖。

2）与建筑幕墙相结合的窗帘、窗台板技术。

3）装饰保温一体化幕墙是将保温层和装饰层一体化、成品化的幕墙产品。

3.3.2 双层幕墙

在国外，从 20 世纪 80 年代中期开始研究双层幕墙的建筑物理特性和功能，经过多年的实验在 20 世纪 90 年代已基本发展成熟，双层幕墙，尤其是外循环双层幕墙的应用已比较普遍。

1. 技术特点

双层幕墙又称呼吸式幕墙、热通道幕墙等，它由内外两道幕墙、遮阳系统和通风装置组成。内、外层结构之间分离出一个介于室内和室外之间的中间层，形成一种通道，空气可以从玻璃幕墙下部的进风口进入通道，从上部出风口排出。空气在通道流动，导致热量在通道流动和传递，这个中间层称为热通道，国际上一般称为热通道幕墙。

双层幕墙是一种特殊的幕墙系统，与传统建筑幕墙有本质区别。其设计理念是体现节能、环保，让人亲近自然。它除了具有传统幕墙的全部功能以外，在防尘通风、保温隔热、合理采光、隔声降噪、防止结露、安全性、使用便利性等方面更具显著特点。

2. 主要分类

根据空气流的循环方式可将双层幕墙分为外循环式双层幕墙和内循环式双层幕墙两种，另外随着幕墙技术的发展，还出现了综合内外循环方式的新型双层幕墙。

（1）外循环式双层幕墙

外层幕墙采用单层玻璃，在其下部有进风口，上部有排风口。内层幕墙采用中空玻璃、隔热型材，且设有可开启的窗或门。它无需专用机械设备，完全靠自然通风将太阳辐射热经通道上排风口排出室外。从而节约能源和机械运行维修费用。夏季开启上、下通风口，进行自然排风降温。冬季关闭上、下通风口，利用太阳辐射热经开启的门或窗进入室内，可利用热能和减少室内热能的损失。

（2）内循环式双层幕墙

外层幕墙采用中空玻璃、隔热型材形成封闭状态。内层幕墙采用单层玻璃或单层铝合金门窗，成可开启状态。利用机械通风,空气从楼板或地下的风口进入通道,经上部排风口进入顶棚流动。

由于进风为室内空气,所以通道内空气温度与室内温度基本相同,因此可节省采暖与制冷的能源,对采暖地区更为有利。由于内通风需要机械设备和光电控制百叶卷帘或遮阳系统,因此技术要求较高,且经济成本较大。

(3) 综合内外循环式双层幕墙

综合内外循环的双层幕墙并不仅仅拘泥于内循环或外循环的单一循环方式,对外界天气、气候状况的灵活适应性更强。例如,对夏季和冬季具有更好的兼顾性,并且减少了对其他系统(如新风系统、制冷系统等)的依赖性,有利于提高综合节能效果。通道一般只作通风用,其宽度为 100~300 mm;有检修、清洗要求时,其宽度为 500~900 mm;当作休息、观景、散步时,其宽度>900 mm,并设有格栅。

3.3.3 外循环式双层幕墙

1. 工艺特点

外循环式双层幕墙与传统的单层幕墙相比有如下突出的优点:

(1) 保温隔热性能

单层幕墙只是从材料的选用上,通过材料本身的特性来达到一定的节能效果,无法同时兼顾保温与隔热的功能;双层幕墙运用“烟囱效应”与“温室效应”的原理,可以实现夏天隔热、冬天保温的双重特性。

空气从外层幕墙的下通道进入热通道空间,然后从外层幕墙上部排风口排出,而内层幕墙则完全封闭。外层幕墙由夹胶玻璃与非断热型材组成,内层幕墙由中空玻璃与断热型材组成。内外两层幕墙形成的通风换气层的两端装有进风和排风装置。通道内设置百页等遮阳装置。

冬季时,关闭热通道两端的通风口,换气层中的空气在阳光照射下温度升高,形成一个温室,有效地提高了内层玻璃的温度,减少建筑物的采暖费用。夏季时,打开换气层的通风口,在阳光照射下,换气层空气温度升高自然上浮,形成自下而上的空气流,由于“烟囱效应”带走通道内的热量,降低内层玻璃表面的温度,减少制冷费用,如图 3-3-6 所示。

(a) 冬季热能传递方向示意图

(b) 夏季热能传递方向示意图

图 3-3-6 双层幕墙热能传递示意图

双层幕墙拥有由进风口装置、内层开启窗和出风口装置构成的防尘通风设备。在进、出风装置中设置具有防虫和阻挡较大颗粒灰尘的纱网和金属格栅，可以将蚊虫和沙尘挡在外面，让新鲜的空气进入室内，如图3-3-7所示，并通过空气热压作用，把室内污浊的空气排出至室外，以达到由通风层向室内输送新鲜空气的目的，从而优化建筑通风质量。另一方面，无论天气好坏，无须开窗，换气层都可直接将自然空气传至室内，为室内提供新鲜空气，从而提高室内的舒适度，并有效地降低高层建筑单纯依赖暖通设备机械通风带来的弊病。

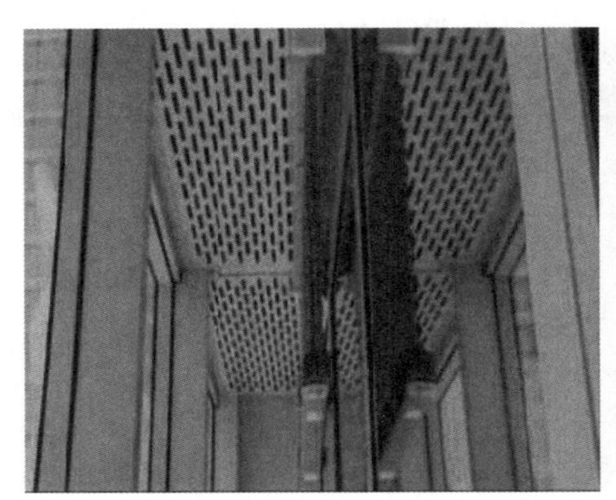

(a) 双层幕墙热通道顶部　　(b) 双层幕墙热通道底部

图3-3-7　双层幕墙热通道构造

（2）有效避免光污染

单层玻璃幕墙为保证室内外效果与节能的考虑，玻璃一般选用有一定反射功能的镀膜玻璃。双层幕墙的外层玻璃选用无色透明玻璃或低反射玻璃，可最大限度地减少玻璃反射带来的不良影响（"光污染"）。

（3）使用功能及立面效果

从使用功能以及立面效果上，双层幕墙优于传统单层幕墙。进入室内的光线角度和强弱会直接影响到人体的舒适感，传统单层幕墙从结构上无法调节室内光线强弱，只能通过外置遮阳板等设备来进行有限的控制，且影响外立面效果。

双层幕墙在内层幕墙位置增设遮阳百叶，可以根据实际需要，通过电动开关，使遮阳百叶自行收起或在任意位置放下或叶片倾斜，让光线均匀进入室内，改善室内光环境，既能有效地防止日晒又不影响立面效果，如图3-3-8所示。

（4）隔声效果

双层幕墙特制的内外双层构造、缓冲区和内层全密封方式，使其隔声性能比传统幕墙高20%~40%，让室内生活与工作的人们有一个清静的环境，完全满足高级写字楼的使用要求。

（5）防止结露

建筑结露危害极大，结露的原因与环境湿度和内外温差大小密切相关，当温差使物体内表面温度低于露点温度时，便会在物体内表面结露。

双层幕墙由于缓冲区的温室作用，使内层幕墙玻璃内外两侧的温差减小，内表面温度大大提高。当高于露点温度时就不会出现结露。

对外层幕墙来说，由于缓冲区与室外气体相通，一方面，使外幕墙内外两侧温差减少，另一方

图 3-3-8 内层幕墙遮阳百叶外示图

面，潮湿气体随时被换气排出室外，所以，外层幕墙内表面也不会结露，因此双层幕墙具有防止结露的功能，可以大大提高建筑及装饰的使用寿命和幕墙的功能。

(6) 水密性能及气密性能

由于结构设计的独特性，双层幕墙的水密性、气密性均优于传统单层幕墙。

双层幕墙的外层幕墙本身为固定不可开启式，可以有效地减少室外风雨的渗入。外层幕墙上的通风百叶为抗风雨设计，百叶本身具有足够的抵抗风荷载的强度，可以使进入通道内部的风速缓和。百叶外形的特点使得雨水很难从百叶口进入，而是顺叶片外侧流出幕墙。左右单元与单元之间柔性拼接采用高耐候性 EPDM 密封胶条；上下单元与单元之间插芯接缝处局部采用耐候密封胶。万一有雨水进入通道内部，则也可通过型材空腔内的泄水路径排出幕墙。内层幕墙可开启窗户部分的密封也是采用高耐候性 EPDM 密封胶条。

(7) 安全性能

双层幕墙的外层幕墙不设置开启窗，可以有效地避免人或物体的坠落，安全性能有了极大的提高。

(8) 清洁方便

内层幕墙根据通风及维护清洗的需要，可全开启或部分开启。风流进出口处通风百叶的清洁有两种方式：一种是采用擦窗机设备在外侧进行人工清洗；另一种是通过防风雨百叶叶片的独特设计，在下雨时依靠雨水自行将积落的灰尘清洗干净。遮阳百叶和外片固定玻璃的内侧采用进入通道内部进行人工清洗。层间的铝合金钢格栅就是为清洗人员能够站在上面而设计的。

2. 设计要求

1) 外层、内层玻璃幕墙存在力的传递问题，设计时应予以充分考虑。各自受力特点如何确定；外层幕墙对内层幕墙有没有不利影响，特别是内层幕墙部分；“四性”试验的技术参数是否要达到外层幕墙的标准，这些需要通过试验来确定有关参数。

2) 在实现防尘通风功能的过程中需注意以下几个问题：

① 进出风百叶断面的选择问题。必须考虑到百叶断面形式的不同会导致风阻系数和风阻大小的不同，同时也必须兼顾防雨的要求。

② 防虫网对通风功能的影响。在进、出风装置中设置具有防虫网和阻挡较大颗粒灰尘的防尘网和金属格栅，可将蚊虫和沙尘挡在外面，让新鲜的空气进入室内。同时亦要考虑风阻系数的问题。

③ 内外层幕墙的间距尺寸对双层幕墙的通风效果影响也较大，此间距尺寸太小，风速相应加大，风阻同时亦增加，风的动能损失加大；此间距过大会降低风阻，但风速也会大幅降低，导致通风效果降低。同时也必须考虑到人员进行清洗所需的空间，一般考虑设置为 600 mm 左右较为合适。

④ 内层开启窗的位置及开启方式对双层幕墙的通风效果影响。在不影响主体功能和装饰效果的前提下，应尽量采用通风率高的窗型。同时应注意通风路径的合理走向，应避免风流“短路”现象发生，使室内通风无死角。

⑤ 双层幕墙必须设置完善的排水体系，方便防尘网的冲洗。清洗污水的排放问题应妥善解决。

3）热通道内的烟囱效应会造成消防上的隐患，因此，在设计热通道时应与大楼的消防分区及报警系统统筹考虑。

3. 节能分析

一般结构的幕墙传热系数 K 值由材料、结构等因素决定，在使用过程中 K 值变动基本是常数。双层幕墙的隔热系数 K 值是一个变值，它与阳光的照射强度有关。较好地控制 K 值变化可使幕墙节能达到最佳效果。双层幕墙实际上是根据温室效应，利用太阳能实现它的 K 值随温度差变化：温差越大时，K 值越小。外国实验数据表明动态幕墙传热系数 K 在 $1\sim1.8\ \mathrm{W/m^2\cdot K}$ 之间变化。这种技术称为 K 值控制技术。通过这样的技术，可以有效地降低建筑能耗，达到建筑节能的目的：双层热通道幕墙与常规的单层玻璃幕墙的能耗比，采暖时节能 40%～50%，制冷时节能率为 40%～50%（平均值）。

3.3.4　内循环式双层幕墙

1. 工艺特点

外层幕墙采用中空玻璃、隔热型材形成封闭状态。内层幕墙采用单层玻璃或单层铝合金门窗，成可开启状态。利用机械通风，空气从楼板或地下的风口进入通道，经上部排风口进入顶棚流动。由于进风为室内空气，所以通道内空气温度与室内温度基本相同，因此可节省采暖与制冷的能源，对采暖地区更为有利。由于内通风需要机械设备和光电控制百叶卷帘或遮阳系统，因此有较高的技术要求和费用。

2. 基本构造

内外幕墙之间形成一个相对封闭的空间。其下部设有进风口，上部设有排风口，可控制空气在其间的流动状态，还设有遮阳板和百叶等。其基本构造如图 3-3-9 所示。

3. 工艺原理

利用气压差、热压差和“烟囱效应”的原理。

4. 节能效果

使建筑外层有效地适应自然的天气变化，提高幕墙的保温隔热性能，提高幕墙的隔声性能，改善室内条件，提高人们工作、生活环境的舒适性。

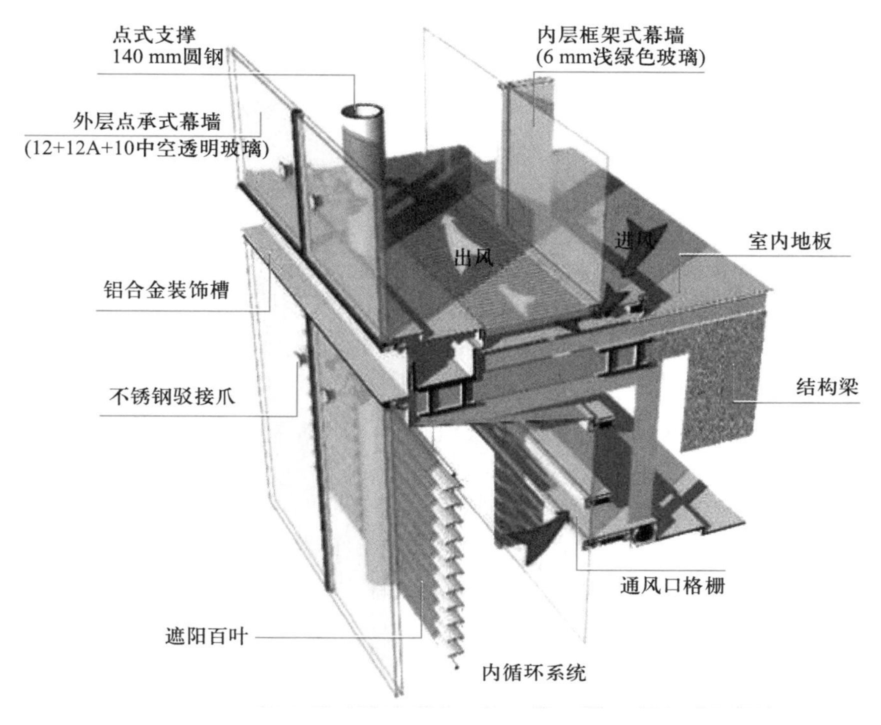

图 3-3-9 内循环幕墙基本构造外示图

思考题

1. 节能幕墙类型有哪些？节能途径有哪些？
2. 双层玻璃幕墙节能原理是什么？
3. 内循环与外循环双层玻璃幕墙的区别是什么？

项目 4 建筑遮阳技术

【学习目标】

1. 能根据不同地域、不同建筑方位，选择科学、合理的遮阳措施。
2. 能掌握不同遮阳措施的基本构造、工艺特点等。

建筑遮阳是建筑节能的一项重要技术措施。建筑遮阳能有效地减少阳光的辐射，改善室内的光热环境质量，提高室内舒适度。在常年日照时间长、平均温度高的南方地区，采取适合的遮阳措施，尤其是外遮阳方式，减少太阳的直接辐射和通过玻璃、墙体的二次辐射，可以有效地降低空调能耗，是目前建筑节能措施中简单有效的技术措施之一。

3.4.1 遮阳的必要性

建筑外围护结构的节能设计，由开窗率、方位、遮阳、隔热材料等因素环环相扣，这些因素左右建筑物的耗能量。

1）外墙的开窗率是外墙节能的最重要因素，降低开窗面积率是节能最重要手段，但是降低开窗率也必确保适当的自然采光,并免除心理的封闭感。但是对于追求通透效果的玻璃幕墙而言,只能采用降低开启窗面积并加强不透光地方的隔热设计来达到节能要求。

2）外遮阳和玻璃遮蔽是外墙节能的第二重要因素,玻璃材质及外遮阳都影响遮蔽率的大小,但是装设遮阳板、遮阳百叶等外遮阳远比改变玻璃材质的效果大。玻璃材质可选择高反射率的反射玻璃和吸热玻璃(反射率太大的反射玻璃会造成眩光污染)。

3）建筑方位因素是外墙节能设计的第三要素(占了12%的比重)。大面积的玻璃幕墙应避免东照西晒。建筑的长向应朝南北向配置。

现阶段提高门窗、玻璃幕墙隔热保温性能的主要措施有以下两项:

1）采用镀膜玻璃、Low-E玻璃、热反射玻璃、中空玻璃等玻璃处理技术以减少太阳透过玻璃的直接辐射。

2）采用铝塑复合材料、断热桥型材等高热阻材料应用技术。

以上隔热保温措施原理比较简单,使门窗、玻璃幕墙结构的传热系数大大降低。这些节能措施在建筑现阶段已应用较广。虽然采用遮阳措施能达到更好的隔热节能作用,但在国内现阶段各方对此重视不够。一栋设计不良的全为玻璃幕墙建筑的全年空调耗电量,可能是一般混凝土外墙大楼的四倍,所以发展遮阳技术也是建筑物节约能源最有潜力的措施之一。

另外,在建筑设计中要求,当建筑具备下列条件时(建筑标准较高的房间,仅有1~2项)就要采用遮阳措施:

1）室内气温大于29 ℃。

2）太阳辐射强度大于1 004.6 kJ/(m^2·h)。

3）阳光照射室内深度大于0.5 m。

4）阳光照射室内时间超过1 h。

采用遮阳措施不仅是门窗、玻璃幕墙建筑节能设计的必要手段,而且是标准较高门窗、玻璃幕墙建筑的建筑设计的必要手段。

3.4.2　遮阳的作用与效果

由于门窗、玻璃幕墙由玻璃和金属结构组成,而玻璃表面换热性强,热透射率高,故对室内热条件有极大的影响,在夏季,阳光透过玻璃射入室内,是造成室内过热的主要原因。特别在南方炎热地区,如果人体再受到阳光的直接照射,将会感到炎热难受。

设置遮阳系统,可以最大限度地减少阳光的直接照射,从而避免室内过热,是炎热地区建筑防热的主要措施之一。设置遮阳后,会有以下作用及效果:

1. 遮阳对太阳辐射的作用

外围护结构的保温隔热性能受许多因素的影响,其中影响最大的指标就是遮阳系数。一般来说,遮阳系数受到材料本身特性和环境的控制。遮阳系数就是透过有遮阳措施的围护结构和没有遮阳措施的围护结构的太阳辐射热量的比值。遮阳系数越小,透过外围护结构的太阳辐射热量越小,防热效果越好。

2. 遮阳对室内温度作用

遮阳对防止室内温度上升有明显作用。而且有遮阳时,房间温度波幅值较小,室温出现最大值的时间延迟,室内温度场均匀,对空调房间可减少冷负荷。所以对空调建筑来说,遮阳更是节约电能的主要措施之一。

3. 遮阳对采光的作用

从天然采光的观点来看，遮阳措施会阻挡直射阳光，防止眩光，使室内照度分布比较均匀，有助于视觉的正常工作。对周围环境来说，遮阳可分散玻璃幕墙的玻璃（尤其是镀膜玻璃）反射光，避免了大面积玻璃反光造成光污染。但是，由于遮阳措施有挡光作用，会降低室内照度，在阴雨天更为不利，因此在遮阳系统设计时要有充分的考虑，尽量满足室内天然采光的要求。

4. 遮阳对建筑外观的作用

遮阳系统在玻璃幕墙外观的玻璃墙体上形成光影效果，体现出现代建筑艺术美学效果。因此，在欧洲建筑界，已经把外遮阳系统作为一种活跃的立面元素加以利用，甚至称之为双层立面形式，即一层是建筑物本身的立面，另一层则是动态的遮阳状态的立面形式。

5. 遮阳对房间通风的影响

遮阳设施对房间通风有一定的阻挡作用，在开启窗通风的情况下，室内的风速会减弱 22%~47%，具体视遮阳设施的构造情况而定。而对玻璃表面上升的热空气有阻挡作用，不利散热，因此在遮阳的构造设计时应加以注意。

3.4.3　遮阳的形式

遮阳具有防止太阳辐射、避免产生眩光、改善室内环境气候及建筑外观上光影美学效果的功能，但也对室内的采光、通风带来不同层次的影响。

按遮阳位置来分，有外部遮阳与内部遮阳的区别，其中又可分为活动式遮阳及固定式遮阳。

按遮阳形式来分，一般分为四种：水平遮阳、垂直遮阳、综合式遮阳和挡板式遮阳，如图 3-4-1 所示。

图 3-4-1　水平遮阳、垂直遮阳、综合式遮阳和挡板式遮阳

1. 水平遮阳

在窗口上方设置一定宽度的水平方向的遮阳板，能够遮挡从窗口上方照射下来的阳光，适用于南向及偏南向和北回归线以南的低纬度地区的北向及偏北向的窗口。水平遮阳板可做成实心板，也可做成网格板或百叶板。

2. 垂直遮阳

在窗口两侧设置垂直方向的遮阳板，能够遮挡从窗口两侧斜射过来的阳光。根据阳光的来向可采取不同的做法，如垂直遮阳板可垂直墙面，也可以与墙面形成一定的垂直夹角，垂直遮阳适用于偏东、偏西的南向或北向窗口。

3. 混合遮阳

混合遮阳是水平遮阳和垂直遮阳的综合形式，能够遮挡从窗口两侧及窗口上方射进的阳光，遮阳效果比较均匀，适用于南向、东南向及西南向的窗口。

4. 挡板遮阳

挡板遮阳是在窗口前方离开窗口一定距离设置与窗口平行的垂直挡板。垂直挡板可以有效地遮挡高度角较小的正射窗口的阳光，主要适用于西向、东向及其附近的窗口。挡板遮阳遮挡了阳光，但也遮挡了通风和视线，所以遮阳挡板可以做成格栅式或百叶式。

以上四种基本形式可以组合成为各种各样的遮阳形式，设计时应根据不同的纬度地区、不同的窗口朝向、不同房间的使用要求和建筑立面造型来选用各种不同的遮阳设施。

根据地区的气候特点和房间的使用要求，可以把遮阳做成永久性的或临时性的。永久性的就是在玻璃幕墙内外设置各种形式的遮阳板和遮阳帘，临时性的就是在玻璃的内外设置轻便的布帘，如竹帘、软百叶、帆布篷等，如图 3-4-2 所示。在永久性的遮阳设施中，按其构件能否活动，可分为固定式或活动式两种。活动式的遮阳可视一年中季节的变换、一天的时间变化和阴晴情况，任意调节遮阳板的角度；在寒冷的季节，可以避免遮挡阳光，争取日照，如图 3-4-3 所示。这种遮阳设施的灵活性大，使用合理，因此近年在国外的建筑中应用较广。由于遮阳系统对室内采光、通风及冬季日照等亦带来不同层次的影响，目前出现了一种遮阳采光系统，其采用遮阳板和导光板组合而成，形式一般为在建筑玻璃幕墙或窗上部装设一水平遮阳设施，除了可直接阻碍太阳的直射光热外，更可间接利用遮阳板设计将太阳光反射至天花板，再经天花板将自然光导入室内较深处。

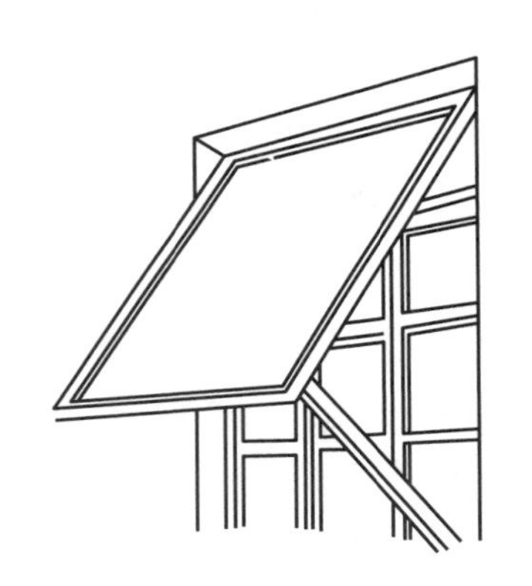
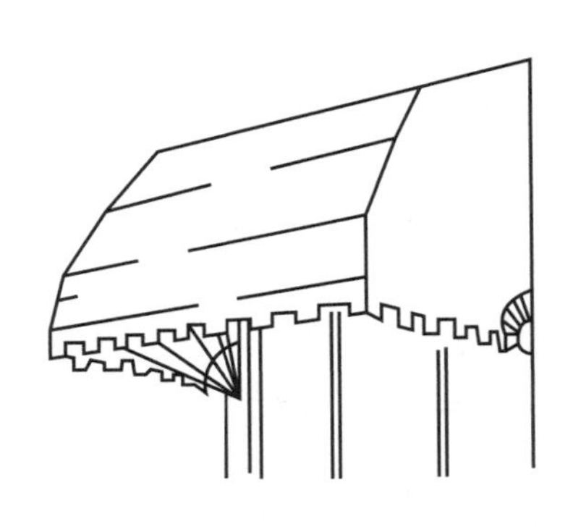

图 3-4-2　简单临时遮阳形式

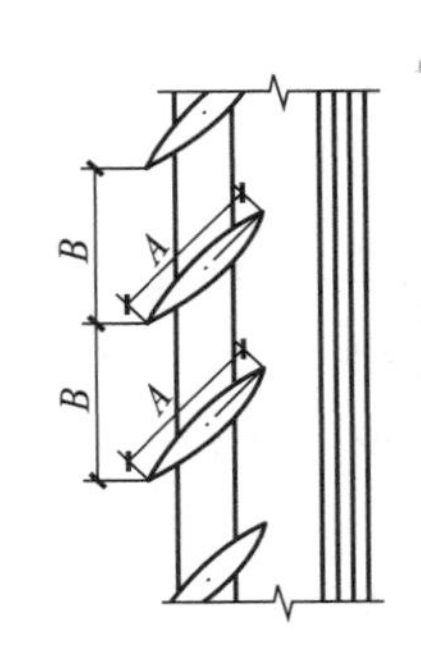

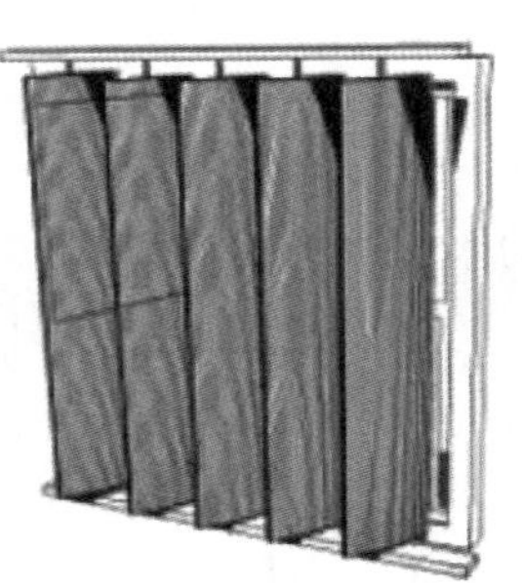
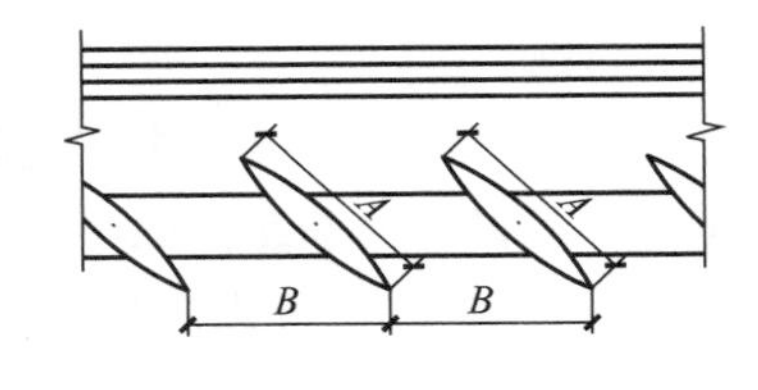

图 3-4-3　活动式遮阳

3.4.4　遮阳的构造设计

遮阳的效果除与遮阳形式有关外，还与构造设计有很大的关系，设计时要特别注意以下几点：

1. 遮阳板面的组合与构造

在满足阻挡直线阳光的前提下，可以有不同板面组合的形式，应该选择对通风、采光、视野、构造和立面处理等要求更为有利的形式。

为了使热空气散逸，并减少对通风、采光的影响，常将板面做成百叶的或部分做成百叶的，或中间层做成百叶的。遮阳板可用铝板、轻金属或混凝土制作。

2. 遮阳板安装的位置

遮阳板安装的位置对防热和通风的影响很大。例如，将板面紧靠墙面布置时，受热表面加热而上升的热空气将受室外风压作用导入室内。这种情况对综合式遮阳更为严重，为了克服这个缺点，板面应该离开玻璃墙面一定的距离安装，以使大部分热空气沿着墙面排走，且应使遮阳板尽可能减少挡风，最好还能兼起导风入室作用。

3. 材料与颜色

为了减轻自重，遮阳构件以轻质量为宜。遮阳构件经常暴露在室外，受日晒雨淋，容易损坏，因此材料要坚固耐久。如果遮阳是活动式的，需轻便灵活，以便调节或拆除。材料的外表面对太阳辐射热的吸收系数要小，设计时可根据上述的要求并结合实际情况来选择适宜的遮阳材料。

遮阳构件的颜色对隔热效果也有影响。以安装在玻璃幕墙内侧的百叶帘为例，暗色、中间色和白色的遮阳系数分别为86%、74%和62%。白色的比暗色的要减少24%。为了加强表面的反射，减少吸收，遮阳帘朝向阳光的一面应为发亮的浅色，而在背阳光的一面应为较暗的无光泽颜色以免引起眩光。

4. 外遮阳和内遮阳

一般来讲，明色室内百叶只可挡去17%的太阳辐射热，而室外南向仰角45°的水平遮阳板可轻易遮去68%的太阳辐射热，两者的遮阳效果相差甚大。装在窗口内侧的布帘、软百叶等遮阳设施，其所吸收的太阳辐射热，大部分将散发给室内空气。如果装在外侧的遮阳板，其吸收的辐射热大部分将散发给室外的空气，从而减轻了室内温度的影响。因此，采用外遮阳（遮阳板）是最好的建筑节能之道。

3.4.5 遮阳系统智能化设计

现今高资讯、科技化的社会，人们的生活形态已逐渐改变，创造高资讯、科技化和人性化的生活空间与环境，已成为目前建筑物生产力与经济效益外的另一项重要规划设计课题。智能化建筑室内环境的控制是以智能化或自动化的方式，以达到安全、健康、节能、舒适与高效率的工作环境。智能化建筑不仅需要令各种设备系统的效能均处于最适合的运转下，更需要使设备系统和空间的使用及构造材料、施工方法系统整体结合，充分考虑视觉、听觉、触觉和感觉感受，以达到高性能及高感性的人性化设计。当暖通和综合照明系统的智能化正被人们接受并广泛成为大型楼宇和现代家居之必需时，遮阳系统智能化的诸多优点却被忽略，或仅仅作为楼宇的点缀而已。智能遮阳系统是建筑智能化系统不可或缺的一部分，相信越来越多的现代建筑将采用，并在设计阶段就应被集成进去。遮阳系统为改善室内环境而设，遮阳系统的智能化将是建筑智能化系统最新和最有潜力的一个发展分支。

建筑幕墙的遮阳系统智能化就是对控制遮阳板角度调节或遮阳帘升降的电机的控制系统采用现代计算机集成技术。目前国内外的厂商已经成功开发出以下几种控制系统：

1. 时间电机控制系统

这种时间控制器储存了太阳升降过程的记录，而且，已经事先根据太阳在不同季节的不同起落时间做了调整。因此,在任何地方,控制器都能很准确地使电机在设定的时间进行遮阳板角度调节或窗帘升降,并且还能利用阳光热量感应器(热量可调整)来进一步自动控制遮阳帘的高度或遮阳板角度,使房间不被太强烈的阳光所照射。

2. 气候电机控制系统

这种控制器是一个完整的气候站系统,装置有太阳、风速、雨量、温度感应器。此控制器在厂里已经输入基本程序,包括光强弱、风力、延长反应时间的数据。这些数据可以根据地方和所需而随时更换。而“延长反应时间”这一功能使遮阳板或窗帘不会因为太阳光的小小改变而立刻做出反应。

遮阳系统能够实现节能的目的,需要靠它的智能控制系统,这种智能化控制系统是一套较为复杂的系统工程,是从功能要求到控制模式到信息采集到执行命令到传动机构的全过程控制系统。它涉及气候测量、制冷机组运行状况的信息采集、电力系统配置、楼宇控制、计算机控制、外立面构造等多方面的因素。智能遮阳系统的节能功效在设计阶段就能被计算机推导软件容易并可靠地计算出来。

思考题

1. 简述建筑遮阳的分类。
2. 建筑外遮阳与内遮阳节能效果评价如何?

学习情境

4

建筑屋面与楼地面节能技术

项目1 屋面节能基础知识

【学习目标】

1. 能掌握屋面保温隔热特点、材料、结构形式。
2. 能分析节能屋面的热工性能指标。
3. 能掌握提高屋面保温隔热性能的方法。

4.1.1 屋面节能的特点

屋面是建筑物围护结构的重要部位,是建筑节能需要处理的首要对象。目前,在多层住宅建筑中,屋面的能耗占建筑总能耗的5%~10%,约占围护结构能耗的15%,如图1-4-3所示,占顶层楼能耗的40%以上。因此,屋面保温隔热性能的好坏是顶层楼居住条件和降低空调(采暖)能耗的重要因素。从所受到的自然气候条件来说,屋面的保温隔热比之墙体有着更高的要求。例如,屋面对防水的要求和屋面所可能受到的最高、最低温度和温度骤变以及防水层的布置等,都是需要考虑的问题。与墙面相比,屋面的保温隔热和结构方式有许多差别,必须对这些差别予以注意并分别对待,且应采取相应的处理方式。

1. 屋面与墙面保温隔热的区别

屋面的保温和隔热概念有时会完全分开。墙面虽然也存在着这样的概念,但通常还是互相联系的,即墙面的保温隔热层在能够提供保温的同时,往往也能够提供隔热的功能,尤其是外墙外保温。屋面则不同,虽然应用于北方寒冷和严寒地区的保温隔热屋面能同时起到保温隔热的作用,但对于应用于南方夏热冬暖地区的隔热屋面,如架空、蓄水、种植等隔热屋面来说,则只能起到隔热作用,而基本上没有保温效果。屋面与墙面具有完全不同的隔热处理方式,有些方式的屋面的隔热处理(如架空、蓄水、种植)是只针对屋面这种结构特征进行的,这些隔热措施根本不可能应用于墙面。

2. 屋面保温隔热层与防水层的关系

从结构顺序来说,屋面的保温隔热层有两种构造方式:一是处于防水层的上面;二是置放于防水层的下面。但不管什么样的结构,屋面的保温隔热层与防水层都存在着密切关系并互相影响,即后施工的结构层影响着先施工的结构层。例如,如果屋面的保温隔热层处于防水层的上方,则在施工保温隔热层时,其施工作业对下面的防水层会产生直接影响。因而,施工注意事项或者操作细则都对此做出规定或者提示,以免造成损害。例如,国家标准《屋面工程技术规范》

(GB 50345—2012)中规定:"保温层设置在防水层上部时,保温层的上面应做保护层;保温层设置在防水层下部时,保温层的上面应做找平层。"

3. 屋面与墙面的保温隔热层细部处理差别

屋面保温隔热层的细部处理涉及的多是管道、女儿墙、排水口等,而墙面保温隔热层的细部处理所涉及的往往是门窗洞口、阴阳角和很少量的穿墙管道等,二者的细部处理有着根本区别,所需要采用的措施和技术也不同。

4.1.2　屋面保温隔热材料

屋面保温隔热材料的种类主要有板块类和现场施工类两大类。板块类保温隔热材料主要有聚苯乙烯泡沫塑料板、泡沫玻璃、加气混凝土类、膨胀珍珠岩、膨胀蛭石和水泥聚苯泡沫塑料板等类别;现场施工类保温隔热材料主要有现喷硬质聚氨酯泡沫塑料、现浇水泥聚苯颗粒保温层等,架空、蓄水、种植等隔热屋面属于使用普通建筑材料进行现场施工而得到的隔热结构。这些材料的种类及性能特征见表4-1-1。

表4-1-1　屋面保温隔热材料的种类及性能特征

种类	材料类别	产品举例	性能特征概述
板块类	聚苯乙烯泡沫塑料板	XPS、EPS	有机保温材料,具有极好的保温隔热性能,导热系数 $\lambda=0.030\sim0.045$ W/(m·K);吸水率很低(挤塑型<1%~5%;模塑型<6.0%)、强度相对高(压缩强度>0.25 MPa;抗拉强度>0.10 MPa)
	泡沫玻璃	泡沫玻璃板	无机保温材料,具有很好的保温隔热性能,$\lambda<0.062$ W/(m·K);几乎不吸水(吸水率<0.5%),耐化学腐蚀,抗压强度高,变形小,耐久性好,成本相对较高
	加气混凝土类	各种加气混凝土砌块或板材	无机保温材料,具有适当的保温隔热性能,$\lambda=0.1\sim0.2$ W/(m·K),结构强度较高(抗压强度>2.0 MPa),但吸水率很高
	膨胀珍珠岩、膨胀蛭石	水泥膨胀珍珠岩板、水泥膨胀蛭石板、沥青膨胀珍珠岩板、沥青膨胀蛭石板、水玻璃膨胀珍珠岩板、水玻璃膨胀蛭石板	传统使用的无机类屋面保温隔热材料,保温隔热性能因产品不同而异,其 $\lambda<0.087$ W/(m·K);产品特性因种类不同相差很大:水泥基膨胀珍珠岩、膨胀蛭石板的吸水率高,是该类材料长久存在的性能缺陷;沥青基膨胀珍珠岩、膨胀蛭石板的产品成本高,应用量很小;水玻璃基膨胀珍珠岩、膨胀蛭石板几乎不吸水,保温性能也很好
	废聚苯泡沫板	水泥废聚苯泡沫塑料板	新型保温隔热材料,保温隔热性能、吸水率和体积稳定性等均优于膨胀珍珠岩以及膨胀蛭石制品,并且能够大量的利用废弃的泡沫塑料和粉煤灰,有利于环保和节约资源

续表

种类	材料类别	产品举例	性能特征概述
现场施工类	聚氨酯	现喷硬质聚氨酯泡沫塑料	具有很好的保温隔热性能，其 λ<0.027 W/(m·K)；吸水率低（吸水率<3.0%）；能够形成整体无缝的保温隔热层，在产生保温隔热效果的同时具有防水性能，是目前性能优异的保温隔热材料，尤其适用于屋面工程，而且施工方便，但成本较高
	聚苯颗粒	现浇粉煤灰水泥聚苯颗粒保温层、现浇发泡水泥聚苯颗粒保温层	具有适当的保温隔热性能，其 λ<0.06 W/(m·K)；吸水率因浇筑施工时采用的配方不同，差别很大；能够形成整体无缝的保温隔热层；能够大量地利用废弃的泡沫塑料，有利于环保和节约资源，成本低
	泡沫混凝土	现浇水泥泡沫混凝土屋面保温层	是水泥基无机材料，具有抗老化性能好、抗压强度高、防火、耐高温、体积稳定以及整体性好等特征，但吸水率高，吸水后保温性能变差。泡沫混凝土的干密度为 400~800 kg/m^3；λ=0.09~0.21 W/(m·K)；吸水率为 23%
	其他	现浇膨胀珍珠岩保温隔热层、膨胀蛭石保温隔热层	具有一定的保温隔热性能（由于现场施工质量控制上的差异，其导热系数 λ 一般比其相应制品的高），曾是我国使用的主要屋面保温隔热层，但由于吸水率大和新材料的引入，现在已经很少采用

注：表中吸水率和导热系数数据参照国家或行业标准。

4.1.3　提高屋面保温隔热的措施

1. 屋面的结构形式

常见的屋面有平屋面和坡屋面两大类，二者的保温隔热处理方式不同，例如对于坡度较大的屋面，保温层应采取防滑措施；对于平屋面，当使用吸湿性较大的保温材料作为封闭式保温层时，宜采用排气屋面等。而就屋面的应用功能来说，通常分为上人屋面与非上人屋面，这两种不同的屋面对保温隔热材料和保温隔热层构造的要求有很大差别，前者要求保温隔热材料和保温隔热层构造均需要具有较高的强度，同时需要进行特殊的结构处理等。

2. 提高屋面保温隔热的措施

降低屋面热量的损耗，是降低建筑总体热量损耗的重要环节。除对墙体、外门窗必须采取有效的保温措施外，还必须对屋面采取必要的保温隔热措施。

1）选用热导率小、重量轻、强度高的新型保温材料。进行屋面保温工程设计时，在综合考虑经济发展水平的情况下，应优先采用热导率小、重量轻、吸水率低、抗压强度高的新型保温材料。如选用现场喷涂硬泡聚氨酯，这种保温材料重量轻，热导率极小，吸水率非常小，适用于形状比较复杂的屋面，还具有防水功能。

2）增加保温层的厚度。根据建筑物耗热量指标及所选用保温材料的品种、屋面相关层次的构成，以及当地的室外计算温度，在确保室内温度的条件下，通过计算增加保温层的厚度，以降低热量的损失。

3）做好防水层，降低保温层内的含水率。渗漏水是屋面工程的质量通病，屋面渗漏水、雨水通过防水层进入保温层，使保温层含水量大大提高而降低保温效果。因而，要降低热量损耗就必须做好屋面防水层，以确保保温层的含水率相当于当地自然风干状态下的平衡含水率。

4）采用吸水率低的保温材料。屋面保温工程宜选用一些吸水率低的保温材料，如沥青膨胀珍珠岩、聚苯乙烯泡沫板、硬泡聚氨酯泡沫等，以保证保温层在使用期间能够保持很低的含水率。

5）设置排气屋面。设置排气屋面的目的就是要将保温层内的水分逐步排出，以降低保温层的含水率，减少屋面部分的热量损耗，确保保温效果。

6）采用生态型的节能屋面。利用屋顶植草栽花，甚至种植灌木或蔬菜，使屋顶上形成植被，成为屋顶花园，起到了良好的隔热保温作用。

4.1.4　屋面热工性能指标

建筑屋面的节能标准应参考表 4-1-2 和表 4-1-3。

表 4-1-2　公共建筑屋面热传系数 *K*

项目	体形系数≤0.3	0.3<体形系数≤0.4	屋顶透明部分	
			传热系数限值	遮阳系数限值 *SC*
严寒 A 区	≤0.35	≤0.30	≤2.5	—
严寒 B 区	≤0.45	≤0.35	≤2.6	—
寒冷地区	≤0.55	≤0.45	≤2.7	—
夏热冬冷地区	≤0.70		≤3.0	0.40
夏热冬暖地区	≤0.90		≤3.5	0.35

注：有外遮阳时，遮阳系数＝玻璃的遮阳系数×外遮阳的系数；无外遮阳时，遮阳系数＝玻璃的遮阳系数。

表 4-1-3　居住建筑屋面热传系数 *K*

严寒地区	采暖期室外平均温度 −14.5～−11.1 ℃	体形系数≤0.3	0.40
		体形系数>0.3	0.25
	采暖期室外平均温度 −11.0～−8.1 ℃	体形系数≤0.3	0.50
		体形系数>0.3	0.30
	采暖期室外平均温度 −8.0～−5.1 ℃	体形系数≤0.3	0.60
		体形系数>0.3	0.40
寒冷地区	采暖期室外平均温度 −5.0～−2.1 ℃	体形系数≤0.3	0.70
		体形系数>0.3	0.50
	采暖期室外平均温度 −2.0～2.0 ℃	体形系数≤0.3	0.80
		体形系数>0.3	0.60

续表

夏热冬冷地区	$K \leqslant 1.0, D \geqslant 3.0$
	$K \leqslant 0.8, D \geqslant 2.5$
夏热冬暖地区	$K \leqslant 1.0, D \geqslant 2.5$

思考题

1. 屋面与墙面保温隔热的区别是什么？
2. 排气屋面的做法是什么？排气屋面的用途是什么？

项目2 屋面节能技术

【学习目标】

1. 掌握倒置式保温防水屋面的隔热特点、材料、结构形式、施工工艺和细部处理。
2. 能掌握架空隔热屋面特点、材料、结构形式，并能指导架空隔热屋面的施工部署。
3. 能掌握蓄水隔热屋面特点、材料、结构形式，并能指导蓄水隔热屋面的施工部署。
4. 能掌握种植隔热屋面特点、材料、结构形式，并能进行实际种植屋面工程的施工部署。

4.2.1 倒置式屋面施工技术

1. 倒置式屋面与正置式屋面比较

正置式屋面是将保温层设在结构层之上、防水层之下而形成封闭式保温层的屋面，如图 4-2-1 所示。这种屋面保温形式是把保温材料做在屋顶楼板的外侧，让屋顶的楼板受到保温层的保护而不至受到过大的温度应力。整个屋顶的热工性能能够得到保证，能够有效避免屋顶构造层内部的冷凝和结冻。屋面可上人使用，构造通常做法是在楼板上设置保温材料，在保温材料外侧设置防水层和保护层。

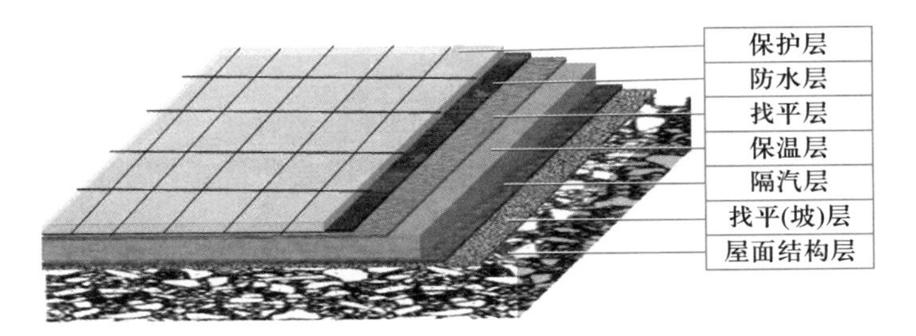

正置式屋面

图 4-2-1 正置式屋面示例图

倒置式屋面是与正置式屋面相对而言的。这种屋面保温形式是正置式屋面形式的倒置形式，即将传统屋面构造中的保温层与防水层颠倒，把保温层放在防水层的上面，防水层做在保温层和楼板的界面上，保温层上部的保护层有良好的透水和透气性能，如图 4-2-2 所示。这种屋面构造仍属于屋面外保温和屋面外隔热形式，能有效地避免内部结露，也使防水层得到很好的保护，屋面构造的耐久性也得到提高，但对保温材料的拒水性能有较高的要求，保温材料选择时应

以保温材料本身绝热性能受雨水浸泡影响最小为原则。国内可供用于倒置屋面做法的保温材料主要有泡沫玻璃、挤塑型聚苯乙烯泡沫板、聚乙烯泡沫板等。保温材料的厚度通过热工计算后应符合所在建筑热工分区的节能设计标准。

倒置式屋面

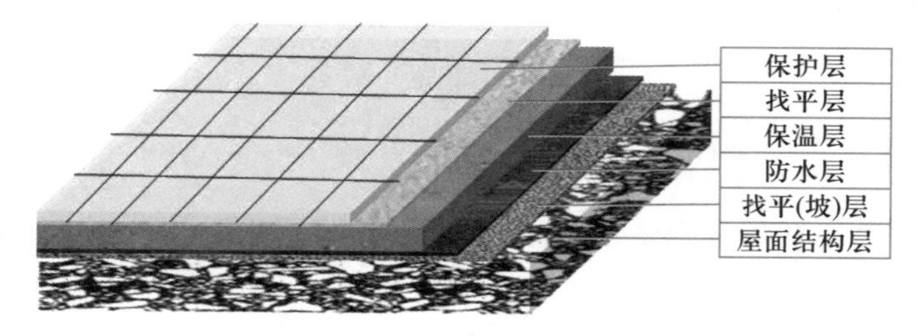

图 4-2-2　倒置式屋面示例图

倒置式屋面与正置式屋面比较而言，倒置式屋面特别强调了"憎水性"保温材料。正置式屋面工程中常用的保温材料，如水泥膨胀珍珠岩、水泥蛭石、矿棉岩棉等，都是非憎水性的，这类保温材料吸湿后，其导热系数将陡增，所以才出现了在保温层上做防水层，在保温层下做隔汽层，从而增加了造价，使构造复杂化；其次，防水材料暴露于最上层，会加速其老化，缩短了防水层的使用寿命，故应在防水层上加做保护层，这又将增加额外的投资；再次，对于封闭式保温层而言，施工中因受大气、工期等影响，很难做到其含水率相当于自然风干状态下的含水率，如因保温层和找平层干燥困难而采用排汽屋面的话，则由于屋面上伸出大量排汽孔，不仅影响屋面使用和观瞻，而且人为地破坏了防水层的整体性，排汽孔上防雨盖又常常容易碰踢脱落，反而使雨水灌入孔内，故常采用倒置式屋面。

2. 适用范围

适用于一般保温防水屋面和高要求保温隔热防水屋面的工业与民用建筑。

3. 基本规定

1）倒置式屋面坡度不宜大于 3%。

2）倒置式屋面的保温层应采用吸水率低且长期浸水不腐烂的保温材料。

3）保温材料可采用干铺或粘贴板状保温材料，也可采用现喷硬泡聚氨酯泡沫塑料。

4）保温层上面采用卵石保护层时，保温层与保护层之间应铺设隔离层。

5）现喷硬泡聚氨酯泡沫塑料与涂料保护层之间应具相容性。

6）倒置式屋面的檐沟、水落口等部位，应采用现浇混凝土或砖砌堵头，并做好防水处理。

4. 基本构造

（1）常见的倒置式屋面构造

非上人倒置式屋面保温防水标准构造如图 4-2-3 所示，上人倒置式屋面的保温防水构造如图 4-2-4 所示。

（2）常见的倒置式屋面节点构造

天沟、泛水等保温材料无法覆盖的防水部位，应选用耐老化性能好的防水材料，或用多道设防提高防水层耐久性。水落口、出屋面管道等形状复杂节点，宜采用合成高分子防水涂料进行多道密封处理，如图 4-2-5～图 4-2-7 所示。

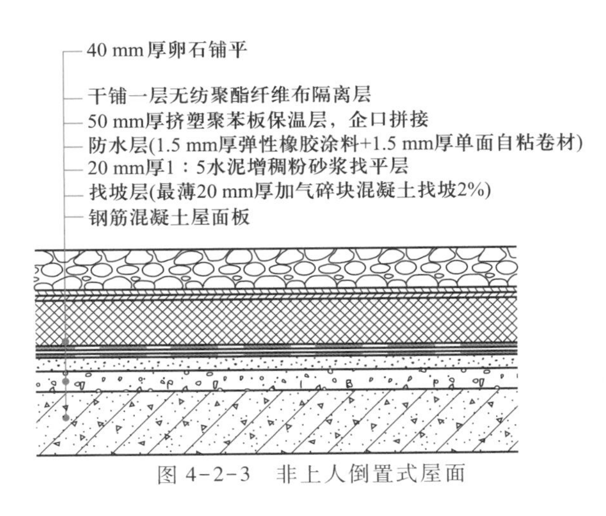

图 4-2-3　非上人倒置式屋面

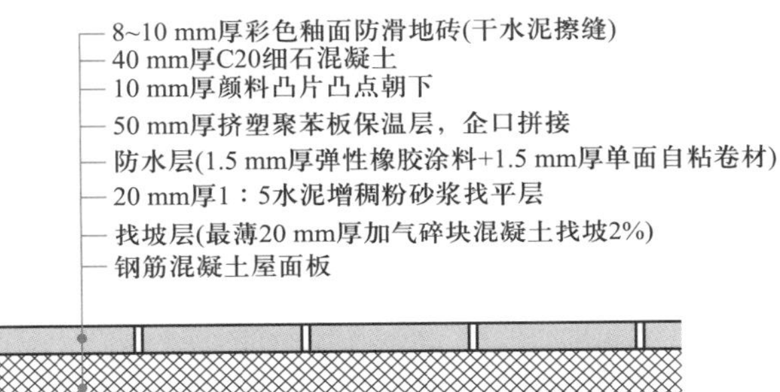

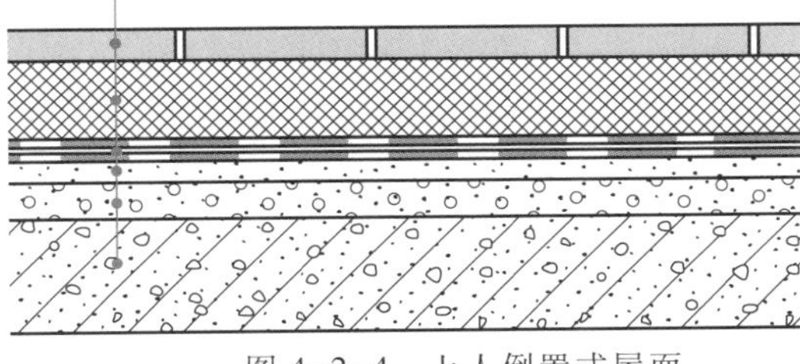

图 4-2-4　上人倒置式屋面

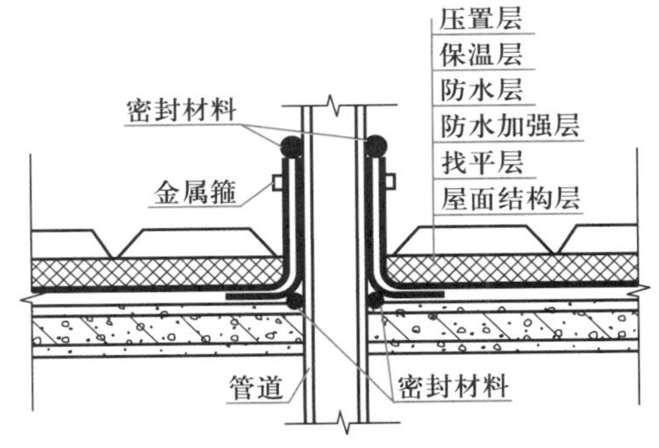

图 4-2-5　出屋面管道保温防水节点构造

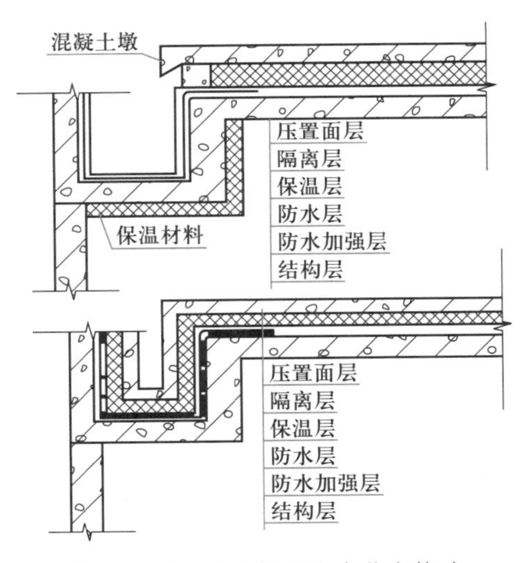

图 4-2-6　天沟保温防水节点构造

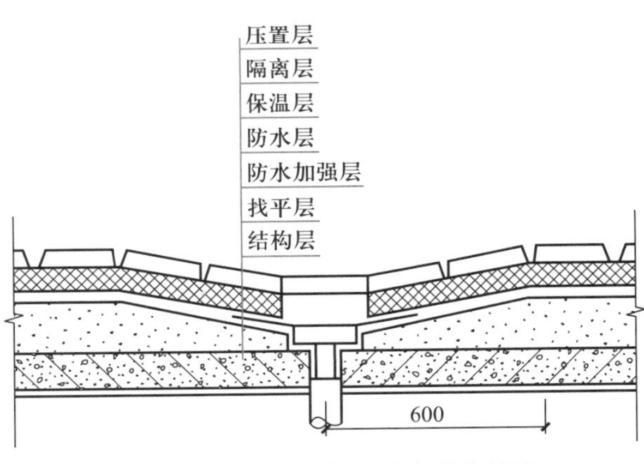

图 4-2-7　水落口保温防水节点构造

5. 施工准备

（1）技术准备

1）施工前必须有施工方案，要有文字及口头技术交底。

2）必须由专业施工队伍来施工。作业队的资质合格，操作人员必须持证上岗。

（2）材料要求

1）保温材料及技术要求见表 4-2-1。

2）防水材料及技术要求见相应的防水工艺标准。

3）配套材料如下：

① 氯丁橡胶沥青胶黏剂：由氯丁橡胶加入沥青及溶剂等配置而成，为黑色液体，用于基层处理（冷底子油）；

② 橡胶改性沥青嵌缝膏：即密封膏，用于细部嵌固边缝；

③ 保护层料：石片、各色保护涂料（施工中宜直接采购带板岩片保护层的卷材）；

④ 70 号汽油：用于清洗受污染部位。

表 4-2-1　保温材料及技术要求

项目	质量要求					
	聚苯乙烯		硬质聚氨酯泡沫塑料	泡沫玻璃	加气混凝土类	膨胀珍珠岩类
	挤压	模压				
表观密度/（kg/m^3）	—	15~30	≥30	≥150	400~600	200~350
压缩强度/kPa	≥250	60~150	≥150	—	—	—
抗压强度/MPa	—	—	—	≥0.4	≥2.0	≥0.3
导热系数/（W/m·K）	≤0.030	≤0.041	≤0.027	≤0.062	≤0.220	≤0.087
70 ℃，48 h 后尺寸变化	≤2.0	≤4.0	≤5.0	—	—	—
吸水率（体积比）/%	≤1.5	≤6.0	≤3.0	≤0.5	—	—
外观	板材表面基本平整，无严重凹凸不平					

（3）主要机具

现场应准备足够的高压吹风机、平铲、扫帚、滚刷、压辊、剪刀、墙纸刀、卷尺、粉线包及灭火器等施工机具或设施，并保证完好。

（4）作业条件

作业面施工前应具备的基本条件如下：

1）应将防水层基层表面的尘土、杂物等清理干净；表面必须平整、坚实、干燥。干燥程度的简易检测方法：将 1 m^2 卷材平铺在找平层上，静置 3~4 h 后掀开检查，找平层覆盖部位与卷材上未见水印即可。

2）找平层与凸出屋面的墙体（如女儿墙、烟筒等）相连的阴角，应抹成光滑的小圆角；找平层与檐口、排水沟等相连的转角，应抹成光滑一致的圆弧形。

3）遇雨天、雪天、五级风及其以上等恶劣天气情况必须停止施工。

6. 施工工艺流程及操作要点

（1）施工工艺流程

施工工艺流程：基层清理检查、工具准备、材料检验——→节点增强处理——→防水层施工——→

蓄水或淋水试验──→防水层检查──→保温层铺设──→保温层检查──→现场清理──→保护层施工──→验收。

(2)操作要点

1)施工完的防水层应进行蓄水或淋水试验,合格后方可进行保温层的铺设。

2)保温层施工时保温材料可以直接干铺或用专用黏结剂粘贴,聚苯板不得选用溶剂型胶黏剂粘贴。保温材料接缝处可以是平缝也可以是企口缝,接缝处可以灌入密封材料以连成整体。块状保温材料的施工应采用斜缝排列,以利于排水。

① 铺设松散材料保温层的基层应平整、干燥、干净,并且隔汽层已做完毕;

② 弹线找坡:铺设时按设计坡度及流水方向,找出保温层最厚处和最薄处并做标记,确保保温层的厚度范围;

③ 管根固定:穿结构的管根在保温层施工前,应用细石混凝土塞堵密实;

④ 保温层铺设:屋面保温层干燥有困难时,应采取排汽措施。排汽道应设在屋面最高处,每100 m^2设一个。

松散材料保温层:按做好的标记拉线确定保温层的厚度及坡度,并分层铺设压实,每层厚度宜为300~500 mm;保温层施工完毕后,应及时进行找平层和防水层的施工,雨季施工时,保温层应采取遮盖措施。

板状材料保温层:铺设时板状保温材料应紧靠在需保温的基层表面上,并应铺平垫稳;按做好的标记拉线确定保温层的厚度及坡度,分层铺设板块材料,上、下层接缝应相互错开,板块之间的缝隙应用同类材料嵌填密实。一般在板状保温层上用松散湿料做找坡。

现场喷涂保温层:当采用现喷硬泡聚氨酯保温材料时,要在成型的保温层面进行分格处理,以减少收缩开裂;大风天气和雨天不得施工,同时注意喷施人员的劳动保护。

3)保护层施工时应避免损坏保温层和防水层。

4)当保护层采用卵石铺压时,卵石的质(重)量应符合设计规定。

4.2.2 架空隔热屋面施工技术

1. 工艺原理

架空隔热屋面是在屋面防水层上采用薄型制品架设一定高度的空间,以起到隔热作用的屋面,即在外围护结构表面设置通风的空气间层,利用层间通风带走一部分热量,使屋顶变成两次传热,以降低传至外围护结构内表面的温度。架空屋面在我国夏热冬冷地区和夏热冬暖地区被广泛地采用,尤其是在气候炎热多雨的夏季,这种屋面构造形式更显示出它的优越性,架空屋面和实砌屋面相比,虽然两者热阻相等,但它们的热工性能有很大不同,架空屋面内表面温度波的最高值比实砌屋面要延后3~4 h,表明架空屋面具有隔热好、散热快的特点,如图4-2-8所示。

2. 适用范围

适用于一般工业与民用建筑工程采用架空隔热板的隔热屋面工程,构造图如图4-2-9所示。

3. 基本规定

1)架空屋面的坡度不宜大于5%。

2)架空隔热层的高度,应按屋面宽度或坡度大小的变化确定,若设计无要求,一般在180~300 mm之间为宜。

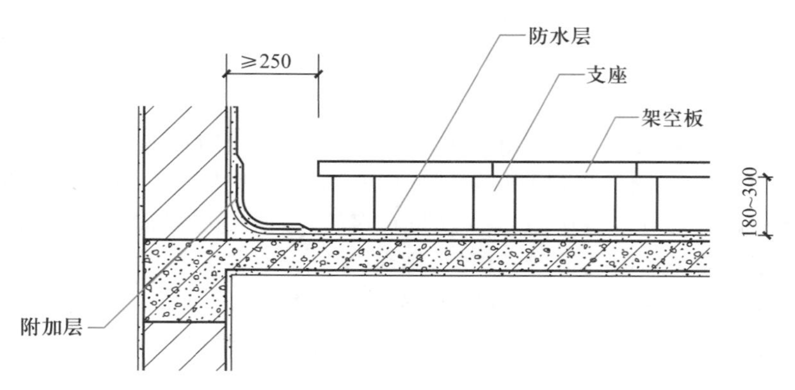

图 4-2-8 架空隔热屋面示意图

架空屋面

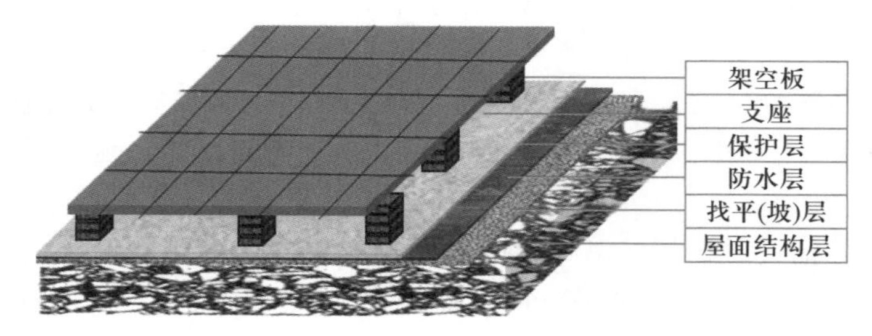

图 4-2-9 架空隔热屋面构造图

3）当屋面宽度大于 10 m 时,架空屋面应设置通风屋脊。

4）架空隔热层的进风口,应设置在当地炎热季节最大频率风向的正压区,出风口宜设置在负压区。

4. 基本构造

（1）常见架空隔热屋面的构造

架空板与山墙或女儿墙之间的距离不小于 250 mm,主要是保证屋面胀缩变形的同时,防止堵塞和便于清理杂物。但又不宜过宽,以防降低隔热效果。架空隔热层内的灰浆杂物应清扫干净,以减少空气流动时的阻力。

（2）架空隔热屋面细部构造

隔热板为预制钢筋混凝土板,支座采用 120 mm×120 mm 的砖墩,支座布置应整齐,间距如图 4-2-10 所示。

5. 施工准备

（1）材料准备

1）水泥强度等级不小于 32.5 MP,采用中砂,含泥量不大于 2%。架空板每立方米混凝土水泥用量不得少于 330 kg。

2）非上人屋面的黏土砖强度等级不应小于 MU7.5,上人屋面的黏土砖强度等级不应小于 MU10。

3）混凝土板强度等级不应低于 C20,板内应放置钢丝网片。

（2）主要机具

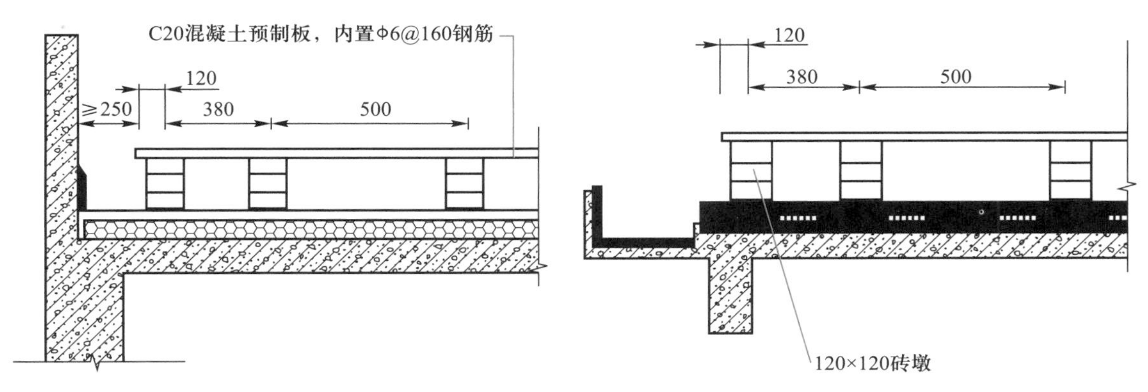

图 4-2-10　架空隔热屋面隔热板和支座

1）机械：搅拌机、平板振捣器、垂直运输施工电梯、塔吊等。

2）工具：平锹、木刮杆、水平尺、手推车、木拍子、铁抹子等。

（3）作业条件

1）屋面基层、防水层、防水层保护层等施工工序均已完成，经过蓄水试验验收合格并做好记录。

2）架空隔热板如为采购的，则隔热板构件必须有产品合格证或试验报告说明书。如果直接在现场预拌制作，必须有混凝土、钢筋等的产品合格证、配合比报告、原材料检验报告和混凝土的强度检测报告等。

6. 施工工艺流程及操作要点

（1）施工工艺流程

施工工艺流程：基层清理——→测量放线——→弹线——→砖砌支座——→清理杂物——→搁置架空隔热板——→勾缝——→验收。

（2）操作要点

1）架空隔热板采用现场预制时，应根据隔热板的尺寸制作定型钢模板。同一屋面隔热板所用混凝土尽量采用同一批量的商品混凝土，以保证混凝土表面色彩一致，混凝土强度不低于 C20。

2）混凝土浇筑时应加强混凝土的振捣。在混凝土初凝后，进行表面压实压光，压实遍数不低于三遍，以达到清水混凝土的表面观感效果。

3）隔热板拆模时间以保证隔热板周边棱角不被破坏为宜，并即时清理钢模板，表面涂刷隔离剂。

4）在混凝土终凝后，即时进行洒水养护，养护时间不得少于 7 d。当隔热板混凝土强度达到设计强度的 70%后，将隔热板集中堆放。在隔热板堆放和安装的运输过程中，注意隔热板不被碰断和压坏。

5）架空隔热板施工前，应先将刚性防水层或防水保护层表面清扫干净，并根据架空隔热板的实际尺寸弹出各支座中心线控制线。邻近女儿墙、机房及反梁处的距离，根据架空隔热板尺寸进行适当调整，且架空隔热板距山墙、女儿墙等处不得小于 250 mm。

6）根据弹好的隔热板铺装线和支座中心线砌筑砖砌墩座，采用水泥砂浆，砂浆强度等级不小于 M5.0，表面抹灰，四周墩座的抹面应压光压实。

7）铺设架空板时，应将灰浆刮平，并随时扫干净掉在基层上的浮灰等杂物，以确保架空隔热层内热气流流动畅通。操作时不得损伤已完工的防水层。

8）架空隔热板铺设应平整、稳固，缝隙宜用水泥砂浆嵌填，并按设计要求设变形缝。

9）架空隔热屋面在雨天、大风天气不可施工。

4.2.3　蓄水隔热屋面施工技术

1. 工艺原理

蓄水屋面是在屋面防水层上蓄积一定高度的水，以起到隔热作用的屋面，如图 4-2-11 所示。蓄水屋面热稳定性好，可以净化空气和改善环境小气候等。其优点是具有良好的隔热性能，利用太阳光照射蓄水屋面时，它的含热量较少的短波部分穿透水层被屋面吸收，而含热量较多的长波部分则被水吸收，其隔热效果十分明显；刚性防水层不干缩，变形小；密封材料使用寿命长。但水的蒸发耗去大量的热量，使屋顶降温，水吸收的热量在环境温度降低后（如夜间）大部分因对天空的长波辐射而冷却，另一部分向室内释放，会形成“热延迟现象”。这对于夏季夜间降温不利，水层如果采用 50~100 mm 或采用 500~600 mm 并种植水生植物，可减小此种不利影响。但这种现象可使昼夜温差缩小，在冬季有利于提高夜间室内温度。另外，屋顶蓄水增加了屋顶静负荷；为防止渗水，还要加强屋面的引水措施。

蓄水屋面

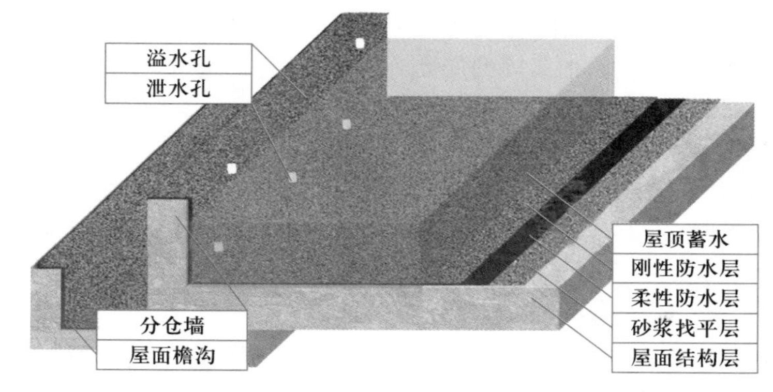

图 4-2-11　蓄水屋面示意图

2. 适用范围

适用于南方气候炎热地区屋面防水Ⅲ级的工业与民用建筑。

3. 基本规定

1）蓄水屋面不宜在寒冷地区、地震设防地区和震动较大的建筑物上使用，蓄水屋面的坡度不宜大于 0.5%。

2）蓄水屋面应划分为若干蓄水区，每区的边长不宜大于 10 m，在变形缝的两侧应分成两个互不连通的蓄水区，长度超过 40 m 的蓄水屋面应设分仓缝，分仓隔墙可采用混凝土或砖砌体，并可兼作人行通道，池壁应高出溢水口至少 120 mm。

3）蓄水屋面应设排水管、溢水口和给水管，排水管应与水落管或其他排水出口连通。

4）蓄水屋面的蓄水深度宜为 150~200 mm。

5）蓄水屋面的防水层应为柔性防水层上加做细石混凝土防水层。

6）蓄水屋面的每块盖板应留 20~30 mm 间隙，以利下雨时蓄水。

4. 基本构造

（1）蓄水屋面分类

常见蓄水屋面的有开敞式和封闭式两种。

1）开敞式蓄水屋面(图 4-2-11)。适用于夏季需要隔热而冬季不需要保温或兼顾保温的地区。夏季屋顶外表面温度最高值随蓄水层深度增加而降低,并具有一定的热稳定性。水层浅,散热快,理论上以 25~40 mm 的水层深度散热最快。实践表明,这样浅的水层容易蒸发干涸。在工程实践中,一般浅水层深度采用 100~150 mm,中水层深度采用 200~350 mm,深水层深度采用 500~600 mm。如在蓄水屋顶的水面上培植水浮莲等水生植物,屋顶外表面温度可降低 5 ℃左右,适宜夜间使用房间的屋顶。开敞式蓄水屋顶可用刚性防水屋面,也可用柔性防水屋面。

① 刚性防水屋面层。可用 200 号细石混凝土做防水层。其优点一是有良好的隔热性能:利用太阳辐射加热水温。由于水的比热较大,因此,屋顶蓄水可大量减少太阳对屋顶的辐射热,对于开敞式蓄水屋面,水的蒸发量是比较大的,且水蒸发时消耗大量的汽化热,因此,屋顶表面的水层起到了调节室内温度的作用,在干热地区采用蓄水屋面的隔热效果十分显著。二是刚性防水层不干缩:在空气中硬化五年的水泥砂浆的收缩值约为 3 mm/m,混凝土的收缩量一般为 0.2~0.4 mm/m,收缩值随时间延长而增长。当周围湿度较大时,混凝土的收缩就小,长期在水下的混凝土反而有一定程度的膨胀,避免了出现开放性透水毛细管的可能性而不渗漏水。三是刚性防水层变形小:水下的防水层表面温度比暴露在大气中的防水层表面温度低 15 ℃以上。由于外表面温度较低,内外表面温差小,昼夜内外表面温度波幅小,这样,混凝土防水层及钢筋混凝土基层产生的温度应力也较小,由于温度应力而产生的变形也相应变小,从而避免了由于温度应力而产生的防水层和屋面基层开裂。四是密封材料使用寿命长:因大面积刚性防水蓄水屋面的分格缝中也要填嵌密封材料,密封材料在大气中主要受空气对它的氧化作用及紫外线照射,使密封材料易于老化,耐久性降低,而适合于水下的密封材料,由于与空气隔绝,不易老化,可以延长使用年限。

② 柔性防水屋面层。可用油毡或聚异丁烯橡胶薄膜作为防水层。冬季需保温的地区采用开敞式蓄水屋顶还应在防水层下设置保温层和隔汽层。在檐墙的压檐连同池壁部分,用配筋混凝土筑成斜向保护层,有利于阻挡水层结冰膨胀时产生的水平推力而防止檐墙开裂。柔性防水蓄水屋顶的油毡、玛蹄脂,因同空气和阳光隔绝,可以减慢氧化过程,推迟老化时间,进而增强屋顶的抗渗水能力。

2）封闭式蓄水屋面。是防水层上有盖板的蓄水屋顶。盖板有固定式和活动式两种。

① 固定式盖板。有利于冬季保温,做法是在平屋顶的防水层上用水泥砂浆砌筑砖或混凝土墩,然后将设有隔汽层的保温盖板放置在混凝土墩上。板间留有缝隙,雨水可从缝隙流入。蓄水高度大于 160 mm,水中可养鱼。人工供水的水层高度可由浮球自控。如果落入的雨水超过设计高度时,水经溢水管排出。此外,在女儿墙上设有溢水管供池水溢泄。

② 活动式盖板。可在冬季白昼开启保温盖板,利用阳光照晒水池蓄热,夜间关闭盖板,借池水所蓄热量向室内供暖。夏季相反,白天关闭隔热保温盖板,减少阳光照晒,夜间开启盖板散热,也可用冷水更换池内温度升高的水,借以降低室温。

（2）蓄水屋面细部构造

1）蓄水屋面的溢水口应距分仓墙顶面 100 mm,并在蓄水层表面处留置溢水口,如图 4-2-12 所示;过水孔应设在分仓墙底部,排水管应与水落管相通,如图 4-2-13 所示。

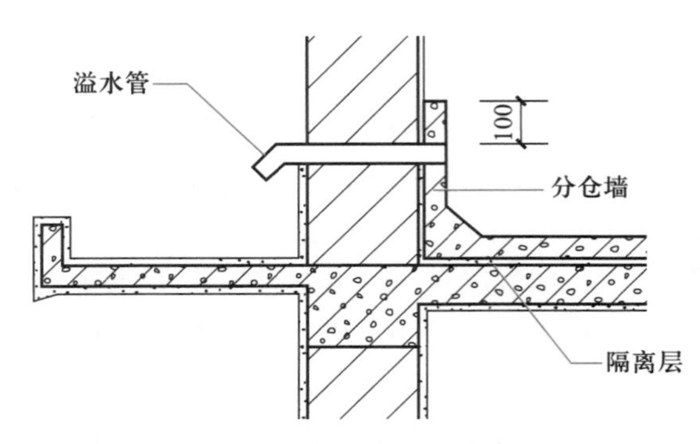

图 4-2-12　蓄水屋面溢水口

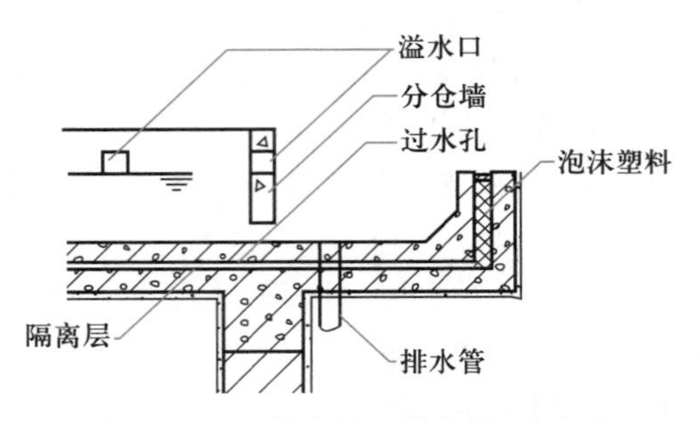

图 4-2-13　蓄水屋面排水管、过水孔

2）分仓缝内应嵌填泡沫塑料，上部用卷材封盖，然后加扣混凝土盖板，如图 4-2-14 所示。

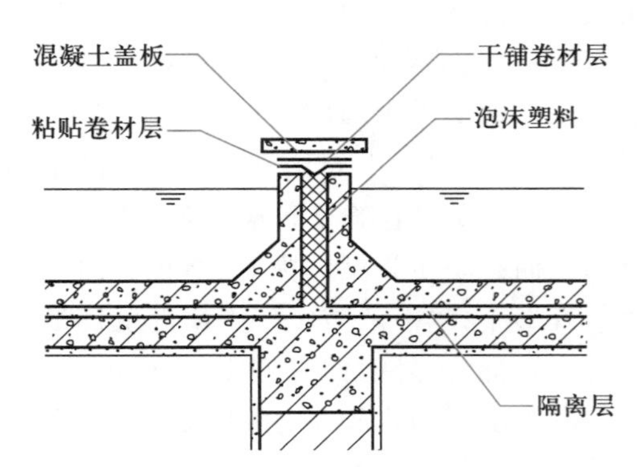

图 4-2-14　蓄水屋面分仓缝

5. 施工准备

（1）技术准备

施工前审核图纸，编制蓄水屋面施工方案，并进行技术交底。屋面防水工程施工必须选择通过资格审查的专业防水施工队伍，且操作人员必须持证上岗。

（2）材料要求

1）所用材料的质量、技术性能必须符合设计要求和施工验收规范的规定。

2）蓄水屋面的防水应选择耐腐蚀、耐水性、耐穿刺性能好的材料。

3）蓄水屋面选用刚性细石混凝土防水层时，其技术要求如下：

① 细石混凝土强度等级不低于 C20；

② 水泥应选用不低于 42.5 号的普通水泥；

③ 沙应选择中砂或粗砂，且含泥量不大于 2%；

④ 石子粒径宜为 5~15 mm，含泥量不大于 1%；

4）其他材料还有水管、外加剂、柔性防水材料等。

（3）主要机具

蓄水屋面施工主要机具见表 4-2-2。

表 4-2-2　蓄水屋面施工主要机具

序号	机具名称	型号	数量	单位	备注
1	混凝土搅拌机	JZC350	1	台	混凝土搅拌
2	平板振动器	ZF15	2		混凝土振动
3	运输小车		3	辆	混凝土运输
4	铁管子		3	根	混凝土抹平压实
5	铁抹子		4	个	混凝土抹平压实

续表

序号	机具名称	型号	数量	单位	备注
6	木抹子		4	个	混凝土抹平压实
7	直尺		1	把	尺寸检查
8	坡度尺		1	把	坡度检查
9	锤子		3	把	
10	剪刀		4	把	铺卷材用
11	卷扬机		1		垂直运输
12	硬方木				
13	圆钢管				

（4）作业条件

1）蓄水屋面的结构层施工完毕，其混凝土的强度、密实性均须符合现行规范的规定。

2）所有涉及孔洞已预留，所设置的给水管、排水管和溢水管等在防水层施工前安装完毕。

6. 施工工艺流程及操作要点

（1）施工工艺流程

施工工艺流程：结构层、隔墙施工——→板缝及节点密封处理——→水管安装——→管口密封处理——→基层清理——→防水层施工——→蓄水养护。

（2）操作要点

1）结构层的质量应该高标准、严要求，混凝土的强度、密实性均应符合现行规范的规定。隔墙位置应符合设计和规范要求。

2）屋面结构层为装配式钢筋混凝土面板时，其板缝应用强度等级不小于 C20 的细石混凝土嵌填，细石混凝土中宜掺膨胀剂。接缝必须以优质密封材料嵌封严密，经充水试验无渗漏，然后再在其上施工找平层和防水层。

3）屋面的所有孔洞应先预留，不得后凿。所设置的给水管、排水管、溢水管等应在防水层施工前安装好，不得在防水层施工后再在其上凿孔打洞。防水层完工后，再将排水管与水落管连接，然后加防水处理。

4）基层处理：防水层施工前，必须将基层表面的凸起物铲除，并把尘土、杂物等清扫干净，基层必须干燥。

5）防水层施工要点如下：

① 蓄水屋面采用刚性防水时，其施工方法详见刚性防水屋面施工工艺标准；

② 蓄水屋面采用刚柔复合防水时，应先施工柔性防水层，再做隔离层，然后再浇筑细石混凝土刚性保护层。其柔性防水施工作业方法详见沥青卷材屋面施工工艺标准、高聚物改性沥青卷材屋面施工工艺标准、合成高分子防水卷材屋面工程施工工艺标准、涂膜防水屋面工程施工工艺标准；

③ 浇筑防水混凝土时，每个蓄水区必须一次浇筑完毕，严禁留置施工缝，其立面与平面的防水层施工必须同时进行；

④ 防水细石混凝土宜掺加膨胀剂、减水剂等外加剂，以减少混凝土的收缩；

⑤ 应根据屋面具体情况，对蓄水屋面的全部节点采取“刚柔并举，多道设防”的措施，做好密封防水施工；

⑥ 分仓缝填嵌密封材料后，上面应做砂浆保护层埋置保护。

6）蓄水养护要点如下：

① 防水层完工以及节点处理后，应进行试水试验，确认合格后，方可开始蓄水，蓄水后不得断水再使之干涸；

② 蓄水屋面应安装自动补水装置，屋面蓄水后，应保持蓄水层的设计厚度，严禁蓄水流失、蒸发后导致屋面干涸；

③ 工程竣工验收后，使用单位应安排专人负责蓄水屋面管理，定期检查并清扫杂物，保持屋面排水系统畅通，严防干涸。

4.2.4　种植屋面施工技术

1. 工艺原理

种植屋面是在屋面防水层上覆土或铺设锯末、蛭石等松散材料，并种植植物，以起到隔热作用的屋面。种植屋面可分为覆土种植屋面和无土种植屋面两种：覆土种植屋面是在屋顶上覆盖种植土壤，厚度 200 mm 左右，有显著的隔热保温效果；无土种植屋面是用蛭石等代替土壤作为种植层，能够减轻屋面荷载，提高屋面保温隔热效果，降低能源消耗。

种植屋面按种植形式不同可分为简单式种植屋面和花园式种植屋面。仅以地被植物和低矮灌木绿化的简单式种植屋面，其绿化面积宜占屋面总面积的 80% 以上；以乔木、灌木和地被植物绿化，并设有亭台、园路、园林小品和水池、小溪等，可提供人们进行休闲活动的花园式种植屋面，其绿化面积宜占屋面总面积的 60% 以上。种植屋顶可有效增加建筑物的隔热性能，降低能耗，同时还能改善城市环境面貌，改善城市的“热岛效应”，除此以外，还能保护建筑物顶部，延长屋顶建材使用寿命。种植屋面施工技术是一项生态与功能并重的技术。

2. 适用范围

适用于屋面防水等级为Ⅲ级的防水屋面。

3. 基本规定

1）在寒冷地区应根据种植屋面的类型，确定是否设置保温层。保温层的厚度根据屋面的热工性能要求经计算确定。

2）种植屋面所用材料及植物应符合环境保护要求。

3）种植屋面根据植物及环境布局的要求，可分区布局，也可整体布置。

4）排水层材料应根据屋面功能、建筑环境、经济条件进行选择。

5）介质层材料应根据种植植物的要求，选择综合性能良好的材料。介质层厚度应根据不同介质和植物种类等确定。

6）种植屋面可用于平屋面或坡屋面。种植屋面的坡度宜为 3%，以利于水的排出，屋面坡度较大时，其排水层种植介质时应采取防滑措施。

7）防水层宜采用刚柔结合的防水方案，柔性防水层应是耐腐蚀、耐霉烂、耐穿刺性能好的涂料或卷材，最佳方案应是涂膜防水层和卷材防水层复合。

8）柔性防水层上必须设置细石混凝土保护层，以抵抗种植根系的穿刺和种植工具对它的损坏。

4. 基本构造

（1）常见的种植屋面构造

种植屋面应根据地域、气候、建筑环境、建筑功能等条件，选择相适应的屋面构造形式。种植屋面的构造层次一般包括屋面结构层、找平层、保温层、普通防水层、耐根穿刺（隔根）层、排（蓄）水层、种植土层以及植被层，如图 4-2-15 所示。此外还可根据需要设置隔汽层、隔离层等层次。

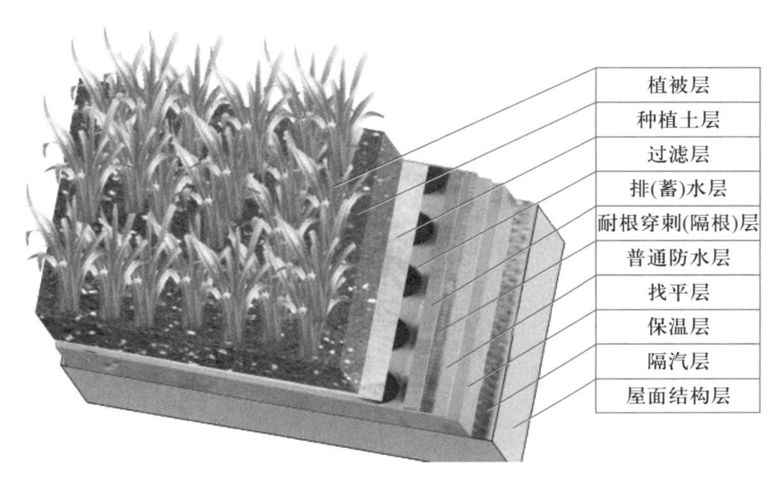

种植式屋面

图 4-2-15 种植屋面构造

（2）种植屋面细部构造

种植屋面上的种植介质四周应设挡墙，挡墙下部应设泄水孔，每个泄水孔处先设置钢丝网片，再用砂卵石完全覆盖，如图 4-2-16 所示。

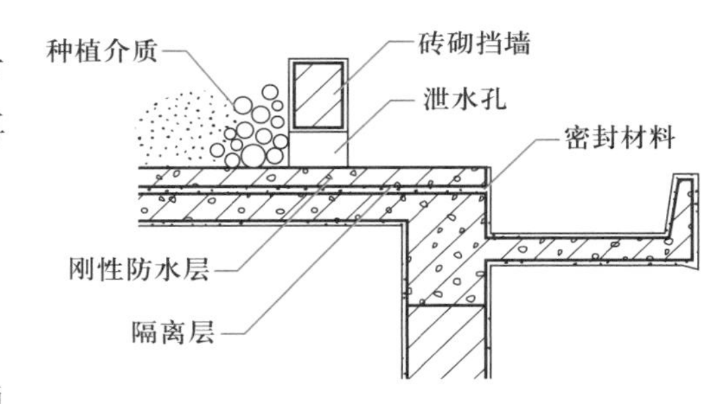

图 4-2-16 种植屋面泄水孔

5. 施工准备

（1）技术准备

1）已办理好相关的隐蔽工程验收记录。

2）根据设计施工图和标准图集，做好人行通道、挡墙、种植区的测量放线工作。

3）施工前根据设计施工图和标准图集的要求，对相关的作业班组进行技术、安全交底。

（2）材料准备

1）品种规格：防水层材料；种植介质主要有种植土、锯木屑、膨胀蛭石；32.5 级以上的普通硅酸盐或矿渣硅酸盐水泥；中砂；1~3 cm 卵石；烧结普通砖；密目钢丝网片。

2）质量要求：种植屋面的防水层要采用耐腐蚀、耐霉烂、耐穿刺性能好的材料。种植介质要符合设计要求，满足屋面种植的需要。水泥要有出厂合格证并经现场取样试验合格。砂、卵石、烧结普通砖要符合有关规范的要求。钢丝网片要满足泄水孔处拦截过水的砂卵石的需要。

（3）机具设备

常用机具设备见表 4-2-3。

表 4-2-3 主要机具设备

序号	机具名称	用途	数量	单位
1	电动搅拌器	搅拌涂料	1	台
2	胶桶	混合涂料	4	个
3	橡胶刮板	刮抹涂料	10	把
4	毛刷	涂刷细部	4	把
5	钢丝刷	清理管边	2	把
6	台秤或杆秤	称量 *A*、*B* 料	1	台或支
7	滚动刷	刷胶	3	把
8	手持压辊	压实卷材	2	个
9	大型皮辊	压实卷材	2	个
10	钢凿	处理基面	4	根
11	铁锤	处理基面	4	把
12	扫帚	清扫基层	6	把
13	剪刀	剪胎体材料	2	把

（4）现场准备

1）交通运输道路安排：工程开工前，要调查防水材料从工厂至工地的水平运输道路是否畅通，如存在问题，应及早安排其他运输路线。防水材料运至工地之后，还要考虑从工地临时仓库到施工现场的道路是否畅通，垂直运输路线是否可行，如存在障碍，应协商甲方共同解决。

2）工作面清理：防水工程施工之前，应将工作面上的障碍物清除干净，基面应干燥，含水率应符合施工要求，保证施工顺利进行。

3）材料、工具堆放场地安排：防水材料和施工工具应分开堆放，协商甲方安排远离火源的仓库，并安排专人保管。

6. 施工工艺流程及操作要点

（1）施工工艺流程

施工工艺流程：屋面防水层施工──→保护层施工──→人行道及挡墙施工──→泄水孔前放置过水砂卵石──→种植──→区内放置种植介质──→清理验收。

（2）操作要点

1）屋面防水层施工

根据设计图要求进行施工，具体见相关的施工工艺标准。

2）保护层施工

当种植屋面采用柔性防水材料时，必须在其表面设置细石混凝土保护层，以抵抗植物根系的穿刺和种植工具对它的损坏。细石混凝土保护层的具体施工如下：

① 防水层表面清理：把屋面防水层上的垃圾、杂物及灰尘清理干净。

② 分格缝留置：按设计或不大于 6 m 或“一间一分格”进行分格，用上口宽为 30 mm，下口宽为 20 mm 的木板或泡沫板作为分格板。钢筋网铺设：按设计要求配置钢筋网片。

③ 细石混凝土施工：按设计配合比拌和好细石混凝土，按“先远后近，先高后低”的原则逐格进行施工。按分格板高度摊开抹平，用平板振动器十字交叉来回振实，直至混凝土表面泛浆后再

用木抹子将表面抹平压实，在混凝土初凝以前，再进行第二次压浆抹光。铺设、振动、振压混凝土时必须严格保证钢筋间距及位置准确。混凝土初凝后，及时取出分格缝隔板，用铁抹子二次抹光，并及时修补分格缝缺损部分，做到平直、整齐，待混凝土终凝前进行第三次压光。混凝土终凝后，必须立即进行养护，可蓄水养护或用稻草、麦草、锯末、草袋等覆盖后浇水养护不少于 14 d，也可涂刷混凝土养护剂。

④ 分格缝嵌油膏：分格缝嵌油膏应于混凝土浇水养护完毕后用水冲洗干净且达到干燥（含水率不大于 6%）时进行，所有纵横分格缝相互贯通，要清理干净，缺边损角要补好，用刷缝机或钢丝刷刷干净，用吹尘机具吹净。灌嵌油膏部分的混凝土表面均匀涂刷冷底子油，并于当天灌嵌好油膏。

3）人行通道及挡墙施工

① 人行通道及挡墙设计一般有以下两种情况：

a. 采用预制槽型板作为分区挡墙和走道板，如图 4-2-17 所示。

b. 砖砌挡墙的墙身高度要比种植介质面高 100 mm。距挡墙底部高 100 mm 处按设计或标准图集留设泄水孔，如图 4-2-18 所示。

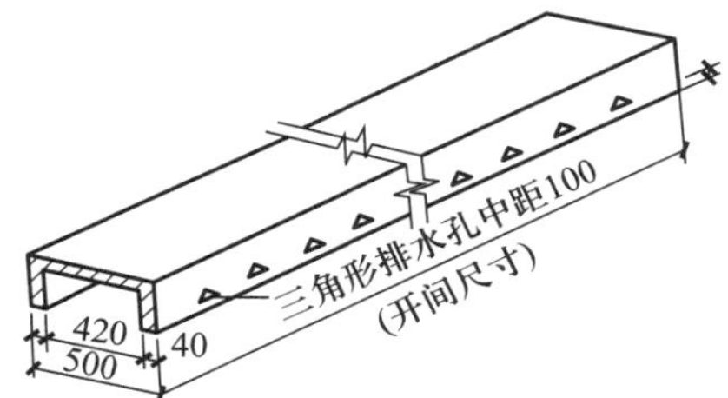

图 4-2-17 预制槽型板构造

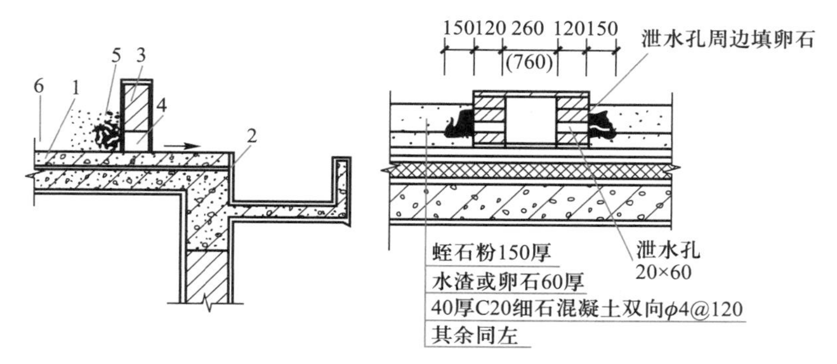

1—保护层；2—防水层；3—砖砌挡墙；4—泄水孔；5—卵石；6—种植介质

图 4-2-18 砖砌挡墙构造（单位：mm）

② 泄水孔前放置过水砂卵石

在每个泄水孔处先设置钢丝网片，泄水孔的四周堆放过水的砂卵石，砂卵石应完全覆盖泄水孔，以免种植介质流失或堵塞泄水孔。

4）种植区内放置种植介质

根据设计要求的厚度放置种植介质。施工时介质材料、植物等应均匀堆放，不得损坏防水层。种植介质表面要求平整且低于四周挡墙 100 mm。

思考题

1. 上人倒置式屋面与非上人倒置式屋面面层施工的方法是什么？
2. 倒置式保温屋面的成品如何保护？
3. 蓄水隔热屋面的质量标准是什么？
4. 架空通风隔热屋面质量标准是什么？

5. 种植式屋面对改善、治理环境和建筑节能的效果是什么？
6. 目前我国防水材料中可以用作耐根穿刺材料的有哪几类？
7. 种植屋面的植物该如何选择？

项目 3　楼地面保温隔热技术基础知识

【学习目标】

1. 能进行楼面、地面保温隔热构造设计。
2. 能掌握楼地面热工性能指标和热工性能措施。

4.3.1　楼地面的概念

1. 楼面

楼面指不直接接触土壤的地板，是楼层之间的分隔构件，在保证强度、隔声及防开裂渗水的前提下，尽量减少传热及导热性能，可参考屋面的节能方法加以实施。

2. 地面

地面直接接触土壤，由于上下不是空气边界层，采用地面热阻评价其性能指标，要具有防潮、保温隔热等性能，故在基层上要有节能措施。

3. 保温要求

在严寒和寒冷地区的采暖建筑中，接触室外空气的地板、不采暖地下室上部的地板等应采取保温措施；在严寒地区直接接触土壤的周边地面应保温。

4.3.2　楼地面保温隔热设计要求

1. 楼地面的热工性能指标

居住建筑楼板的传热系数及地面热阻应根据所处城市的气候分区按表 4-3-1 的规定进行设计。

表 4-3-1　居住建筑不同气候分区楼地面的传热系数及热阻限值

气候分区	楼地面部位	传热系数 K/[W/(m^2·K)]	热阻 R/(m^2·K/W)
严寒地区 A 区	底面接触室外空气的楼板	0.35	
	分隔采暖与非采暖空间的楼板	0.58	
	周边及非周边地面		3.33
严寒地区 B 区	底面接触室外空气的楼板	0.45	
	分隔采暖与非采暖空间的楼板	0.75	
	周边及非周边地面		3.20
寒冷地区	底面接触室外空气的楼板	0.60	
	分隔采暖与非采暖空间的楼板	1.00	
	周边地面		1.77
	非周边地面		3.20

续表

气候分区	楼地面部位	传热系数 $K/[W/(m^2 \cdot K)]$	热阻 $R/(m^2 \cdot K/W)$
夏热冬冷地区、夏热冬暖地区	底面接触室外空气的楼板	1.50	
	上下为居室的层间楼板	2.00	

注 1. 周边地面是指距外墙内表面 2 m 以内的地面,非周边地面是指距外墙内表面 2 m 以外的地面。

2. 地面热阻是指建筑基础持力层以上各层材料的热阻。

公共建筑楼地面的传热系数及地下室外墙的热阻应根据所处城市的气候分区按表 4-3-2 的规定进行设计。

表 4-3-2 公共建筑不同气候分区楼地面及地下室外墙的传热系数及热阻

气候分区	楼地面部位	体型系数不大于 0.3	体型系数大于 0.3
严寒地区 A 区	底面接触室外空气的楼板	$K \leqslant 0.45$	$K \leqslant 0.40$
	分隔采暖与非采暖空间的楼板	$K \leqslant 0.60$	
	周边地面	$R \geqslant 2.00$	
	非周边地面	$R \geqslant 1.80$	
	采暖地下室外墙(与土接触的墙)	$R \geqslant 2.00$	
严寒地区 B 区	底面接触室外空气的楼板	$K \leqslant 0.50$	$K \leqslant 0.45$
	分隔采暖与非采暖空间的楼板	$K \leqslant 0.80$	
	周边地面	$R \geqslant 2.00$	
	非周边地面	$R \geqslant 1.80$	
	采暖地下室外墙(与土接触的墙)	$R \geqslant 1.80$	
寒冷地区	底面接触室外空气的楼板	$K \leqslant 0.60$	$K \leqslant 0.50$
	分隔采暖与非采暖空调空间的楼板	$K \leqslant 1.50$	
	周边及非周边地面	$R \geqslant 1.50$	
	采暖、空调地下室外墙(与土接触的墙)	$R \geqslant 1.50$	
夏热冬冷地区	底面接触室外空气的架空或外挑楼板	$K \leqslant 1.00$	
	地面及地下室外墙(与土接触的墙)	$R \geqslant 1.20$	
夏热冬暖地区	底面接触室外空气的架空或外挑楼板	$K \leqslant 1.50$	
	地面及地下室外墙(与土接触的墙)	$R \geqslant 1.00$	

注:1. 周边地面是指距外墙内表面 2 m 以内的地面,非周边地面是指距外墙内表面 2 m 以外的地面。

2. 地面热阻是指建筑基础持力层以上各层材料的热阻之和。

3. 地下室外墙热阻是指土以内各层材料热阻之和。

2. 楼地面的热工设计措施

(1) 采暖楼地面面层的热工设计措施

采暖楼地面的保温设计,除应按本地区建筑节能设计标准的规定使其传热系数 K 或热阻值符合表 4-3-1 和表 4-3-2 的规定外，还应从人们的健康与舒适度出发，计算出地面的吸热指数 B[单位为 $W/(m^2 \cdot h^{1/2} \cdot K)$]，一般按下式计算：

$$B=\sqrt{\lambda\rho c} \tag{4-3-1}$$

式中：λ——楼地面面层材料的导热系数，$W/(m \cdot K)$；

ρ——楼地面面层材料的密度，kg/m^3；

c——楼地面面层材料的比热容，$kJ/(kg \cdot K)$。

不同类型采暖楼地面的吸热指数 B 应符合表 4-3-3 的规定。

表 4-3-3 不同采暖建筑类型楼地面的吸热指数 B

采暖建筑类型	$B/[W/(m^2 \cdot h^{1/2} \cdot K)]$
高级居住建筑、幼儿园、托儿所、疗养院等(Ⅰ类)	<17
一般居住建筑、办公楼、学校等(Ⅱ类)	17~23
临时逗留用房及室温高于 23℃的采暖用房(Ⅲ类)	>23

（2）地面保温层的热工设计措施

地面的热阻是建筑基础持力层以上各层材料的热阻之和。对于公共建筑，当持力层为密实的土时，持力层以上土层厚度大于 1.8 m 即可。但从提高地面的保温和防潮性能考虑，最好是在地面的垫层中采用厚度不小于 20 mm 的挤塑聚苯板等板块状保温材料作垫层，使地面的热阻接近于居住建筑的地面热阻。

（3）地面的防潮设计措施

夏热冬冷和夏热冬暖地区的居住建筑底层地面，在每年的梅雨季节都会由于湿热空气的差异而导致地面结露，夏热冬暖地区更为突出。底层地板的热工设计除热特性外，还必须同时考虑防潮问题。防潮设计措施有以下五点：

1）地面构造层的热阻应不少于外墙热阻的 1/2，以减少向基层的传热，提高地表面温度。

2）面层材料的导热系数要小，使地表面温度易于紧随室内空气温度变化。

3）面层材料有较强的吸湿性，对表面水分具有“吞吐”作用，不宜使用硬质的地面砖或石材等作面层。

4）采用空气层防潮技术，勒脚处的通风口应设置活动遮挡板。

5）当采用空铺实木地板或胶结强化木地板作面层时，下面的垫层应有防潮层。

3. 楼地面的节能设计

（1）楼板的节能设计

分层间楼板（底面不接触室外空气）和底面接触室外空气的架空或外挑楼板（底部自然通风的架空楼板），传热系数 K 有不同的规定。保温层可直接设置在楼板上表面（正置法）或楼板底面（反置法），也可采取铺设木搁栅（空铺）或无木搁栅的实铺木地板。

1）保温层在楼板上面的正置法，可采用铺设硬质挤塑聚苯板、泡沫玻璃保温板等板材或强度符合地面要求的保温砂浆等材料，其厚度应满足建筑节能设计标准的要求。

2）保温层在楼板底面的反置法，可如同外墙外保温做法一样，采用符合国家、行业标准的保温浆体或板材外保温系统。

3）底面接触室外空气的架空或外挑楼板宜采用反置法的外保温系统。

4）铺设木搁栅的空铺木地板，宜在木搁栅间嵌填板状保温材料，使楼板层的保温和隔声性能更好。

（2）底层地面的节能技术

底层地面的保温、防热及防潮措施应根据地区的气候条件，结合建筑节能设计标准的规定采取不同的节能技术。

1）寒冷地区采暖建筑的地面应以保温为主，在持力层以上土层的热阻已符合地面热阻规定值的条件下，最好在地面面层下铺设适当厚度的板状保温材料，进一步提高地面的保温和防潮性能。

2）夏热冬冷地区应兼顾冬天采暖时的保温和夏天制冷时的防热、防潮，也宜在地面面层下铺设适当厚度的板状保温材料，提高地面的保温及防热、防潮性能。

3）夏热冬暖地区底层地面应以防潮为主，宜在地面面层下铺设适当厚度保温层或设置架空通风道，以提高地面的防热、防潮性能。

（3）地面辐射采暖技术

地面辐射采暖技术是成熟的、健康的、卫生的节能供暖技术，在我国寒冷和夏热冬冷地区已推广应用，深受用户欢迎。地面辐射采暖技术的设计、材料、施工及其检验、调试和验收应符合《辐射供暖供冷技术规程》(JGJ 142—2012)的规定。

4. 建筑地面节能工程技术措施

1）建筑地面节能工程包括建筑室内地面和毗邻采暖、不采暖空间及毗邻室外空气的地面工程。

2）地面节能工程的施工，应在主体或基层质量验收合格后进行。基层的处理应符合设计要求及施工工艺的规定。对既有建筑地面进行节能改造施工前，应对基层进行处理并达到施工工艺的要求。

3）地面节能工程应对下列部位进行隐蔽工程验收：保温层附着的基层；保温板黏结；防止开裂的加强措施；地面工程的隔断热桥部位；有防水要求的地面面层的防渗漏；地面辐射采暖工程的隐蔽验收应符合《辐射供暖供冷技术规程》(JGJ 142—2012)的规定。

4）用于地面节能工程的保温、隔热材料，其厚度、密度和导热系数必须符合设计要求和有关标准的规定，各种保温板或保温层的厚度不得有负偏差。

5）建筑地面保温、隔热以及隔离层、保护层等各层的设置和构造做法应符合设计要求，并应按照经过审批的施工方案进行施工。

6）地面节能工程的施工质量应符合下列要求：

① 保温板与基体及各层之间的黏结应牢固，缝隙应严密。

② 保温浆料层应分层施工。

③ 穿越地面直接接触室外空气的各种金属管道应按设计要求，采取隔断“热桥”的保温绝热措施。

④ 严寒、寒冷地区底面接触室外空气或外挑楼板的地面，应按照墙体的要求执行。

7）有防水要求的地面，其节能保温做法不得影响地面排水坡度。其防水层宜设置在地面保温层上侧，当防水层设置在地面保温层下侧时，其面层不得渗漏。

8）严寒、寒冷地区的建筑首层直接与土壤接触的周边地面毗邻外墙部位或和房心回填土的部位，应按照设计要求采取隔热保温措施。

4.3.3 保温隔热楼地面的热工性能参数

1. 层间楼面

层间楼面保温隔热构造及其热工性能参数见表 4-3-4。

表 4-3-4 层间楼面的构造及其热工性能参数

简图	基本构造(由上至下)	厚度 δ/mm	干密度 ρ_0/(kg/m^3)	导热系数 λ/(W/m·K)	修正系数 a	传热阻 R/(m^2·K/W)	传热系数/[W/(m^2·K)]
	1. C20 细石混凝土	30	2 300	1.51	1.0	0.57	1.78
	2. 现浇钢筋混凝土楼板	100	2 500	1.74	1.0		
	3. 保温砂浆	20	300	0.06	1.3		
	4. 抗裂石膏(网格布)	5	1 050	0.33	1.0		
	5. 柔性腻子						
	1. C20 细石混凝土	30	2 300	1.51	1.0	0.55	1.82
	2. 现浇钢筋混凝土楼板	100	2 500	1.74	1.0		
	3. 聚苯颗粒保温浆料	20	230	0.06	1.3		
	4. 抗裂石膏(网格布)	5	1 800	0.93	1.0		
	5. 柔性腻子						
	1. 实木地板	12	700	0.17	1.0	0.72	1.39
	2. 细木工板	15	300	0.093	1.0		
	3. 30×40 杉木搁栅@ 400	40	500	0.14	1.0		
	4. 水泥砂浆	20	1 800	0.93	1.0		
	5. 现浇钢筋混凝土楼板	100	2 500	1.74	1.0		
	1. 实木地板	18	700	0.17	1.0	0.60	1.68
	2. 30×40 杉木搁栅@ 400	40	500	0.14	1.0		
	3. 水泥砂浆	20	1 800	0.93	1.0		
	4. 现浇钢筋混凝土楼板	100	2 500	1.74	1.0		
	1. 水泥砂浆找平层	20	1 800	0.93	1.0		
	2. 上保温层						
	(1) 高强度珍珠岩板	40	400	0.12	1.3	0.67	1.49
	(2) 乳化沥青珍珠岩	40	400	0.12	1.3	0.67	1.49
	(3) 复合硅酸盐	30	192	0.06	1.3	0.71	1.41
	3. 水泥砂浆找平及黏结	20	1 800	0.93	1.0		
	4. 现浇混凝土楼板	120	2 500	1.74	1.0		
	5. 保温砂浆抹灰	20	600	0.015	1.0		

2. 底部自然通风架空楼地板

底部自然通风架空楼地板保温隔热构造及其热工性能参数见表 4-3-5。

表 4-3-5　底部自然通风架空楼地板的构造及其热工性能参数

简图	基本构造（由上至下）	厚度 δ/mm	干密度 ρ_0/(kg/m^3)	导热系数 λ/(W/m·K)	修正系数 a	传热阻 R/(m^2·K/W)	传热系数/[W/(m^2·K)]
	1. C20 细石混凝土	30	2 300	1.51	1.0	0.77	1.30
	2. 现浇钢筋混凝土楼板	100	2500	1.74	1.0		
	胶黏剂						
	3. ① 挤塑聚苯板	20	28	0.030	1.2		
	② 挤塑聚苯板	25	28	0.030	1.2	0.92	1.09
	4. 聚合物砂浆（网格布）	3	1 800	0.93	1.0		
	5. 高弹涂料						
	1. C20 细石混凝土	30	2 300	1.51	1.0	0.70	1.43
	2. 现浇钢筋混凝土楼板	100	2 500	1.74	1.0		
	胶黏剂						
	3. ① 膨胀聚苯板	25	20	0.042	1.2		
	② 膨胀聚苯板	30	20	0.042	1.2	0.81	1.24
	4. 聚合物砂浆（网格布）	3	1 800	1.0	1.0		
	5. 高弹涂料						
	1. 实木地板	18	700	0.17	1.0	0.92	1.09
	2. 矿（岩）棉或玻璃棉板	30	100	0.14	1.3		
	30×40 杉木搁栅@ 400	40					
	3. 水泥砂浆	20	1 800	0.93	1.0		
	4. 现浇钢筋混凝土楼板	100	2 500	1.74	1.0		
	1. 实木地板	12	700	0.17	1.0	1.05	0.95
	2. 细木工板	15	300	0.093	1.0		
	3. 矿（岩）棉或玻璃棉板	30	100	0.14	1.3		
	30×40 杉木搁栅@ 400	40					
	4. 水泥砂浆	20	1800	0.93	1.0		
	5. 现浇混凝土楼板	100	2 500	1.74	1.0		

思考题

1. 简述楼地面的节能设计。

2. 简述楼地面铺木地板时木搁栅的施工方法。

项目4　楼地面节能技术

【学习目标】

1. 能掌握楼地面保温隔热(填充)层构造。
2. 能掌握松散、板块、整体保温材料在施工中的工艺流程及技术关键要求。
3. 能理解低温热水地板辐射采暖的节能措施及优势。
4. 能掌握低温热水地板辐射采暖系统的施工技术。

4.4.1　楼地面保温隔热(填充)层

1. 基本构造

楼地面起到保温隔热作用的填充层的构造做法,如图4-4-1所示。

2. 施工准备

(1) 技术准备

1) 审查图纸,制订施工方案,进行技术交底。

2) 抄平放线,统一标高、找坡。

3) 填充层的配合比应符合设计要求。

(2) 材料要求

1) 填充层采用的松散、板块、整体保温板材材料等,其材料的密度和导热系数、强度等级或配合比均应符合设计要求。填充层材料自重不应大于9 kN/m³,其厚度应按设计要求确定。

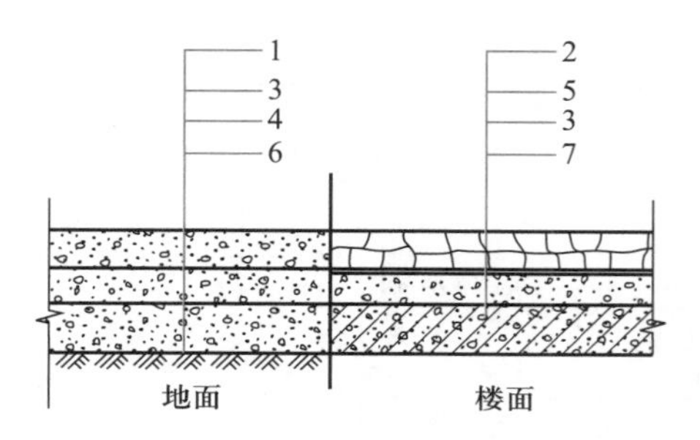

1—松散填充层;2—板块填充层;3—找平层;4—垫层;5—隔离层;6—基层(素土夯实);7—楼层结构层

图4-4-1　填充层构造简图

2) 松散材料可采用膨胀蛭石、膨胀珍珠岩、炉渣、水渣等,其质量要求见表4-4-1,其中不应含有有机杂质、石块、土块、重矿渣块和未燃尽的煤块等。

表4-4-1　松散材料质量要求

项目	膨胀蛭石	膨胀珍珠岩	炉渣
粒径	3~15 mm	0.15 mm 及<0.15 mm 的含量不大于8%	5~40 mm
表观密度	<300 kg/m³	120 kg/m³	500~1 000 kg/m³
导热系数	<0.14 W/(m·K)	<0.07 W/(m·K)	0.19~0.25 W/(m·K)

3) 整体保温材料可采用质量符合上述规定的膨胀蛭石、膨胀珍珠岩等松散保温材料;以水泥、沥青为胶结材料或和轻骨料混凝土等拌和铺设。沥青、水泥等应符合设计及国家有关标准的规定,水泥的强度等级应不低于32.5级。沥青在北方地区宜采用30号以上,南方地区应不低于10号。轻骨料应符合现行国家标准的规定。

4) 板状保温材料可采用聚苯乙烯泡沫塑料板、硬质聚氨酯、膨胀蛭石板、加气混凝土板、泡沫混凝土板、泡沫玻璃、矿物棉板、微孔混凝土等,其质量要求见表4-4-2。

表 4-4-2 板状保温材料质量要求

项目	聚苯乙烯泡沫塑料板		硬质聚氨酯泡沫塑料	泡沫玻璃	微孔混凝土	膨胀蛭石制品、膨胀珍珠岩制品
	挤压	模压				
表观密度/(kg/m³)	>32	15~30	>30	>150	500~700	300~800
导热系数/[W/(m·k)]	<0.03	<0.041	<0.027	<0.062	<0.22	<0.26
抗压强度/MPa	—			≥0.4	≥0.4	≥0.3
10%形变下压缩应力/MPa	≥0.15	≥0.06	≥0.15	—	—	—
48 h后尺寸变化率/%	<2.0	<5.0	<5.0	<0.5	—	
吸水率(体积比)/%	<1.5	<6	<3	<0.5	—	—
外观质量	板的外形基本平整,无严重凹凸不平;厚度允许偏差为5%,且不大于4 mm					

5）每10 m^3填充层材料用量见表4-4-3。

表 4-4-3 填充层材料用量(每10 m^3)

材料	单位	干铺珍珠岩	干铺蛭石	干铺炉渣	水泥珍珠岩	水泥蛭石	沥青珍珠岩板	水泥蛭石块
珍珠岩	m^3	10.4			12.55			
蛭石	m^3		10.4			13.06		
炉渣	m^3			11.0				
32.5级水泥	m^3				14.59	15.10		
沥青珍珠岩板	m^3						10.20	
水泥蛭石块	m^3							10.20

（3）主要机具

搅拌机、水准仪、抹子、木杠、靠尺、筛子、铁锹、沥青锅、沥青桶、墨斗等。

（4）作业条件

1）施工所需各种材料已按计划进入施工现场。

2）填充层施工前,其基层质量必须符合施工规范的规定。

3）预埋在填充层内的管线及管线重叠交叉集中部位的标高,应用细石混凝土事先稳固。

4）填充层的材料采用干铺板状保温材料时,其环境温度不应低于-20 ℃。

5）采用掺有水泥的拌和料或采用沥青胶结料铺设填充层时,其环境温度不应低于5 ℃。

6）五级以上的风天、雨天及雪天,不宜进行填充层施工。

3. 施工工艺流程及操作要点

（1）施工工艺流程

1）松散保温材料铺设填充层的工艺流程:清理基层表面——→抄平、弹线——→管根、地漏局部处理及预埋件管线处理/安装——→分层铺设散状保温材料并压实——→质量检查验收。

2）整体保温材料铺设填充层的工艺流程:清理基层表面——→抄平、弹线——→管根、地漏局部处理及管线安装——→按配合比拌制材料——→分层铺设并压实——→检查验收。

3）板状保温材料铺设填充层的工艺流程：清理基层表面——→抄平、弹线——→管根、地漏局部处理及管线安装——→干铺或粘贴板状保温材料——→分层铺设、压实——→检查验收。

（2）操作要点

1）松散保温材料铺设填充层的操作工艺

① 检查材料的质量，其表观密度、导热系数、粒径应符合表 4-4-1 的规定。如粒径不符合要求可进行过筛，使其符合要求。

② 清理基层表面，弹出标高线。

③ 地漏、管根局部用砂浆或细石混凝土处理好，暗敷管线安装完毕。

④ 松散材料铺设前，预埋间距 800~1 000 mm 木龙骨（防腐处理）、半砖矮隔断或抹水泥砂浆矮隔断一条，高度符合填充层的设计厚度要求，控制填充层的厚度。

⑤ 虚铺厚度不宜大于 150 mm，应根据其设计厚度确定需要铺设的层数，并根据试验确定每层的虚铺厚度和压实程度，分层铺设保温材料，每层均应铺平压实，压实采用压滚和木夯，填充层表面应平整。

2）整体保温材料铺设填充层的操作工艺

① 所用材料质量应符合本节的规定，水泥、沥青等胶结材料应符合国家有关标准的规定。

② 按设计要求的配合比拌制整体保温材料。水泥、沥青、膨胀珍珠岩、膨胀蛭石应采用人工搅拌，避免颗粒破碎。当以水泥为胶结料时，应将水泥制成水泥浆后，边拨边搅。当以热沥青为胶结料时，沥青加热温度不应高于 240 ℃，使用温度不宜低于 190 ℃。膨胀珍珠岩、膨胀蛭石的预热温度宜为 100~120 ℃，拌和时色泽一致，无沥青团为宜。

③ 铺设时应分层压实，其虚铺厚度与压实程度通过试验确定。表面应平整。

3）板状保温材料铺设填充层时的操作工艺

① 所用材料应符合设计要求，并应符合表 4-4-2 的规定，水泥、沥青等胶结料应符合国家有关标准的规定。

② 板状保温材料应分层错缝铺贴，每层应采用同一厚度的板块，厚度应符合设计要求。

③ 板状保温材料不应破碎、缺棱掉角，铺设时遇有缺棱掉角、破碎不齐的，应锯平拼接使用。

④ 干铺板状保温材料时，应紧靠基层表面，铺平、垫稳。分层铺设时，上下接缝应互相错开。

⑤ 用沥青粘贴板状保温材料时，边刷、边贴、边压实，务必使沥青饱满，防止板块翘曲。

⑥ 用水泥砂浆粘贴板状保温材料时，板间缝隙应用保温砂浆填实并勾缝。保温灰浆配合比一般为水泥：石灰膏：同类保温材料碎粒（体积比）= 1：1：10。

⑦ 板状保温材料应铺设牢固，表面平整。

4.4.2　低温热水地板辐射采暖技术

1. 系统原理

地板辐射采暖系统是采用低温热水形式供热，以不高于 60 ℃的热水作为热媒，将加热管设于地板中，热水在管内循环流动，加热地板，通过地面以辐射和对流的传热方式向室内供热，如图 4-4-2 所示。该系统具有舒适、卫生、节能、不影响室内观感和不占用室内使用面积及空间，且可以分室调节温度，便于用户计量的优点。

为提高地面辐射采暖技术的热效率，不宜将热管铺设在有木搁栅的空气间层中，地板面层也不宜采用有木搁栅的木地板。合理而有效的构造做法是将热管埋设在导热系数较大的密实材料

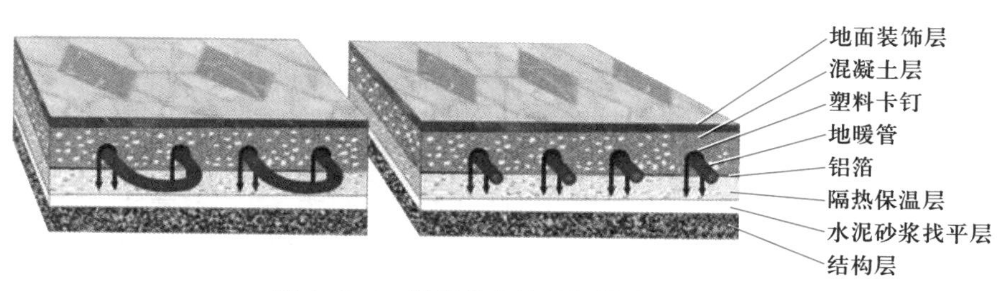

低温热水
地板辐射

图 4-4-2　低温热水地板辐射采暖系统

中，面层材料宜直接铺设在埋有热管的基层上。不能直接利用低温热水辐射采暖技术在夏天通入冷水降温，必须有完善的通风除湿技术配合，并严格控制地面温度使其高于室内空气露点温度，否则会使地面大面积结露。

2. 热工性能

低温热水辐射采暖地板的构造层次和热工性能参数见表 4-4-4。

表 4-4-4　低温热水辐射采暖地板（主体部位）的热工性能参数

构造简图	层次及材料	厚度 δ /mm	干密度 ρ_0 /（kg/m³）	导热系数 λ/［W/（m·K）］	传热阻 R/（m²·K/W）	传热系数/［W/（m²·K）］
1 2 3 4 5 6 7 回旋式埋管 管距设计按计算确定	1. 水泥砂浆找平层	20	1 800	0.93	0.67	1.49
	2. 钢筋网 C15 细石混凝土	40	2 500	1.74		
	3. 埋于细石混凝土层中的循环加热管	塑料管径为 $\phi20$，按设计要求排管和固定				
	4. 聚苯板（EPS）	30	25	0.06		
	5. 防水层（一毡二油）	4				
	6. 水泥砂浆找平层	20	1 800	0.93		
	7. 钢筋混凝土楼板	120	2 500	1.74		
	水泥砂浆抹灰	20	1 800	0.93		

注：1. 本表所列构造做法适用于上铺瓷砖、花岗石或合成木地板面层的楼地面。

2. 聚苯板铺至外墙边沿处应沿墙上铺 50 mm。

3. 本表所列 K 值是指包括聚苯板在内的以下各层及边界层的热工性能指标；

4. 本表所列构造做法也适用于底层地面，如用于底层地面，钢筋混凝土楼板层应改为底层地面的垫层（一般为混凝土）。

5. 如上、下层为同一住户，可不用设置表中的 4、5 层。

3. 系统结构

常见低温热水地板辐射采暖系统构造形式如图 4-4-3 和图 4-4-4 所示。

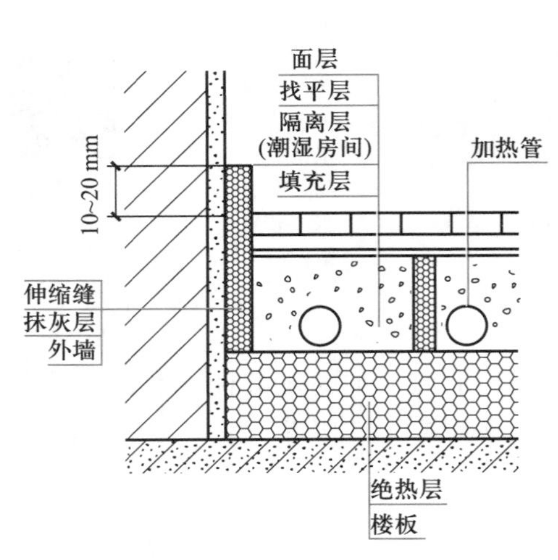

图 4-4-3　楼面构造示意图

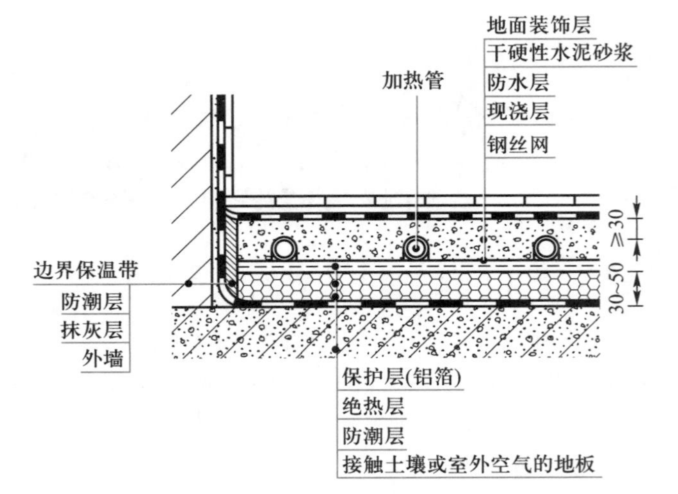

图 4-4-4　与土相邻的地面构造示意图

4. 材料要求

铺设于地板中的加热管,应根据耐用年限要求、使用条件等级、热媒温度、工作压力、系统水层要求、材料供应条件、施工技术条件和投资费用等因素选用。

1）交联铝塑复合(XPAP)管:内层和外层为密度不小于 0.94 g/cm^3 的交联聚乙烯,中间层为增强铝管,层间用热熔胶紧密黏合为一体的管材。

2）聚丁烯(PB)管:是由聚丁烯-1 树脂添加适量助剂,经挤出成型的热塑性管材。聚丁烯盘管如图 4-4-5 所示。

3）交联聚乙烯(PE-X)管:以密度不小于 0.94 g/cm^{3}的聚乙烯或乙烯共聚物,添加适量助剂,通过化学或物理方法,使其线性的大分子交联成三维网状的大分子结构,由此种材料制成的管材。

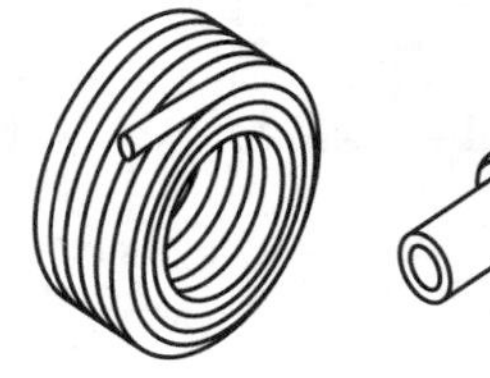

图 4-4-5　聚丁烯盘管

4）无规共聚聚丙烯(PP-R)管:以丙烯和适量乙烯的无规共聚物,添加适量助剂,经挤出成型的热型性管材。

5. 施工准备

（1）技术准备

1）根据施工方案确定施工方法和技术交底要求,做好施工准备工作。

2）核对管道坐标、标高、排列是否正确合理;按照设计图纸,画出房间部位、管道分路、管径、甩口施工草图。

（2）材料要求

1）管材。与其他供暖系统共用同一集中热源水系统,且其他供暖系统采用钢制散热器等易腐蚀构件时,PB 管、PE-X 管和 PP-R 管宜有阻氧层,以有效防止渗入氧而加速对系统的氧化腐蚀;管材的外径、最小壁厚及允许偏差,应符合相关标准要求;管材以盘管方式供货, 长度不得小于 100 m/盘。

2）管件。管件与螺纹连接部分配件的本体材料,应为锻造黄铜。使用 PP-R 管作为加热管时,与 PP-R 管直接接触的连接件表面应镀镍;管件的外观应完整、无缺损、无变形、无开裂;管件的物理力学性能应符合相关标准要求；管件的螺纹应完整，如有断丝和缺丝，不得大于螺纹全丝扣数的 10%。

3）绝热板材。绝热板材宜采用聚苯乙烯泡沫塑料，其物理性能应符合下列要求：密度不应小于 20 kg/m^3；导热系数不应大于 0.05 W/(m·K)；压缩应力不应小于 100 kPa；吸水率不应大于 4%；氧指数不应小于 32（注：当采用其他绝热材料时，除密度外的其他物理性能应满足上述要求）。为增强绝热板材的整体强度，便于安装和固定加热管，对绝热板材表面可分别做如下处理：敷有真空镀铝聚酯薄膜面层；敷有玻璃布基铝箔面层；铺设低碳钢丝网。

4）材料的外观质量。管材和管件的颜色应一致，色泽均匀，无分解变色；管材的内外表面应光滑、清洁，不允许有分层、针孔、裂纹、气泡、起皮、痕纹和夹杂，但允许有轻微的、局部的、不使外径和壁厚超出允许偏差的划伤、凹坑、压入物和斑点等缺陷。当有轻微的矫直和车削痕迹、细划痕、氧化色、发暗、水迹和油迹时，可不作为报废处理。

5）材料检验。材料的抽样检验方法应符合现行国家标准的规定。

（3）主要机具

1）机具：试压泵、电焊机、手电钻、热烙机等。

2）工具：管道安装成套工具、切割刀、钢锯、水平尺、钢卷尺、角尺、线板、线坠、铅笔、橡皮、酒精等。

（4）作业条件

1）土建地面已施工完，各种基准线测放完毕。

2）敷设管道的防水层、防潮层、绝热层已完成，并已清理干净。

3）施工环境温度低于 5 ℃时不宜施工。必须冬期施工时，应采取相应的技术措施。

6. 施工工艺流程及操作要点

（1）工艺流程

施工工艺流程如图 4-4-6 所示。

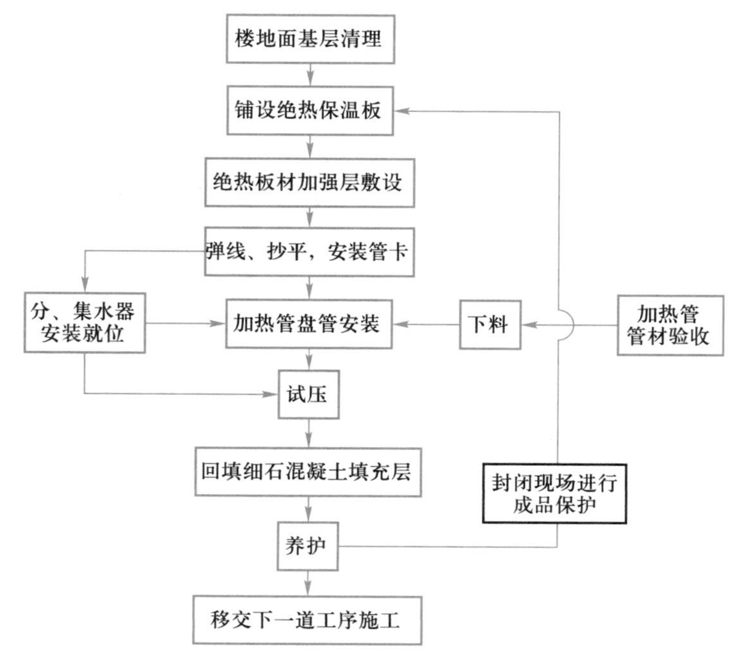

图 4-4-6　施工工艺流程图

（2）操作要点

1）楼地面基层清理。凡采用地板辐射采暖的工程，在楼地面施工时必须严格控制表面的平整度，仔细压抹，其平整度允许误差应符合混凝土或砂浆地面要求。在保温板铺设前应清除楼地面上的垃圾、浮灰、附着物，特别是油漆、涂料、油污等有机物必须清除干净。

2）绝热板材铺设。房间周围边墙、柱的交接处应设绝热板保温带，其高度要高于细石混凝土回填层；绝热板应清洁、无破损，在楼地面铺设平整、搭接严密；绝热板拼接紧凑，间隙为 10 mm，错缝铺设，板接缝处全部用胶带粘接，胶带宽度为 40 mm；房间面积过大时，以 6 000 mm×6 000 mm 为方格留伸缩缝，缝宽为 10 mm。伸缩缝处，用厚度为 10 mm 的绝热板立放，高度与细石混凝土层平齐，如图 4-4-7 所示。

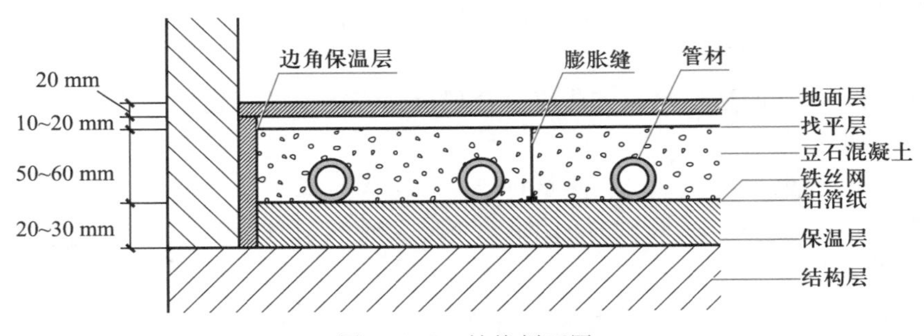

图 4-4-7 结构剖面图

3）绝热板材加固层的施工（以低碳钢丝网为例）。钢丝网规格为方格不大于 200 mm，在采暖房间满布，拼接处应绑扎连接；钢丝网在伸缩缝处不能断开，铺设应平整，无锐刺及翘起的边角。

4）加热盘管敷设。加热盘管在钢丝网上面敷设，管长应根据工程上各回路长度酌情定尺寸，一个回路尽可能用一盘整管，应最大限度地减小材料损耗，填充层内不许有接头；按设计图纸要求，事先将管的轴线位置用墨线弹在绝热板上，抄标高，设置管卡，按管的弯曲半径不小于 10*D*（*D* 指管外径）计算管的下料长度，其尺寸偏差控制在±5%以内。必须用专用剪刀切割，管口应垂直于断面处的管轴线。严禁用电焊、气焊、手工锯等工具分割加热管；按测出的轴线及标高垫好管卡，用尼龙扎带将加热管绑扎在绝热板加强层钢丝网上，或者用固定管卡将加热管直接固定在敷有复合面层的绝热板上。同一通路的加热管应保持水平，确保管顶平整度为±5 mm；加热管固定点的间距，弯头处间距不大于 300 mm，直线段间距不大于 600 mm；在过门、过伸缩缝、过沉降缝时，应加装套管，套管长度不小于 150 mm。套管比盘管大两号，内填保温边角余料。加热盘管敷设如图 4-4-8 所示。

图 4-4-8 加热盘管敷设

5）分、集水器安装。分、集水器可在加热管敷设前安装，也可在敷设管道回填细石混凝土后与阀门、水表一起安装。安装必须平直、牢固,在细石混凝土回填前安装需做水压试验;当水平安装时,一般宜将分水器安装在上,集水器安装在下,中心距为 200 mm,且集水器中心距地面不小于 300 mm,如图 4-4-9 所示;当垂直安装时,分、集水器下端距地面应不小于 150 mm;加热管始末端出地面至连接配件的管段,应设置在硬质套管内。加热管与分、集水器分路阀门的连接,应采用专用卡套式连接件或插接式连接件。

图 4-4-9　分、集水器安装

6）细石混凝土层施工。在加热管系统试压合格后方能进行细石混凝土层回填施工。细石混凝土层施工应遵循土建工程施工规定,优化配合比设计,选出强度符合要求、施工性能良好、体积收缩稳定性好的配合比。建议强度等级应不小于 C15,卵石粒径宜不大于 12 mm, 并宜掺入适量防止龟裂的添加剂;浇筑细石混凝土前,必须将敷设完管道后的工作面上的杂物、灰渣清除干净(宜用小型空压机清理)。在过门、过沉降缝处、过分格缝部位宜嵌双玻璃条分格(玻璃条用 3 mm 玻璃裁划,比细石混凝土面低 1~2 mm),其安装方法同水磨石嵌条;细石混凝土在盘管加压(工作压力或试验压力不小于 0.4 MPa)状态下浇筑,回填层凝固后方可泄压,填充时应轻轻捣固,浇筑时不得在盘管上行走、踩踏,不得有尖锐物件损伤盘管和保温层,要防止盘管上浮,应小心下料、拍实、找平;细石混凝土接近初凝时,应在表面进行二次拍实、压抹,以防止顺管轴线出现塑性沉缩裂缝。表面压抹后应保湿养护 14 d 以上。

思考题

1. 楼地面填充层构造是什么?
2. 松散、整体和板状保温材料在铺设保温隔热(填充)层时工艺流程是什么?
3. 简述低温热水地板辐射采暖系统结构。
4. 对低温热水地板辐射采暖系统质量标准和技术关键要求是什么?
5. 结合具体工程实例,阐述低温热水地板辐射采暖系统的施工方法。

学习情境

5

建筑围护结构节能施工质量验收

《建筑节能工程施工质量验收标准》(GB 50411—2019)给出了建筑围护结构节能施工质量验收的标准,标准包括一般规定、主控项目和一般项目,使围护结构节能施工有了规范指导。

项目1 墙体节能工程施工质量验收

【学习目标】

1. 能够在施工现场进行安全、技术、质量管理控制。
2. 能正确使用检测工具,并对墙体节能施工质量进行检查验收。
3. 能对墙体节能施工常见质量通病进行治理。

5.1.1 一般规定

1) 适用于建筑外围护结构采用板材、浆料、块材及预制复合墙板等墙体保温材料或构件的建筑墙体节能工程施工质量验收。

2) 主体结构完成后进行施工的墙体节能工程,应在基层质量验收合格后施工,施工过程中应及时进行质量检查、隐蔽工程验收和检验批验收,施工完成后应进行墙体节能分项工程验收。与主体结构同时施工的墙体节能工程,应与主体结构一同验收。

3) 墙体节能工程应对下列部位或内容进行隐蔽工程验收,并应有详细的文字记录和必要的图像资料:

① 保温层附着的基层及其表面处理;
② 保温板黏结或固定;
③ 被封闭的保温材料厚度;
④ 锚固件及锚固节点做法;
⑤ 增强网铺设;
⑥ 抹面层厚度;
⑦ 墙体热桥部位处理;
⑧ 保温装饰板、预置保温板或预制保温墙板的位置、界面处理、板缝、构造节点及固定方式;
⑨ 现场喷涂或浇注有机类保温材料的界面;
⑩ 保温隔热砌块墙体;
⑪ 各种变形缝处的节能施工做法。

4) 墙体节能工程的保温隔热材料在运输、储存和施工过程中应采取防潮、防水、防火等保护

措施。

5）墙体节能工程验收的检验批划分应符合下列规定：

① 采用相同材料、工艺和施工做法的墙面，扣除门窗洞口后的保温墙面面积每1 000 m^2划分为一个检验批；

② 检验批的划分也可根据与施工流程相一致且方便施工与验收的原则，由施工单位与监理单位双方协商确定；

③ 当按计数方法抽样检验时，其抽样数量应符合表5-1-1的规定。

表5-1-1　检验批最小抽样数量

检验批的容量	最小抽样数量	检验批的容量	最小抽样数量
2～15	2	151～280	13
16～25	3	281～500	20
26～90	5	501～1 200	32
91～150	8	1 201～3 200	50

5.1.2　主控项目

1）墙体节能工程使用的材料、构件应进行进场验收，验收结果应经监理工程师检查认可，且应形成相应的验收记录。各种材料和构件的质量证明文件与相关技术资料应齐全，并应符合设计要求和国家现行有关标准的规定。

检验方法：观察、尺量检查；核查质量证明文件。

检查数量：按进场批次，每批随机抽取3个试样进行检查；质量证明文件应按其出厂检验批进行核查。

2）墙体节能工程使用的材料、产品进场时，应对其下列性能进行复验，复验应为见证取样检验：

① 保温隔热材料的导热系数或热阻、密度、压缩强度或抗压强度、垂直于板面方向的抗拉强度、吸水率、燃烧性能（不燃材料除外）；

② 复合保温板等墙体节能定型产品的传热系数或热阻、单位面积质量、拉伸黏结强度、燃烧性能（不燃材料除外）；

③ 保温砌块等墙体节能定型产品的传热系数或热阻、抗压强度、吸水率；

④ 反射隔热材料的太阳光反射比，半球发射率；

⑤ 黏结材料的拉伸黏结强度；

⑥ 抹面材料的拉伸黏结强度、压折比；

⑦ 增强网的力学性能、抗腐蚀性能。

检验方法：核查质量证明文件；随机抽样检验，核查复验报告，其中：导热系数（传热系数）或热阻、密度或单位面积质量、燃烧性能必须在同一个报告中。

检查数量：同厂家、同品种产品，按照扣除门窗洞口后的保温墙面面积所使用的材料用量，在5 000 m^2以内时应复验1次；面积每增加5 000 m^2应增加1次。同工程项目、同施工单位且同期施工的多个单位工程，可合并计算抽检面积。在同一工程项目中，同厂家、同类型、同规格的节能材料、构件和设备，当获得建筑节能产品认证、具有节能标识或连续3次见证取样检验均一次检验合格时，其检验批的容量可扩大一倍，且仅可扩大一倍。

3）外墙外保温工程应采用预制构件、定型产品或成套技术，并应由同一供应商提供配套的组成材料和型式检验报告。型式检验报告中应包括耐候性和抗风压性能检验项目以及配套组成材料的名称、生产单位、规格型号及主要性能参数。

检验方法：核查质量证明文件和型式检验报告。

检查数量：全数检查。

4）严寒和寒冷地区外保温使用的抹面材料，其冻融试验结果应符合该地区最低气温环境的使用要求。

检验方法：核查质量证明文件。

检查数量：全数检查。

5）墙体节能工程施工前应按照设计和专项施工方案的要求对基层进行处理，处理后的基层应符合要求。

检验方法：对照设计和专项施工方案观察检查；核查隐蔽工程验收记录。

检查数量：全数检查。

6）墙体节能工程各层构造做法应符合设计要求，并应按照经过审批的专项施工方案施工。

检验方法：对照设计和专项施工方案观察检查；核查隐蔽工程验收记录。

检查数量：全数检查。

7）墙体节能工程的施工质量，必须符合下列规定：

① 保温隔热材料的厚度不得低于设计要求。

② 保温板材与基层之间及各构造层之间的黏结或连接必须牢固。保温板材与基层的连接方式、拉伸黏结强度和黏结面积比应符合设计要求。保温板材与基层之间的拉伸黏结强度应进行现场拉拔试验，且不得在界面破坏。黏结面积比应进行剥离检验。

③ 当采用保温浆料做外保温时，厚度大于20 mm的保温浆料应分层施工。保温浆料与基层之间及各层之间的黏结必须牢固，不应脱层、空鼓和开裂。

④ 当保温层采用锚固件固定时，锚固件数量、位置、锚固深度、胶结材料性能和锚固力应符合设计和施工方案的要求；保温装饰板的锚固件应使其装饰面板可靠固定；锚固力应做现场拉拔试验。

检验方法：观察、手扳检查；核查隐蔽工程验收记录和检验报告。保温材料厚度采用现场钢针插入或剖开后尺量检查；拉伸黏结强度进行现场检验；黏结面积比进行现场检验；锚固力检验应按现行行业标准《保温装饰板外墙外保温系统材料》(JG/T 287—2013)的试验方法进行；锚栓拉拔力检验应按现行行业标准《外墙保温用锚栓》(JG/T 366—2012)的试验方法进行。

检查数量：每个检验批应抽查3处。

8）外墙采用预置保温板现场浇筑混凝土墙体时，保温板的安装位置应正确，接缝应严密；保温板应固定牢固，在浇筑混凝土过程中不应移位、变形；保温板表面应采取界面处理措施，与混凝土黏结应牢固。

检验方法：观察、尺量检查；核查隐蔽工程验收记录。

检查数量：隐蔽工程验收记录全数核查。

9）外墙采用保温浆料做保温层时，应在施工中制作同条件试件，检测其导热系数、干密度和

抗压强度。保温浆料的试件应见证取样检验。

检验方法：按《建筑节能工程施工质量验收标准》（GB 50411—2019）附录D的检验方法进行。

检查数量：同厂家、同品种产品，按照扣除门窗洞口后的保温墙面面积，在5 000 m^2以内时应检验1次；面积每增加5 000 m^2应增加1次。同工程项目、同施工单位且同期施工的多个单位工程，可合并计算抽检面积。

10）墙体节能工程各类饰面层的基层及面层施工，应符合设计且应符合现行国家标准《建筑装饰装修工程质量验收标准》（GB 50210—2018）的规定，并应符合下列规定：

① 饰面层施工前应对基层进行隐蔽工程验收。基层应无脱层、空鼓和裂缝，并应平整、洁净，含水率应符合饰面层施工的要求。

② 外墙外保温工程不宜采用粘贴饰面砖作饰面层；当采用时，其安全性与耐久性必须符合设计要求。饰面砖应做黏结强度拉拔试验，试验结果应符合设计和有关标准的规定。

③ 外墙外保温工程的饰面层不得渗漏。当外墙外保温工程的饰面层采用饰面板开缝安装时，保温层表面应覆盖具有防水功能的抹面层或采取其他防水措施。

④ 外墙外保温层及饰面层与其他部位交接的收口处，应采取防水措施。

检验方法：观察检查；核查隐蔽工程验收记录和检验报告。黏结强度应按照现行行业标准《建筑工程饰面砖黏结强度检验标准》（JGJ/T 110—2017）的有关规定检验。

检查数量：黏结强度应按照现行行业标准《建筑工程饰面砖　黏结强度检验标准》（JGJ/T 110—2017）的有关规定抽样。其他为全数检查。

11）保温砌块砌筑的墙体，应采用配套砂浆砌筑。砂浆的强度等级及导热系数应符合设计要求。砌体灰缝饱满度不应低于80%。

检验方法：对照设计检查砂浆品种，用百格网检查灰缝砂浆饱满度。核查砂浆强度及导热系数试验报告。

检查数量：砂浆品种和强度试验报告全数核查。砂浆饱满度每楼层的每个施工段至少抽查1次，每次抽查5处，每处不少于3个砌块。

12）采用预制保温墙板现场安装的墙体，应符合下列规定：

① 保温墙板的结构性能、热工性能及与主体结构的连接方法应符合设计要求，与主体结构连接必须牢固；

② 保温墙板的板缝处理、构造节点及嵌缝做法应符合设计要求；

③ 保温墙板板缝不得渗漏。

检验方法：核查型式检验报告、出厂检验报告和隐蔽工程验收记录。对照设计观察检查；淋水试验检查。

检查数量：型式检验报告、出厂检验报告全数检查；板缝不得渗漏，可按照扣除门窗洞口后的保温墙面面积，在5 000 m^2以内时应检查1处，当面积每增加5 000 m^2应增加1处。

13）外墙采用保温装饰板时，应符合下列规定：

① 保温装饰板的安装构造、与基层墙体的连接方法应符合设计要求，连接必须牢固；

② 保温装饰板的板缝处理、构造节点做法应符合设计要求；

③ 保温装饰板板缝不得渗漏；

④ 保温装饰板的锚固件应将保温装饰板的装饰面板固定牢固。

检验方法：核查型式检验报告、出厂检验报告和隐蔽工程验收记录。对照设计观察检查；淋水试验检查。

检查数量：型式检验报告、出厂检验报告全数检查；板缝不得渗漏，应按照扣除门窗洞口后的保温墙面面积，在 5 000 m^2 以内时应检查 1 处，面积每增加 5 000 m^2 应增加 1 处。

14）采用防火隔离带构造的外墙外保温工程施工前编制的专项施工方案应符合现行行业标准《建筑外墙外保温防火隔离带技术规程》（JGJ 289—2012）的规定，并应制作样板墙，其采用的材料和工艺应与专项施工方案相同。

检验方法：核查专项施工方案、检查样板墙。

检查数量：全数检查。

15）防火隔离带组成材料应与外墙外保温组成材料相配套。防火隔离带宜采用工厂预制的制品现场安装，并应与基层墙体可靠连接，防火隔离带面层材料应与外墙外保温一致。

检验方法：对照设计观察检查。

检查数量：全数检查。

16）建筑外墙外保温防火隔离带保温材料的燃烧性能等级应为 A 级，并应符合上面第（3）条的规定。

检验方法：核查质量证明文件及检验报告。

检查数量：全数检查。

17）墙体内设置的隔气层，其位置、材料及构造做法应符合设计要求。隔气层应完整、严密，穿透隔气层处应采取密封措施。隔气层凝结水排水构造应符合设计要求。

检验方法：对照设计观察检查，核查质量证明文件和隐蔽工程验收记录。

检查数量：全数检查。

18）外墙和毗邻不供暖空间墙体上的门窗洞口四周墙的侧面，墙体上凸窗四周的侧面，应按设计要求采取节能保温措施。

检验方法：对照设计观察检查，采用红外热像仪检查或剖开检查；核查隐蔽工程验收记录。

检查数量：按表 5-1-1 的规定抽检，最小抽样数量不得少于 5 处。

19）严寒和寒冷地区外墙热桥部位，应按设计要求采取隔断热桥措施。

检验方法：对照设计和专项施工方案观察检查；核查隐蔽工程验收记录；使用红外热像仪检查。

检查数量：隐蔽工程验收记录应全数检查。隔断热桥措施按不同种类，每种抽查 20%，并不少于 5 处。

5.1.3　一般项目

1）当节能保温材料与构件进场时，其外观和包装应完整无破损。

检验方法：观察检查。

检查数量：全数检查。

2）当采用增强网作为防止开裂的措施时，增强网的铺贴和搭接应符合设计和专项施工方案的要求。砂浆抹压应密实，不得空鼓，增强网应铺贴平整，不得皱褶、外露。

检验方法：观察检查；核查隐蔽工程验收记录。

检查数量：每个检验批抽查不少于 5 处，每处不少于 2 m^2。

3）除严寒和寒冷地区的其他地区，设置集中供暖和空调的房间，其外墙热桥部位应按设计要求采取隔断热桥措施。

检验方法：对照专项施工方案观察检查；核查隐蔽工程验收记录。

检查数量：隐蔽工程验收记录应全数检查。隔断热桥措施按不同种类，按表5-1-1的规定抽检，最小抽样数量每种不得少于5处。

4）施工产生的墙体缺陷，如穿墙套管、脚手架眼、孔洞、外门窗框或附框与洞口之间的间隙等，应按照专项施工方案采取隔断热桥措施，不得影响墙体热工性能。

检验方法：对照专项施工方案检查施工记录。

检查数量：全数检查。

5）墙体保温板材的粘贴方法和接缝方法应符合专项施工方案要求，保温板接缝应平整严密。

检验方法：对照专项施工方案，剖开检查。

检查数量：每个检验批抽查不少于5块保温板材。

6）外墙保温装饰板安装后表面应平整，板缝均匀一致。

检验方法：观察检查。

检查数量：每个检验批抽查10%，并不少于10处。

7）墙体采用保温浆料时，保温浆料厚度应均匀、接槎应平顺密实。

检验方法：观察、尺量检查。

检查数量：保温浆料厚度每个检验批抽查10%，并不少于10处。

8）墙体上的阳角、门窗洞口及不同材料基体的交接处等部位，其保温层应采取防止开裂和破损的加强措施。

检验方法：观察检查；核查隐蔽工程验收记录。

检查数量：按不同部位，每类抽查10%，并不少于5处。

9）采用现场喷涂或模板浇注的有机类保温材料做外保温时，有机类保温材料应达到陈化时间后方可进行下道工序施工。

检查方法：对照专项施工方案和产品说明书进行检查。

检查数量：全数检查。

项目2 幕墙节能工程施工质量验收

【学习目标】

1. 能够在施工现场进行安全、技术、质量管理控制。
2. 能正确使用检测工具并对幕墙节能施工质量进行检查验收。
3. 能对幕墙节能施工常见质量通病进行治理。

5.2.1 一般规定

1）适用于建筑外围护结构的各类透光、非透光建筑幕墙和采光屋面节能工程施工质量验收。

2）幕墙节能工程的隔气层、保温层应在主体结构工程质量验收合格后进行施工。幕墙施工过程中应及时进行质量检查、隐蔽工程验收和检验批验收，施工完成后应进行幕墙节能分项工程验收。

3）当幕墙节能工程采用隔热型材时，应提供隔热型材所使用的隔断热桥材料的物理力学性能检测报告。

4）幕墙节能工程施工中应对下列部位或项目进行隐蔽工程验收，并应有详细的文字记录和必要的图像资料：

① 保温材料厚度和保温材料的固定；

② 幕墙周边与墙体、屋面、地面的接缝处保温、密封构造；

③ 构造缝、结构缝处的幕墙构造；

④ 隔气层；

⑤ 热桥部位、断热节点；

⑥ 单元式幕墙板块间的接缝构造；

⑦ 凝结水收集和排放构造；

⑧ 幕墙的通风换气装置；

⑨ 遮阳构件的锚固和连接。

5）幕墙节能工程使用的保温材料在运输、储存和施工过程中应采取防潮、防水、防火等保护措施。

6）幕墙节能工程验收的检验批划分，应符合下列规定：

① 采用相同材料、工艺和施工做法的幕墙，按照幕墙面积每 1 000 m^2划分为一个检验批；

② 检验批的划分也可根据与施工流程相一致且方便施工与验收的原则，由施工单位与监理单位双方协商确定；

③ 当按计数方法抽样检验时，其抽样数量应符合表 5-1-1 最小抽样数量的规定。

5.2.2　主控项目

1）幕墙节能工程使用的材料、构件应进行进场验收，验收结果应经监理工程师检查认可，且应形成相应的验收记录。各种材料和构件的质量证明文件与相关技术资料应齐全，并应符合设计要求和国家现行有关标准的规定。

检验方法：观察、尺量检查；核查质量证明文件。

检查数量：按进场批次，每批随机抽取 3 个试样进行检查；质量证明文件应按照其出厂检验批进行核查。

2）幕墙（含采光顶）节能工程使用的材料、构件进场时，应对其下列性能进行复验，复验应为见证取样检验：

① 保温隔热材料的导热系数或热阻、密度、吸水率、燃烧性能（不燃材料除外）；

② 幕墙玻璃的可见光透射比、传热系数、遮阳系数，中空玻璃的密封性能；

③ 隔热型材的抗拉强度、抗剪强度；

④ 透光、半透光遮阳材料的太阳光透射比、太阳光反射比。

检验方法：核查质量证明文件、计算书、复验报告，其中：导热系数或热阻、密度、燃烧性能必须在同一个报告中；随机抽样检验，中空玻璃密封性能检测。

检查数量：同厂家、同品种产品，幕墙面积在 3 000 m^2以内时应复验 1 次；面积每增加 3 000 m^2

应增加1次。同工程项目、同施工单位且同期施工的多个单位工程,可合并计算抽检面积。

3）幕墙的气密性能应符合设计规定的等级要求。密封条应镶嵌牢固、位置正确、对接严密。单元式幕墙板块之间的密封应符合设计要求。开启部分关闭应严密。

检验方法:观察检查,开启部分启闭检查。核查隐蔽工程验收记录。当幕墙面积合计大于3 000 m^2或幕墙面积占建筑外墙总面积超过50%时,应核查幕墙气密性检测报告。

检查数量:质量证明文件、性能检测报告全数核查。现场观察及启闭检查宜符合表5-1-1的规定。

4）每幅建筑幕墙的传热系数、遮阳系数均应符合设计要求。幕墙工程热桥部位的隔断热桥措施应符合设计要求,隔断热桥节点的连接应牢固。

检验方法:对照设计文件核查幕墙节点及安装。

检查数量:节点及开启窗每个检验批宜按表5-1-1的规定抽检,最小抽样数量不得少于10处。

5）幕墙节能工程使用的保温材料,其厚度应符合设计要求,安装应牢固,不得松脱。

检验方法:对保温板或保温层应采取针插法或剖开法,尺量厚度;手扳检查。

检查数量:每个检验批依据板块数量按表5-1-1的规定抽检,最小抽样数量不得少于10处。

6）幕墙遮阳设施安装位置、角度应满足设计要求。遮阳设施安装应牢固,并满足维护检修的荷载要求。外遮阳设施应满足抗风的要求。

检验方法:核查质量证明文件;检查隐蔽工程验收记录;观察、尺量、手扳检查;核查遮阳设施的抗风计算报告或产品检测报告。

检查数量:安装位置和角度每个检验批按表5-1-1的规定抽检,最小抽样数量不得少于10处;牢固程度全数检查;报告全数核查。

7）幕墙隔气层应完整、严密、位置正确,穿透隔气层处应采取密封措施。

检验方法:观察检查。

检查数量:每个检验批抽样数量不少于5处。

8）幕墙保温材料应与幕墙面板或基层墙体可靠黏结或锚固,有机保温材料应采用非金属不燃材料作防护层,防护层应将保温材料完全覆盖。

检验方法:观察检查。

检查数量:每个检验批按表5-1-1的规定抽检,最小抽样数量不得少于5处。

9）建筑幕墙与基层墙体、窗间墙、窗槛墙及裙墙之间的空间,应在每层楼板处和防火分区隔离部位采用防火封堵材料封堵。

检验方法:观察检查。

检查数量:每个检验批按表5-1-1的规定抽检,最小抽样数量不得少于5处。

10）幕墙可开启部分开启后的通风面积应满足设计要求。幕墙通风器的通道应通畅、尺寸满足设计要求,开启装置应能顺畅开启和关闭。

检验方法:尺量核查开启窗通风面积;观察检查;通风器启闭检查。

检查数量:每个检验批依据可开启部分或通风器数量按表5-1-1的规定抽检,最小抽样数量不得少于5个,开启窗通风面积全数核查。

11）凝结水的收集和排放应通畅，并不得渗漏。

检验方法：通水试验、观察检查。

检查数量：每个检验批抽样数量不少于5处。

12）采光屋面的可开启部分应按屋面节能工程施工质量的要求验收。采光屋面的安装应牢固，坡度正确，封闭严密，不得渗漏。

检验方法：核查质量证明文件；观察、尺量检查；淋水检查；核查隐蔽工程验收记录。

检查数量：200 m^2以内全数检查；超过200 m^2则抽查30%，抽查面积不少于200 m^2。

5.2.3　一般项目

1）幕墙镀（贴）膜玻璃的安装方向、位置应符合设计要求。采用密封胶密封的中空玻璃应采用双道密封。采用了均压管的中空玻璃，其均压管在安装前应密封处理。

检验方法：观察、检查施工记录。

检查数量：每个检验批按表5-1-1的规定抽检，最小抽样数量不得少于5件（处）。

2）单元式幕墙板块组装应符合下列要求：

① 密封条规格正确，长度无负偏差，接缝的搭接符合设计要求；

② 保温材料固定牢固；

③ 隔气层密封完整、严密；

④ 凝结水排水系统通畅，管路无渗漏。

检验方法：观察检查；手扳检查；尺量；通水试验。

检查数量：每个检验批依据板块数量按表5-1-1的规定抽检，最小抽样数量不得少于5件（处）。

3）幕墙与周边墙体、屋面间的接缝处应按设计要求采用保温措施，并应采用耐候密封胶等密封。建筑伸缩缝、沉降缝、抗震缝处的幕墙保温或密封做法应符合设计要求。严寒、寒冷地区当采用非闭孔保温材料时，应有完整的隔气层。

检验方法：观察检查。对照设计文件观察检查。

检查数量：每个检验批抽样数量不少于5件（处）。

4）幕墙活动遮阳设施的调节机构应灵活，并应能调节到位。

检验方法：遮阳设施现场进行10次以上完整行程的调节试验；观察检查。

检查数量：每个检验批按表5-1-1的规定抽检，最小抽样数量不得少于10件（处）。

项目3　门窗节能工程施工质量验收

【学习目标】

1. 能够在施工现场进行安全、技术、质量管理控制。
2. 能正确使用检测工具并对门窗节能施工质量进行检查验收。
3. 能对门窗节能施工常见质量通病进行治理。

5.3.1　一般规定

1）适用于金属门窗、塑料门窗、木门窗、各种复合门窗、特种门窗及天窗等建筑外门窗节能工程的施工质量验收。

2）门窗节能工程应优先选用具有国家建筑门窗节能性能标识的产品。当门窗采用隔热型材时，应提供隔热型材所使用的隔断热桥材料的物理力学性能检测报告。

3）主体结构完成后进行施工的门窗节能工程，应在外墙质量验收合格后对门窗框与墙体接缝处的保温填充做法和门窗附框等进行施工，施工过程中应及时进行质量检查、隐蔽工程验收和检验批验收，隐蔽部位验收应在隐蔽前进行，并应有详细的文字记录和必要的图像资料，施工完成后应进行门窗节能分项工程验收。

4）门窗节能工程验收的检验批划分，应符合下列规定：

① 同一厂家的同材质、类型和型号的门窗每200樘划分为一个检验批；

② 同一厂家的同材质、类型和型号的特种门窗每50樘划分为一个检验批；

③ 异形或有特殊要求的门窗检验批的划分也可根据其特点和数量，由施工单位与监理单位协商确定。

5.3.2　主控项目

1）建筑门窗节能工程使用的材料、构件应进行进场验收，验收结果应经监理工程师检查认可，且应形成相应的验收记录。各种材料和构件的质量证明文件和相关技术资料应齐全，并应符合设计要求和国家现行有关标准的规定。

检验方法：观察、尺量检查；核查质量证明文件。

检查数量：按进场批次，每批随机抽取3个试样进行检查；质量证明文件应按其出厂检验批进行核查。

2）门窗（包括天窗）节能工程使用的材料、构件进场时，应按工程所处的气候区核查质量证明文件、节能性能标识证书、门窗节能性能计算书、复验报告，并应对下列性能进行复验，复验应为见证取样检验：

① 严寒、寒冷地区：门窗的传热系数、气密性能；

② 夏热冬冷地区：门窗的传热系数气密性能，玻璃的遮阳系数、可见光透射比；

③ 夏热冬暖地区：门窗的气密性能，玻璃的遮阳系数、可见光透射比；

④ 严寒、寒冷、夏热冬冷和夏热冬暖地区：透光、部分透光遮阳材料的太阳光透射比、太阳光反射比，中空玻璃的密封性能。

检验方法：具有国家建筑门窗节能性能标识的门窗产品，验收时应对照标识证书和计算报告，核对相关的材料、附件、节点构造，复验玻璃的节能性能指标（即可见光透射比、太阳得热系数、传热系数、中空玻璃的密封性能），可不再进行产品的传热系数和气密性能复验。应核查标识证书与门窗的一致性，核查标识的传热系数和气密性能等指标，并按门窗节能性能标识模拟计算报告核对门窗节点构造。对中空玻璃密封性能进行检验。

检查数量：质量证明文件、复验报告和计算报告等全数核查；按同厂家、同材质、同开启方式、同型材系列的产品各抽查一次；对于有节能性能标识的门窗产品，复验时可仅核查标识证书和玻璃的检测报告。同工程项目、同施工单位且同期施工的多个单位工程，可合并计算抽检数量。

3）金属外门窗框的隔断热桥措施应符合设计要求和产品标准的规定，金属附框应按照设计要求采取保温措施。

检验方法：随机抽样，对照产品设计图纸，剖开或拆开检查。

检查数量：同厂家、同材质、同规格的产品各抽查不少于1樘。金属附框的保温措施每个检验批按表5-1-1的规定抽检。

4）外门窗框或附框与洞口之间的间隙应采用弹性闭孔材料填充饱满，并进行防水密封，夏热冬暖地区、温和地区当采用防水砂浆填充间隙时，窗框与砂浆间应用密封胶密封；外门窗框与附框之间的缝隙应使用密封胶密封。

检验方法：观察检查；核查隐蔽工程验收记录。

检查数量：全数检查。

5）严寒和寒冷地区的外门应按照设计要求采取保温、密封等节能措施。

检验方法：观察检查。

检查数量：全数检查。

6）外窗遮阳设施的性能、位置、尺寸应符合设计和产品标准要求；遮阳设施的安装应位置正确、牢固，满足安全和使用功能的要求。

检验方法：核查质量证明文件；观察、尺量、手扳检查；核查遮阳设施的抗风计算报告或性能检测报告。

检查数量：每个检验批按表5-1-1的规定抽检；安装牢固程度全数检查。

7）用于外门的特种门的性能应符合设计和产品标准要求；特种门安装中的节能措施，应符合设计要求。

检验方法：核查质量证明文件；观察、尺量检查。

检查数量：全数检查。

8）天窗安装的位置、坡向、坡度应正确，封闭严密，不得渗漏。

检验方法：观察检查；用水平尺（坡度尺）检查；淋水检查。

检查数量：每个检验批按表5-1-1规定的最小抽样数量的2倍抽检。

9）通风器的尺寸、通风量等性能应符合设计要求；通风器的安装位置应正确，与门窗型材间的密封应严密，开启装置应能顺畅开启和关闭。

检验方法：核查质量证明文件；观察、尺量检查。

检查数量：每个检验批按表5-1-1规定的最小抽样数量的2倍抽检。

5.3.3　一般项目

1）门窗扇密封条和玻璃镶嵌的密封条，其物理性能应符合相关标准中的要求。密封条安装位置应正确，镶嵌牢固，不得脱槽。接头处不得开裂。关闭门窗时密封条应接触严密。

检验方法：观察检查，核查质量证明文件。

检查数量：全数检查。

2）门窗镀（贴）膜玻璃的安装方向应符合设计要求，采用密封胶密封的中空玻璃应采用双道密封，采用了均压管的中空玻璃其均压管应进行密封处理。

检验方法：观察检查，核查质量证明文件。

检查数量：全数检查。

3）外门、窗遮阳设施调节应灵活、调节到位。

检验方法：现场调节试验检查。

检查数量：全数检查。

项目 4　屋面节能工程施工质量验收

【学习目标】

1. 能够在施工现场进行安全、技术、质量管理控制。

2. 能正确使用检测工具并对屋面节能施工质量进行检查验收。

3. 能对屋面节能施工常见质量通病进行治理。

5.4.1　一般规定

1）适用于采用板材、现浇、喷涂等保温隔热做法的建筑屋面节能工程施工质量验收。

2）屋面节能工程应在基层质量验收合格后进行施工，施工过程中应及时进行质量检查、隐蔽工程验收和检验批验收，施工完成后应进行屋面节能分项工程验收。

3）屋面节能工程应对下列部位进行隐蔽工程验收，并应有详细的文字记录和必要的图像资料：

① 基层及其表面处理；

② 保温材料的种类、厚度、保温层的敷设方式；板材缝隙填充质量；

③ 屋面热桥部位处理；

④ 隔汽层。

4）屋面保温隔热层施工完成后，应及时进行后续施工或加以覆盖。

5）屋面节能工程施工质量验收的检验批划分，应符合下列规定：

① 采用相同材料、工艺和施工做法的屋面，扣除天窗、采光顶后的屋面面积，每 1 000 m^2 面积划分为一个检验批；

② 检验批的划分也可根据与施工流程相一致且方便施工与验收的原则，由施工单位与监理单位协商确定。

5.4.2　主控项目

1）屋面节能工程使用的保温隔热材料、构件应进行进场验收，验收结果应经监理工程师检查认可，且应形成相应的验收记录。各种材料和构件的质量证明文件与相关技术资料应齐全，并应符合设计要求和国家现行有关标准的规定。

检验方法：观察、尺量检查；核查质量证明文件。

检查数量：按进场批次，每批随机抽取 3 个试样进行检查；质量证明文件应按照其出厂检验批进行核查。

2）屋面节能工程使用的材料进场时，应对其下列性能进行复验，复验应为见证取样检验：

① 保温隔热材料的导热系数或热阻、密度、压缩强度或抗压强度、吸水率、燃烧性能（不燃材料除外）；

② 反射隔热材料的太阳光反射比、半球发射率。

检验方法：核查质量证明文件，随机抽样检验，核查复验报告，其中：导热系数或热阻、密度、燃烧性能必须在同一个报告中。

检查数量：同厂家、同品种产品，扣除天窗、采光顶后的屋面面积在 1 000 m^2 以内时应复验 1

次;面积每增加 1 000 m^2应增加复验 1 次。同工程项目、同施工单位且同期施工的多个单位工程,可合并计算抽检面积。当符合表 5-1-1 的规定时,检验批容量可以扩大一倍。

3）屋面保温隔热层的敷设方式、厚度、缝隙填充质量及屋面热桥部位的保温隔热做法,应符合设计要求和有关标准的规定。

检捡方法:观察、尺量检查。

检查数量:每个检验批抽查 3 处,每处 10 m^2。

4）屋面的通风隔热架空层,其架空高度、安装方式、通风口位置及尺寸应符合设计及有关标准要求。架空层内不得有杂物。架空面层应完整,不得有断裂和露筋等缺陷。

检验方法:观察、尺量检查。

检查数量:每个检验批抽查 3 处,每处 10 m^2。

5）屋面隔汽层的位置、材料及构造做法应符合设计要求,隔汽层应完整、严密,穿透隔汽层处应采取密封措施。

检验方法:观察检查;核查隐蔽工程验收记录。

检查数量:每个检验批抽查 3 处,每处 10 m^2。

6）坡屋面、架空屋面内保温应采用不燃保温材料,保温层做法应符合设计要求。

检验方法:观察检查;核查复验报告和隐蔽工程验收记录。

检查数量:每个检验批抽查 3 处,每处 10 m^2。

7）当采用带铝箔的空气隔层做隔热保温屋面时,其空气隔层厚度、铝箔位置应符合设计要求。空气隔层内不得有杂物,铝箔应铺设完整。

检验方法:观察、尺量检查。

检查数量:每个检验批抽查 3 处,每处 10 m^2。

8）种植植物的屋面,其构造做法与植物的种类、密度、覆盖面积等应符合设计及相关标准要求,植物的种植与维护不得损害节能效果。

检验方法:对照设计检查。

检查数量:全数检查。

9）采用有机类保温隔热材料的屋面,防火隔离措施应符合设计和现行国家标准《建筑设计防火规范》(GB 50016—2014)(2018 年版)的规定。

检验方法:对照设计检查。

检查数量:全数检查。

10）金属板保温夹芯屋面应铺装牢固、接口严密、表面洁净、坡向正确。

检验方法:观察、尺量检查;核查隐蔽工程验收记录。

检查数量:全数检查。

5.4.3　一般项目

1）屋面保温隔热层应按专项施工方案施工,并应符合下列规定:

① 板材应粘贴牢固、缝隙严密、平整;

② 现场采用喷涂、浇注、抹灰等工艺施工的保温层,应按配合比准确计量、分层连续施工、表面平整、坡向正确;

检验方法:观察、尺量检查,检查施工记录。

检查数量：每个检验批抽查 3 处，每处 10 m^2。

2）反射隔热屋面的颜色应符合设计要求，色泽应均匀一致，没有污迹，无积水现象。

检验方法：观察检查。

检查数量：全数检查。

3）坡屋面、架空屋面当采用内保温时，保温隔热层应设有防潮措施，其表面应有保护层，保护层的做法应符合设计要求。

检验方法：观察检查；核查隐蔽工程验收记录。

检查数量：每个检验批抽查 3 处，每处 10 m^2。

项目 5　地面节能工程施工质量验收

【学习目标】

1. 能够在施工现场进行安全、技术、质量管理控制。
2. 能正确使用检测工具并对地面节能施工质量进行检查验收。
3. 能对地面节能施工常见质量通病进行预防与治理。
4. 能进行安全、文明施工。

5.5.1　一般规定

1）适用于建筑工程中接触土壤或室外空气的地面、毗邻不供暖空间的地面，以及与土壤接触的地下室外墙等节能工程的施工质量验收。

2）地面节能工程的施工，应在基层质量验收合格后进行。施工过程中应及时进行质量检查、隐蔽工程验收和检验批验收，施工完成后应进行地面节能分项工程验收。

3）地面节能工程应对下列部位进行隐蔽工程验收，并应有详细的文字记录和必要的图像资料：

① 基层及其表面处理；

② 保温材料种类和厚度；

③ 保温材料黏结；

④ 地面热桥部位处理。

4）地面节能分项工程检验批划分，应符合下列规定：

① 采用相同材料、工艺和施工做法的地面，每 1 000 m^2面积划分为一个检验批。

② 检验批的划分也可根据与施工流程相一致且方便施工与验收的原则，由施工单位与监理单位协商确定。

5.5.2　主控项目

1）用于地面节能工程的保温材料、构件应进行进场验收，验收结果应经监理工程师检查认可，且应形成相应的验收记录。各种材料和构件的质量证明文件与相关技术资料应齐全，并应符合设计要求和国家现行有关标准的规定。

检验方法：观察、尺量检查；核查质量证明文件。

检查数量：按进场批次，每批随机抽取 3 个试样进行检查；质量证明文件应按照其出厂检验批进行核查。

2）地面节能工程使用的保温材料进场时，应对其导热系数或热阻、密度、压缩强度或抗压强度、吸水率、燃烧性能（不燃材料除外）等性能进行复验，复验应为见证取样检验。

检验方法：核查质量证明文件，随机抽样检验，核查复验报告，其中：导热系数或热阻、密度、燃烧性能必须在同一个报告中。

检查数量：同厂家、同品种产品，地面面积在 1 000 m^2以内时应复验 1 次；面积每增加 1 000 m^2应增加 1 次。同工程项目、同施工单位且同期施工的多个单位工程，可合并计算抽检面积。当符合表 5-1-1 的规定时，检验批容量可以扩大一倍。

3）地下室顶板和架空楼板底面的保温隔热材料应符合设计要求，并应粘贴牢固。

检验方法：观察检查，核查质量证明文件。

检查数量：每个检验批应抽查 3 处。

4）地面节能工程施工前，基层处理应符合设计和专项施工方案的有关要求。

检验方法：对照设计和专项施工方案观察检查。

检查数量：全数检查。

5）地面保温层、隔离层、保护层等各层的设置和构造做法应符合设计要求，并应按专项施工方案施工。

检验方法：对照设计和专项施工方案观察检查；尺量检查。

检查数量：每个检验批抽查 3 处，每处 10 m^2。

6）地面节能工程的施工质量应符合下列规定：

① 保温板与基层之间、各构造层之间的黏结应牢固，缝隙应严密；

② 穿越地面到室外的各种金属管道应按设计要求采取保温隔热措施。

检验方法：观察检查；核查隐蔽工程验收记录。

检查数量：每个检验批抽查 3 处，每处 10 m^2；穿越地面的金属管道全数检查。

7）有防水要求的地面，其节能保温做法不得影响地面排水坡度，防护面层不得渗漏。

检验方法：观察、尺量检查，核查防水层蓄水试验记录。

检查数量：全数检查。

8）严寒和寒冷地区，建筑首层直接接触土壤的地面、底面直接接触室外空气的地面、毗邻不供暖空间的地面以及供暖地下室与土壤接触的外墙应按设计要求采取保温措施。

检验方法：观察检查，核查隐蔽工程验收记录。

检查数量：全数检查。

9）保温层的表面防潮层、保护层应符合设计要求。

检验方法：观察检查，核查隐蔽工程验收记录。

检查数量：全数检查。

5.5.3　一般项目

1）采用地面辐射供暖的工程，其地面节能做法应符合设计要求和现行行业标准《辐射供暖供冷技术规程》（JGJ 142—2012）的规定。

检验方法：观察检查，核查隐蔽工程验收记录。

检查数量：每个检验批抽查 3 处。

2）接触土壤地面的保温层下面的防潮层应符合设计要求。

检验方法：观察检查，核查隐蔽工程验收记录。

检查数量：每个检验批抽查 3 处。

学习情境

6

太阳能与热泵技术

项目1 太阳能在建筑中的应用技术

【学习目标】

1. 能分析太阳能的优势和劣势。
2. 能掌握太阳能热水器的原理、光伏效应原理。
3. 能进行被动式太阳能建筑节能设计。

6.1.1 太阳能资源的特点

可再生能源是可以重复产生的自然能源,其主要特性有:可供人类永续利用而不枯竭;环境影响小,属于绿色能源。我国建筑中可再生能源应用主要有太阳能热水器、太阳房、光伏发电、地热采暖、地源热泵、空气源热泵、秸秆和薪柴生物质燃料、沼气等。

1. 太阳能的优势

太阳能资源是一种巨大的、无尽的、非常宝贵的可再生能源。这些能量以电磁波的形式向空间辐射,尽管只有22亿分之一到达地球表面,但已高达 173×10^{12} kW,是地球上最多的能源。具有以下特性:

1）可再生性。利用太阳能作为能源,可以取之不尽、用之不竭。

2）普遍性。阳光普照大地,处处都有太阳能,太阳能不像其他能源那样具有分布的偏集性。

3）容量巨大性。太阳每秒钟辐射到达地球表面的能量相当500万吨标准煤产生的能量。

4）经济性。太阳能可以就地取用,无须开采和运输,虽然太阳能的热利用初投资高,但在使用过程中不需要或较少需要另外耗能。

5）环境友好性。太阳能是一种生态资源,具有环境友好性。

6）安全性。

2. 太阳能的缺点

1）分散性。太阳辐射的能量密度较低。一般在夏季阳光较好时,在太阳能资源较丰富的地区,地面上接受的太阳辐照度为500~1 000 W/m^2。因此,在开发利用太阳能时,需要较大的采光面积。

2）不稳定性和间断性。太阳能随季节、气候、昼夜的变化而变化。

3）效率低。目前大部分太阳能利用设备的效率还较低,虽然节电但不节能。

4）初投资大。由于夜晚或阴天得不到太阳辐射或太阳辐射很少,需要考虑配备储能设备,或增设辅助热源，才能供全天应用，且目前太阳能光热转换设备成本高，所以利用太阳能系统初投资大。

3. 我国太阳能资源

我国太阳能资源按全年接受太阳能总辐射量的大小可分为五类地区，见表 6-1-1。

表 6-1-1　中国太阳能资源分区

地区分类	全年日照时数	太阳辐射年总量（$MJ/m^2 \cdot a$）	等量热量所需标准燃煤/kg	包括地区	主要城市
Ⅰ	3 200~3 300	≥6 700	≥225	青藏高原、宁夏北部、甘肃北部、新疆南部、西藏西部	拉萨
Ⅱ	3 000~3 200	5 860~6 700	200~225	河北西北部、山西北部、宁夏南部、甘肃中部、内蒙古南部、西藏东南部、青海东部	乌鲁木齐、呼和浩特、兰州、昆明、北京以东
Ⅲ	2 200~3 000	5 020~5 860	170~200	山东、河南、河北东南部、山西南部、新疆北部、吉林、辽宁、云南、陕西北部、甘肃东南部、广东南部、福建南部、江苏和安徽北部	北京、上海、广东、武汉、长沙沈阳、哈尔滨、西安、福州、郑州
Ⅳ	1 400~2 200	4 190~5 020	140~170	湖北、湖南、江西、浙江、广西、广东北部、陕西、黑龙江、江苏和安徽北部、长江中下游地区	重庆
Ⅴ	1 000~1 400	3 350~4 190	115~140	四川、贵州	贵阳

Ⅰ、Ⅱ、Ⅲ类地区，全年日照时数大于 2000h，辐射总量高于 5860 $MJ/(m^2 \cdot a)$，是我国太阳能资源丰富或较丰富的地区，占全国总面积的 2/3 以上，具有利用太阳能的良好条件。Ⅳ、Ⅴ类地区虽然太阳能资源条件较差，但仍有一定的利用价值。

6.1.2　太阳能光热技术

太阳能光热技术是通过转换装置把太阳辐射能转换成热能的技术，光热转换是太阳能利用的基本方式，可广泛应用于建筑采暖、热水供应和温室等。

1. 太阳能集热器

（1）平板型太阳能集热器

1）基本结构：主要由吸热板、透明盖板、隔热层和外壳等几部分组成，如图 6-1-1 所示。

2）基本原理：当平板型集热器工作时，太阳辐射穿过透明盖板，投射在吸热板上，被吸热板吸收并转化成热能，然后将热量传递给吸热板内的传热工质，使传热工质的温度升高，作为集热器有用能量输出。

3）适用范围：平板型太阳热水器制造成本最低，但每年只有 6~7 个月的使用时间，冬季不

图 6-1-1　平板型太阳能集热器

能有效使用。在夏季多云和阴天时，太阳能吸收率低。

(2) 真空太阳能集热器

1) 全玻璃真空管集热器。为了保证集热器的良好性能，对真空管的要求是：制作真空管的玻璃要有很好的透光性、热稳定性、耐冷热冲击性和易加工性，有较好的机械强度和抗化学侵蚀性，膨胀系数低。硼硅玻璃真空管集热器放置有两种形式，即南北向(竖排)放置和东南向(横排)放置。真空管集热器的热性能主要与管子的性能和管间距(推荐管间距为 75 mm)有关。集热器反射板多采用铝板和不锈钢板，多雪或大风地区不加反射板。

2) 热管式真空管集热器。其结构是在原有的铜铝复合板的基础上制作而成的，以热管取代普通平板集热器的排管，选用特殊配方的不冻工质，如图 6-1-2 所示。

图 6-1-2　真空太阳能集热器

2. 太阳能热水器

太阳热水系统应达到国家标准所要求的热性能指标。供热水温度应大于等于 40 ℃，每平方米采光面积的每天得热量应大于 7.65 MJ(当日太阳辐照量为 17 MJ/m^2)，相当于日效率大于 45%，热损失系数应低于 5 $W/(m^2 \cdot ℃)$，如图 6-1-3 所示。

(1) 自然循环太阳能热水系统

自然循环太阳能热水系统是依靠集热器和储水箱中的温差，形成系统的热虹吸压头，使水在系统中循环；与此同时，将集热器的有用能量收益通过加热水，不断储存在储水箱内。用热水时，

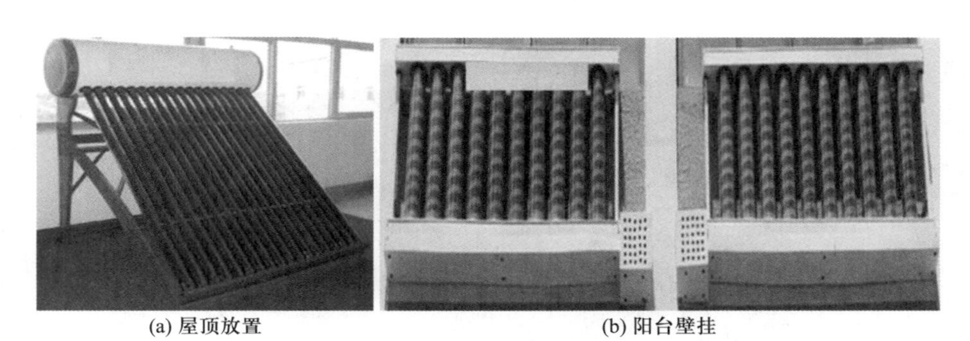
(a) 屋顶放置　　(b) 阳台壁挂

图 6-1-3　太阳能热水器

一是由补水箱向储水箱底部补充冷水，将储水箱上层热水顶出使用，其水位由补水箱内的浮球阀控制，有时称这种方法为顶水法；二是热水依靠本身重力从储水箱底部落下使用，有时称这种方法为落水法。

（2）强制循环太阳能热水系统

强制循环太阳能热水系统是在集热器和储水箱之间管路上设置水泵，作为系统中水的循环动力；与此同时，集热器的有用能量收益，通过加热水不断储存在储水箱内。

（3）直流式太阳能热水系统

直流式太阳能热水系统是使水一次通过集热器就被加热到所需的温度，被加热的热水陆续进入储水箱中。

3. 太阳能制冷与空调

（1）太阳能吸收式制冷系统

太阳能吸收式制冷是利用溶液浓度的变化来获取冷量的装置，即制冷剂在一定压力下蒸发吸热，再利用吸收剂来吸收制冷剂蒸汽。自蒸发器出来的低压蒸汽进入吸收器并被吸收剂强烈吸收，吸收过程中放出的热量被冷却水带走，形成的浓溶液由泵送入发生器中被热源加热后蒸发产生高压蒸汽进入冷凝器冷却，而稀溶液减压回流到吸收器完成一个循环。它相当于用吸收器和发生器代替压缩机，消耗的是热能。热源可以利用太阳能、低压蒸汽、热水、燃气等多种形式。吸收式空调采用溴化锂或氨水制冷剂方案，虽然技术相对成熟，但系统成本比压缩式高，主要用于大型空调，如中央空调等。

（2）太阳能吸附式制冷系统

太阳能吸附式制冷实际上是利用物质的物态变化来达到制冷的目的。用于吸附式制冷系统的吸附剂-制冷剂组合可以有不同的选择，例如，沸石-水，活性炭-甲醇等。这些物质均无毒、无害，也不会破坏大气臭氧层。太阳能吸附式制冷系统主要由太阳能吸附集热器、冷凝器、蒸发储液器、风机盘管、冷媒水泵等部分组成。

6.1.3　太阳能光电技术

1. 太阳能热发电系统

（1）塔式太阳能热发电技术

塔式太阳能热发电系统也称集中型太阳能热发电系统，其基本形式是利用独立跟踪太阳的定日镜群，将阳光聚集到固定在塔顶部的接收器上，用以产生高温，加热工质产生过热蒸汽或高温气体，驱动汽轮机发电机组或燃气轮机发电机组发电，从而将太阳能转换为电能。

它的优点是聚光倍数高，容易达到较高的工作温度，阵列中的定日镜数目越多，其聚光比越大，接收器的集热温度也就愈高；能量集中过程是靠反射光线一次完成的，方法简捷有效；接收器散热面积相对较小，因而可得到较高的光热转换效率。由南京春辉科技实业有限公司、河海大学新材料新能源研究开发院联合建设的国内首座“70 kW 塔式太阳能热发电系统”于2005年10月底在南京市江宁太阳能试验场顺利建成，并成功投入并网发电。经过连续并网发电运行测试表明：该发电系统在运行稳定性、操控机动性、安全可靠性等方面均达到研发建设目标。

(2) 槽式太阳能热发电技术

槽式太阳能热发电系统全称为槽式抛物面反射镜太阳能热发电系统，是将多个槽型抛物面聚光集热器经过串、并联的排列，加热工质，产生高温蒸汽，驱动汽轮机发电机组发电。

优点：一是系统能量转换效率高，运行可靠，维护简单，维护工作量小；二是系统初投资低；三是模块化组合，电站容量可以从 kW 级到 MW 级；四是太阳能-天然气混合化，不需要蓄电池储能，可以并网发电；五是在我国西部太阳能资源丰富，发展前景广阔。

2. 太阳能光伏发电系统

白天，在光照条件下，太阳电池组件产生一定的电动势，通过组件的串、并联形成太阳能电池方阵，使得方阵电压达到系统输入电压的要求。再通过充放电控制器对蓄电池进行充电，将由光能转换而来的电能贮存起来。晚上，蓄电池组为逆变器提供输入电，通过逆变器的作用，将直流电转换成交流电，输送到配电柜，由配电柜的切换作用进行供电。蓄电池组的放电情况由控制器进行控制，保证蓄电池的正常使用。光伏电站系统还应有限荷保护和防雷装置，以保护系统设备的过负载运行及免遭雷击，维护系统设备的安全使用。太阳能转换过程：太阳能——→电能——→化学能——→电能——→光能。太阳能光伏发电电池板如图6-1-4所示。

图6-1-4 太阳能光伏发电电池板

6.1.4 被动式太阳能建筑

把通过适当的建筑设计无需机械设备获取太阳能采暖的建筑称为被动式太阳能建筑；而需要机械设备获取太阳能采暖的建筑称为主动式太阳能建筑。被动式太阳能采暖设计是通过建筑朝向和周围环境的合理分布、内部空间和外部形体的巧妙处理，以及建筑材料和结构构造的恰当选择，使其在冬季能集取、保持、储存、分布太阳热能，从而解决建筑物的采暖问题。被动式太阳能采暖系统的特点是，将建筑物的全部或一部分既作为集热器又作为储热器和散热器，既不要连接管道又不要水泵或风机，以间接方式采集利用太阳能。被动式太阳能建筑分为直接受益式和

间接受益式。

1. 直接受益式

被动式采暖系统中，最简单的形式就是“直接受益式”，指阳光透过窗户直接进入采暖房间。这种方式升温快、构造简单；不需增设特殊的集热装置；与一般建筑的外形无多大差异，建筑的艺术处理也比较灵活。因此，这种方式是一种最易推广使用的太阳能建筑设施。直接受益式太阳能建筑集热原理如图 6-1-5 所示。

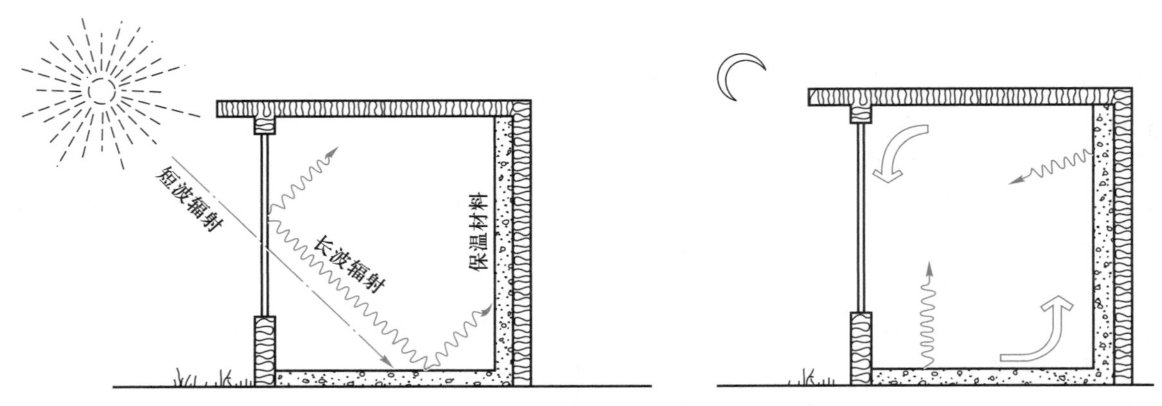

图 6-1-5　直接受益式太阳能建筑集热原理

房间本身是一个集热储热体，在日照阶段，太阳光透过南向玻璃窗进入室内，地面和墙体吸收储蓄热量，表面温度升高，所吸收的热量一部分以对流的方式供给室内空气，另一部分以辐射的方式与其他围护结构内表面进行热交换，第三部分则由地板和墙体的导热作用把热量传入内部蓄存起来。当没有日照时，被吸收的热量释放出来，主要加热室内空气，维持室温，其余则传递到室外。

直接受益式太阳能建筑的南向外窗面积与建筑内蓄热材料的数量是这类建筑设计的关键。采用该形式除了遵循节能建筑设计的平面设计要点外，还应特别需要注意以下几点：建筑朝向在南偏东、偏西 30°以内，有利于冬季集热和避免夏季过热；根据热工要求确定窗口面积、玻璃种类、玻璃层数、开窗方式、窗框材料和构造；合理确定窗格划分，减少窗框、窗扇自身遮挡，保证窗的密闭性；最好与保温帘、遮阳板相结合，确保冬季夜晚和夏季的使用效果。

采用高侧窗和屋顶天窗获取太阳辐射是应用最广的一种方式（图 6-1-6）。其特点是：构造简单，易于制作、安装和日常的管理与维修；与建筑功能配合紧密，便于建筑立面处理，有利于设备与建筑的一体化设计；室温上升快，一般室内温度波动幅度稍大。非常适合冬季需要采暖且晴天多的地区，如我国的华北内陆、西北地区等。但缺点是白天光线过强，且室内温度波动较大，需要采取相应的构造措施。直接受益式太阳能的集热方式非常适于与立面结合，往往能够创造出简约、现代的立面效果。

2. 间接受益式

间接受益式系统指阳光不直接进入采暖房间，而是首先照射在集热部件上，通过导热或空气循环将太阳能送入室内。集热基本形式有特朗伯集热墙（Trombe Walls）、水墙、载水墙（充水墙）、附加阳光间、蓄热屋顶式、热虹吸式等。

（1）特朗伯集热墙

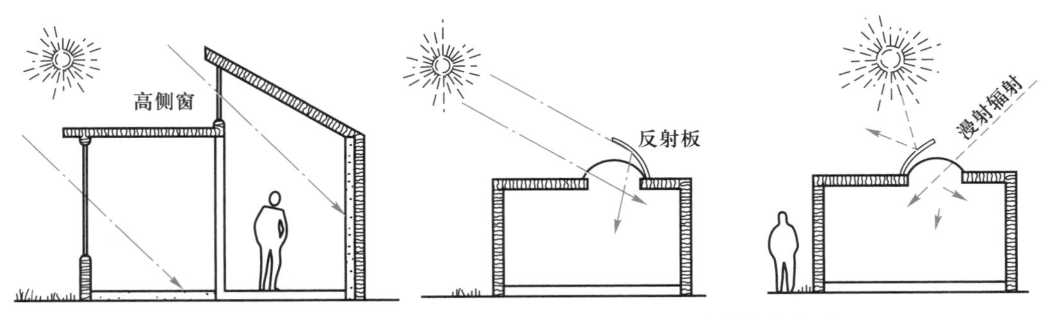

图 6-1-6　高侧窗和天窗在直接受益式太阳能建筑中的使用

特朗伯集热墙是法国太阳能实验室主任 Felix Trombe 博士于 1956 年提出并试验的，故又称“特朗伯墙”。

这种集热墙利用热虹吸管/温差环流原理，使用自然的热空气或水来进行热量循环，从而降低供暖系统的负担。图 6-1-7 是特朗伯墙冬季工作原理。将集热墙向阳外表面涂以深色的选择性涂层，加强吸热并减少辐射散热，使该墙体成为集热器和储热器。待到需要时（如夜间）又成为放热体，离外表面 10 cm 左右处装上玻璃或透明塑料薄片，使其与墙外表面间构成一空气间层。

冬季白天有太阳时，主要靠空气间层中被加热的空气，通过墙顶与底部通风孔向室内对流供暖。夜间则主要靠墙体本身的储热向室内供暖。晚上，特朗伯墙的通风孔要关闭，玻璃和墙之间设置隔热窗帘或百叶窗，这时则由墙向室内辐射热，并由靠近墙面的热气流向室内对流传热。

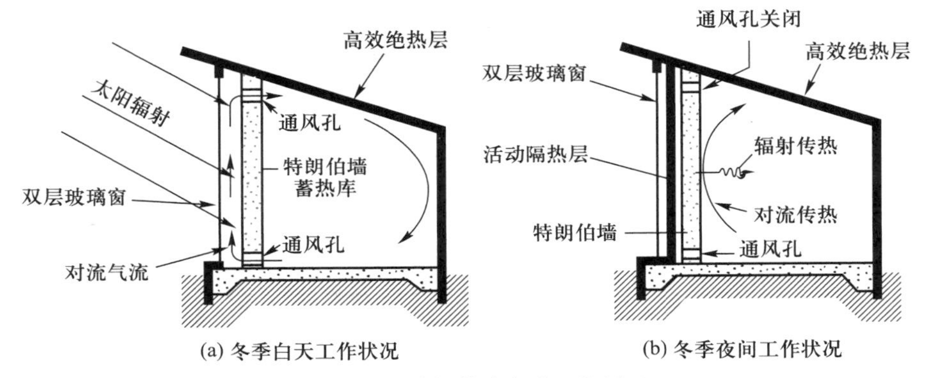

图 6-1-7　特朗伯墙冬季工作原理

混凝土储热墙有个优点，即其外侧吸收太阳能到向室内释放该能量之间有时间延迟。这是由于混凝土有热惰性，时间延迟的长短取决于墙的厚度，有代表性的为 6~12 h。因此，夜间对流加热无效时正是辐射加热最有效的时候。储热墙的厚度根据建筑用途不同而有一定差别，Trombe 在比利尤斯用于他的第一幢房屋的墙厚是 600 mm，该墙一年时间内，对室温控制在 20 ℃ 的情况下提供了总需热量的 70%，后来又试验了较薄的墙，Trombe 及其同事们认为 400~500 mm 是最适宜的厚度。

夏季白天，将隔热窗帘或百叶窗放在特朗伯墙与玻璃之间，玻璃顶部和底部通风孔都开启，隔热层外表面用浅色或铝箔反射太阳热，玻璃与隔热层之间的空气受太阳辐射加热上升由顶部通风孔流出，冷空气则由底部通风孔进来维持隔热层与墙体冷却；在夜间，将活动用热层移开让特朗伯墙向室外辐射散热而得到冷却（图6-1-8）。墙体向室外辐射散热后冷却再从室内吸收热量。

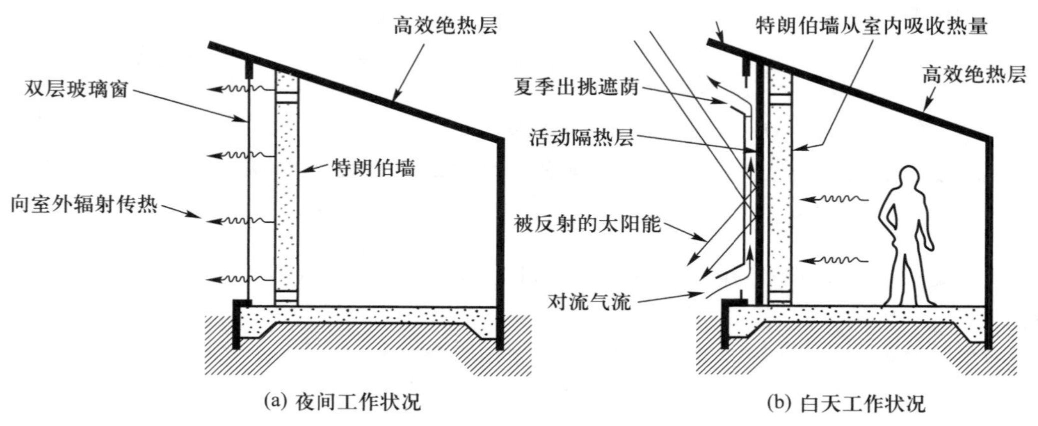

图6-1-8　特朗伯墙夏季工作原理

另一种方法专用于建筑物北侧空气较冷的地方，如图6-1-9所示。这时建筑物北墙（底部）和特朗伯墙底部以及玻璃顶部通风孔都开启，将活动隔热层移开使特朗伯墙露出向着太阳辐射，使玻璃和特朗伯墙之间的空气升温，从玻璃顶部通风孔流出，促使室内空气经特朗伯墙底部通风孔流出。同时通过北墙通风孔，冷空气又循环地进入室内。

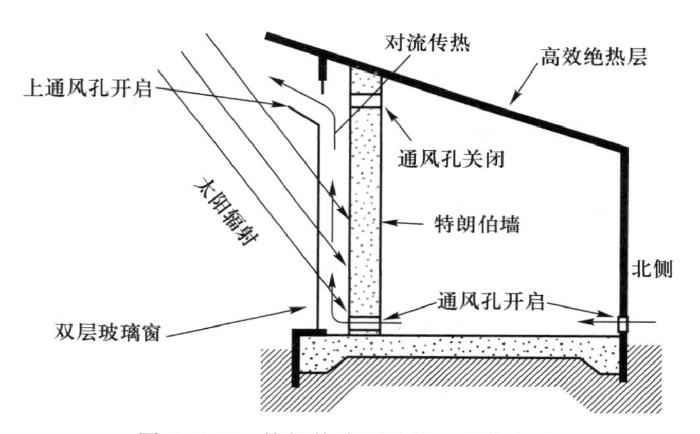

图6-1-9　特朗伯墙夏季另一工作方式

特朗伯墙和其他手段结合起来使用能发挥更大的作用。这些手段如采用热绝缘玻璃、改良的热吸收墙体、空腔中控制空气流的风扇、利用水来储藏热量等。特朗伯墙的缺点是构造比较复杂，使用不太灵活，由于需要较大面积的实墙，所以视野也不如双层幕墙系统那样开阔。

（2）水墙

水的比热是 4.18×10^3 J/（kg·K），其他一般建筑材料，如砖、混凝土、土坯、木材等，比热都在水的比热的1/5左右，故用同质量的水贮热比用其他材料贮存的热量多，反过来要贮存一定的热量，所用水比其他材料重量轻（自重小），这就是引起人们研究、发展水墙的主要原因。

图6-1-10是20世纪70年代美国 Steve Baer 住房试验的水墙太阳能房。水盛于钢桶内，外

表有黑色吸热层,放在向阳单层玻璃窗后。玻璃窗外设有隔热盖板,冬季白天放平可作为反射板,将太阳辐射能反射到钢桶水墙上去,增加吸收热,冬夜则关上以减少热损失。夏季则相反,白天关上以减少进热,晚上打开以便向外辐射降温。

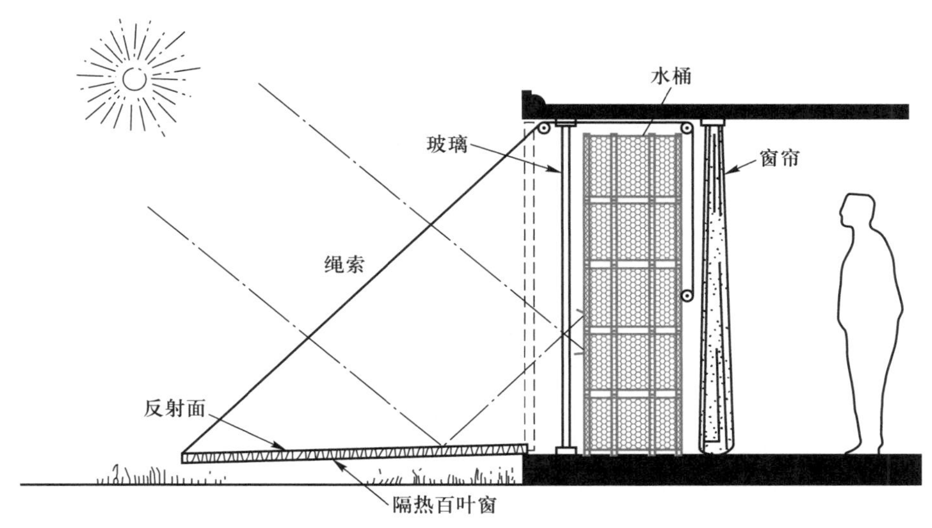

图 6-1-10 水墙太阳能房示意图

一般水墙的容积可按太阳房的窗的玻璃面积乘以 30 cm 左右来进行估算;其颜色以黑色最好,蓝色和红色容器的吸热能力比黑色容器分别少 5% 和 9%;材料一般可用金属和玻璃钢。容器表面常做成螺纹的圆柱体,以增加刚度。

(3) 充水墙

前面讲的水墙是用钢桶或钢管或塑料管盛水作储热物质,与现砌特朗伯墙相比,其优点是第一次投资减少,体积一定时储热容量较多,同时采用较大的体积可能提高太阳能对年需热量供应的百分比。缺点是维修费较高,向墙内侧传热的延迟性较小,这是由于水有对流的缘故,致使室内温度较实心墙体波动更大。为获取实心墙与充水墙两者的优点,研究人员进行了大量试验。最终确定采用总尺寸为 1 200 mm×2 400 mm×250 mm 的混凝土水箱,箱壁厚为 50 mm,水盛在箱内密封塑料袋内,这种墙称为载水特朗伯墙(简称“载水墙”或“充水墙”)。有的设计者认为,将来这种墙应再厚些,增大储热量,以便在长时阴云天气时保持墙体温暖。能适合这种设想的一种做法是,采用预制混凝土空心板作为载水墙,水就盛在装于板空腔内的薄塑料管里。有一种空腔直径 250 mm、厚 300 mm 的板,差不多占墙体积的一半都是水,与实心混凝土墙相比,储热容量增加了约 50%,比用混凝土墙空腔造价要少,又由于断面 50% 是混凝土,故比金属管充水墙传热过墙的时间延迟较长,墙内侧温度波动较小。由于储热容量增大,就能从太阳获取更多需要的热量。

(4) 附加阳光间

附加阳光间属一种多功能的房间,除了可作为一种集热设施外,还可用来作为休息、娱乐、养花、养鱼等,是寒冬季节让人们置身于大自然中的一种室内环境,也是为其毗连的房间供热的一种有效设施(图 6-1-11)。

附加阳光间除最好能在墙面全部设置玻璃外,还应在毗连主房坡顶部分加设倾斜的玻璃。

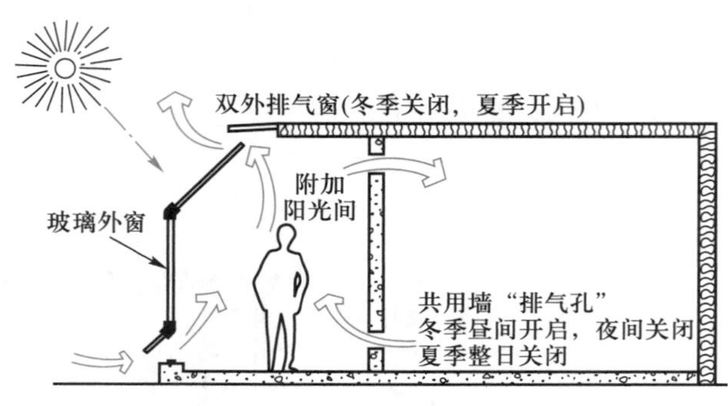

图 6-1-11　利用附加阳光间获得太阳能

这样做,可以大大增加集热量,但倾斜部分的玻璃擦洗比较困难。另外,夏季时,如无适当的隔热措施,阳光间内的气温往往会变得过高。冬季时,由于玻璃墙的保温能力非常差，如无适当的附加保温设施,则日落后的室内气温将会大幅度下降。以上这些问题,必须在设计这种设施之前充分予以考虑,并应提出解决这些问题的具体措施,如图 6-1-12 所示。

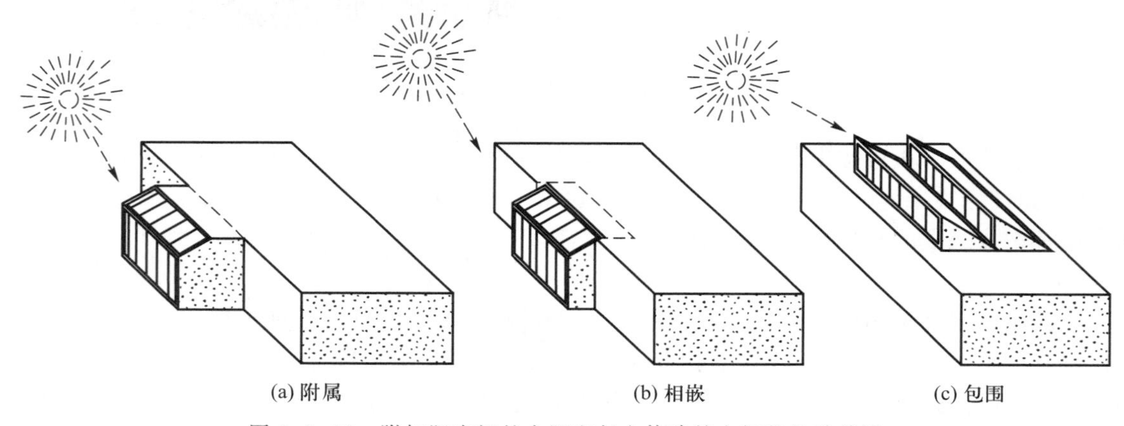

图 6-1-12　附加阳光间的太阳室与主体建筑之间的几种关系

（5）蓄热屋顶式

冬季白天,屋顶水池系统中黑色塑料水袋暴露在阳光下;冬季夜晚,一块坚硬的隔热材料盖在水池上,如图 6-1-13 所示。

图 6-1-13　蓄热屋顶式

(6)热虹吸式

这种太阳能采暖方式是由采集器和蓄热物质(通常是卵石地床)构成,原理如图 6-1-14 所示。安装时采集器位置一般要低于蓄热物质的位置,形成高差,利用流体的热对流循环。白天,太阳采集器采集热量加热空气,借助温差产生的热虹吸作用,通过风道上升到它的上部砾石蓄热层,热空气被砾石堆吸收热量而变冷,再流回集热器的底部,进行下一次循环。晚间,砾石蓄热器通过送风口向采暖房间以对流方式采暖。该方式的特点是:构造较复杂,造价较高,应用受到一定限制;集热和蓄热量大,且若蓄热体位置合理的话,能获得较好的室内温度环境,适用于有一定高差的南向坡地。

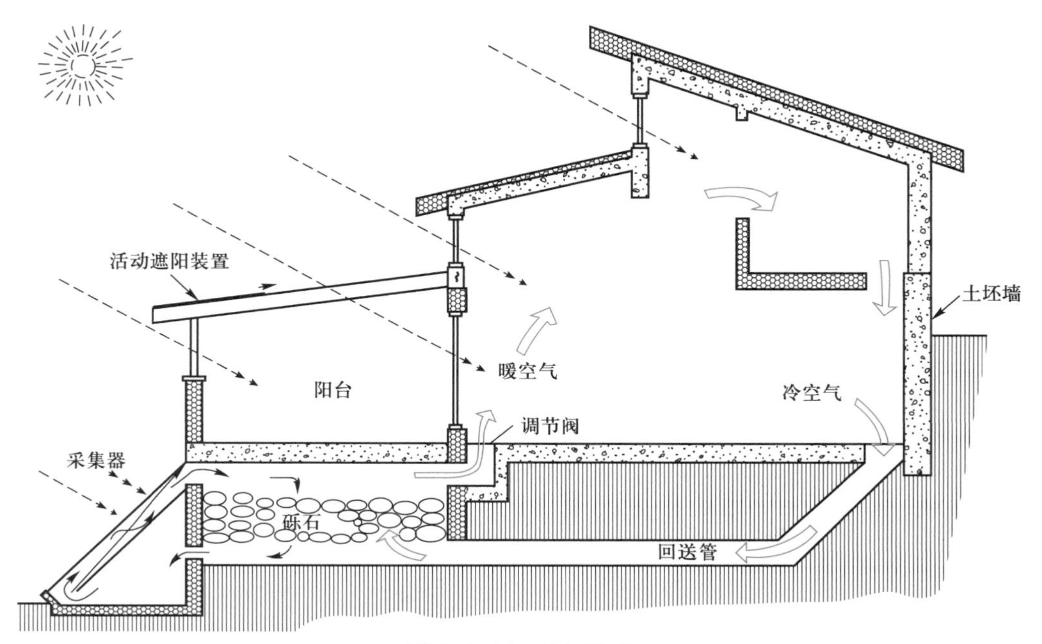

图 6-1-14 热虹吸式

6.1.5 主动式太阳能建筑

1. 主动式太阳能建筑简介

主动式太阳能建筑是由太阳能集热器、热水槽、泵、散热器、控制器和贮热器等组成的采暖系统或与吸收式制冷机组成的太阳能空调建筑。它与被动式太阳能建筑一样,围护结构应具有良好的保温隔热性能。

2. 系统循环原理

该系统可分为三个循环回路,如图 6-1-15 所示。集热回路主要包括集热器、贮存器、热水热交换器、过滤器、循环泵等部件。夏天,用来加热水的有效太阳能量可能超过热水用量,在这种情况下,太阳能系统中的水温可能超过沸点,因此系统应设置温控装置,当蓄热水箱的温度超过一定限度时,集热循环泵会自动关闭。

1)采暖回路,主要包括蓄热水箱、散热器、辅助热源、电动阀等部件。

2)生活用热水回路,主要包括热水热交换器、预热水箱、辅助加热水箱、泵等部件。任何家用热水系统都必须使用调温阀或其他方法,以确保输送的热水温度不会过高,输送水温度一般为

50~60 ℃内。

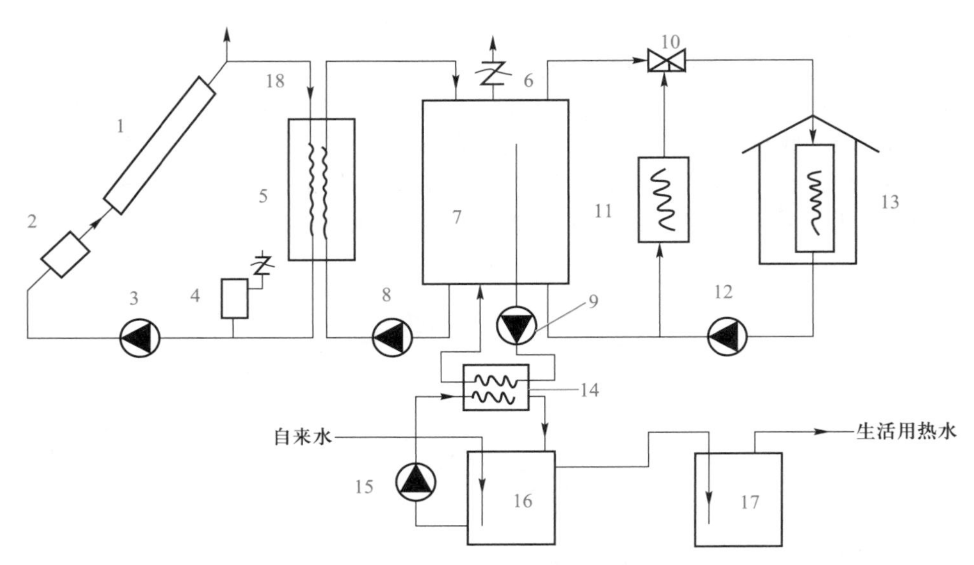

1—集热器；2—过滤器；3、8、9、12、15—循环泵；4—贮存器；5 集热器热交换器；6—减压阀；7—蓄热水箱；10—电动阀；11—辅助热源；13—散热器；14—热水热交换器；16—预热水箱；17—辅助加热水箱；18—排气阀

图 6-1-15　主动式太阳房采暖与供热系统示意图

3. 主动式太阳能系统主要类型

主动式太阳能系统主要类型有液体平板型集热系统、空气平板型集热系统、真空管型集热系统、聚集型集热系统和热泵式集热系统。

4. 主动式太阳房在我国应用的可能性

我国是太阳能资源十分丰富的国家，1975 年我国甘肃地区首次建造了小型被动太阳房，目前对主动式太阳房的研究比较少。

主动式太阳房的采暖与供热水系统可以根据需要进行自动调节，可以提供舒适的室内环境，我国东北、华北和西北的冬季是需要进行采暖的地区，大部分处于太阳能资源较丰富的地区之内，采暖期（11 月 ~3 月）日照率高，这对利用太阳能采暖提供了优越条件，因此在我国主动式太阳房的推广与应用具有广阔的前景。

6.1.6　太阳光导光技术

太阳光导光技术用设备将太阳光 15000 倍聚光后通过光纤引入室内，提供部分照明。每台设备引入室内光的强度相当于 80 W 电灯，以每天使用 5 h 计，一台设备的使用每年可节约 120 度电。太阳光导光照明系统是由集光机、石英光纤传输导线和尾端投射灯具组成的，又称为“向日葵采光系统”，如图 6-1-16 所示。设备设计原理如图 6-1-17 所示，“向日葵”集光机是利用其内置的太阳光感应器及微电脑精确控制的驱动电机，时刻准确地追踪太阳，利用特殊的透

图 6-1-16　向日葵采光系统

镜聚集太阳光，再通过光导纤维把浓缩的太阳光传送到远处。

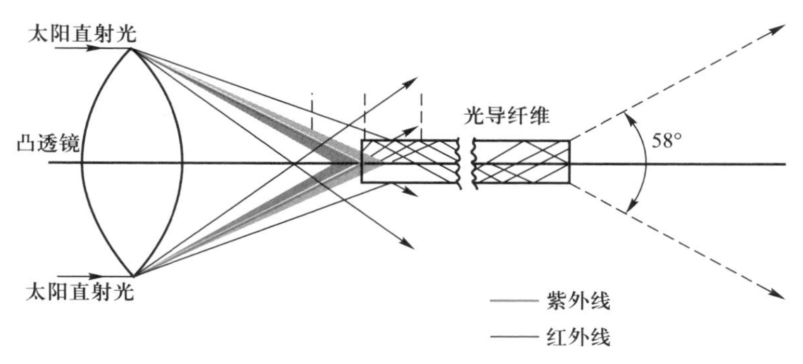

图6-1-17　向日葵采光系统设计原理

太阳能的利用目前在技术上、经济上还有许多课题需要努力研究探索。随着人类的进步、科学技术的发展，将来太阳能必定会作为一种巨大而廉价的可再生能源，为人类作出更大的贡献。

思考题

1. 太阳能光伏发电的原理是什么？
2. “向日葵”集光机导光系统的原理是什么？
3. 被动式太阳能建筑一体化设计方法是什么？

项目2　热泵技术

【学习目标】

1. 能根据热泵的特点运用在建筑节能中。
2. 能掌握热泵的种类及组成。
3. 能根据地源热泵的工作原理选择盘管。

热泵(Heat Pump)是一种将低品位热源的热能转移到高位热源的装置，也是全世界备受关注的新能源技术。它不同于人们所熟悉的可以提高位能的机械设备——“泵”；热泵通常是先从自然界的空气、水或土壤中获取低品位热能，经过电力做功，然后再向人们提供可被利用的高品位热能。按热源种类不同分为水源热泵、地源热泵、空气源热泵、双源热泵(水源热泵和空气源热泵结合)等。

6.2.1　水源热泵

水源热泵技术是利用地球表面浅层水源，如地下水、河流和湖泊中吸收的太阳能和地热能而形成的低温低位热能资源，并采用热泵原理，通过少量的高位电能输入，实现低位热能向高位热能转移的一种技术。水源热泵系统有海水源热泵空调系统，它也是可再生能源的一种利用方式，是一种具有节能、环保意义的绿色供热空调系统；还有淡水源热泵空调系统和污水源热泵空调系统。

1. 水源热泵系统的组成与原理

室内空气处理末端系统、中央空调主机(又称为“水源热泵”)系统、水源水系统为用户供热时，水源中央空调系统从水源中提取低品位热能，通过电能驱动的水源中央空调主机（热泵）系统“泵”送到高温热源，以满足用户供热需求。为用户供冷时，水源中央空调将用户室内的余热通过水源中央空调主机（制冷）转移到水源中，以满足用户制冷需求，如图 6-2-1 所示。通常水源热泵消耗 1 kW 的能量，用户可以得到 4 kW 以上的热量或冷量。

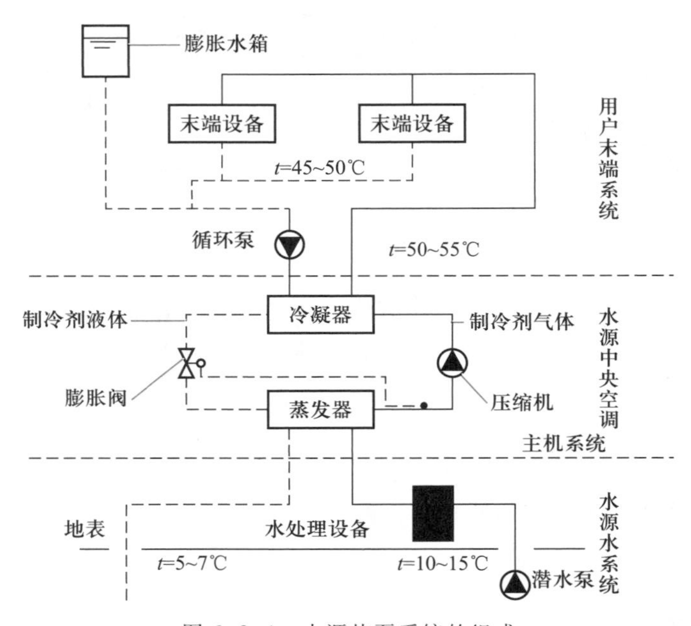

图 6-2-1　水源热泵系统的组成

2. 水源热泵系统的特点

水源热泵属可再生能源利用技术，具有高效节能、运行稳定可靠、环境效益显著、一机多用、应用范围广等特点，但容易造成地下水污染。

6.2.2　地源热泵

地源热泵系统是以土壤或地下水、地表水为低温热源，由水源热泵机组、地热能交换系统、建筑物内系统和控制系统组成的供热空调系统。根据地热能交换系统形式的不同，地源热泵系统分为地埋管地源热泵系统、地下水地源热泵系统及地表水地源热泵系统三种，如图 6-2-2 所示。

1. 地源热泵系统的组成与原理

地源热泵系统主要由三部分组成：室外地热能交换系统、水源热泵机组及建筑物内采暖或空调末端系统，如图 6-2-3 所示。地源热泵是利用水与地能（地下水、土壤或地表水）进行冷热交换来作为水源热泵的冷热源，冬季把地能中的热量“取”出来，供给室内采暖，此时地能为“热源”；夏季把室内热量“取”出来，释放到地下水、土壤或地表水中，此时地能为“冷源”。地源热泵系统三部分之间靠水（或防冻水溶液）或空气换热介质进行热量的传递。

图 6-2-4 为采用水-空气水源热泵机组的地埋管地源热泵系统工作原理图。在夏季，地源热泵机组做制冷运行，水源热泵机组中的制冷剂在蒸发器（负荷侧换热器 7）中，吸收空调房间放出的热量，在压缩机 4 的作用下，制冷剂在冷凝器（冷热源侧换热器 3）中，将在蒸发器中吸收的热量连同压缩机的功所转化的热量，一起排给地埋管换热器中的水或防冻水溶液。在循环水泵

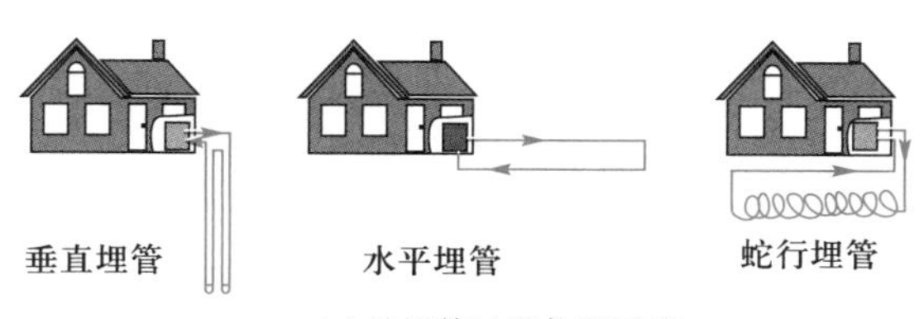

(a) 地埋管地源热泵系统

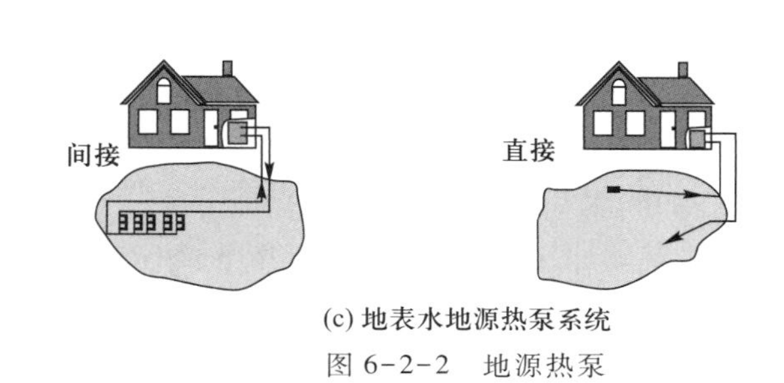

(b) 地下水地源热泵系统(开式系统)

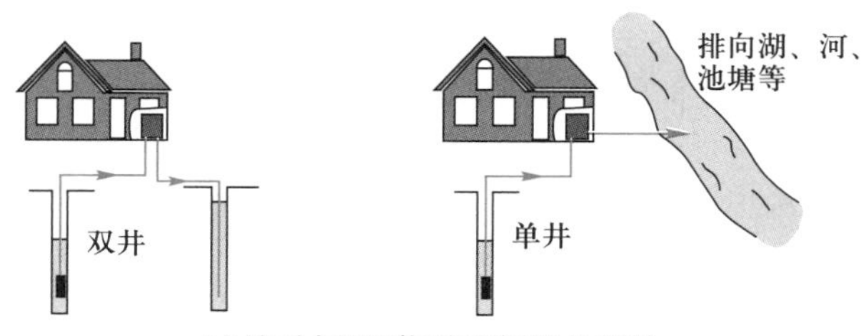

(c) 地表水地源热泵系统

图 6-2-2　地源热泵

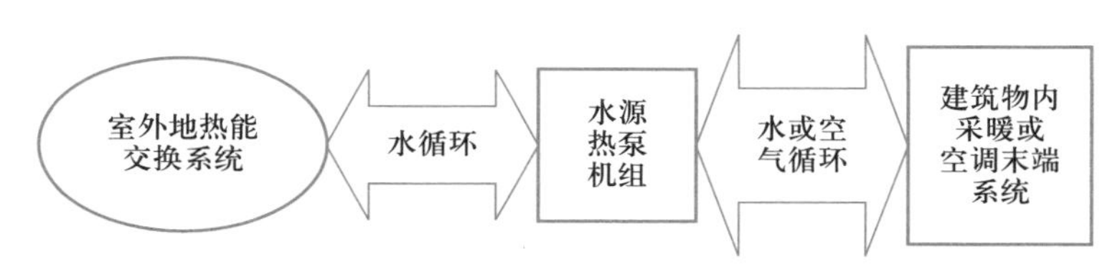

图 6-2-3　地源热泵工作原理

2 的作用下，水或防冻水溶液再通过地埋管换热器，将在冷凝器所吸收的热量传给土壤。如此循环，水源热泵机组不断从室内“取”出多余的热量，并通过地埋管换热器将热量释放给大地，达到使房间降温的目的。冬季，水源热泵机组做制热运行，换向阀 5 换向（制冷剂按图 6-2-4 中虚线箭头方向流动），水或防冻水溶液通过地埋管换热器 1 从土壤中吸收热量，并将它传递给水源热泵机组蒸发器（冷热源侧换热器 3）中的制冷剂，制冷剂再在压缩机 4 的作用下，在冷凝器（负荷侧换热器 7）中，将所吸收的热量连同压缩机消耗的功所转化的热量，一

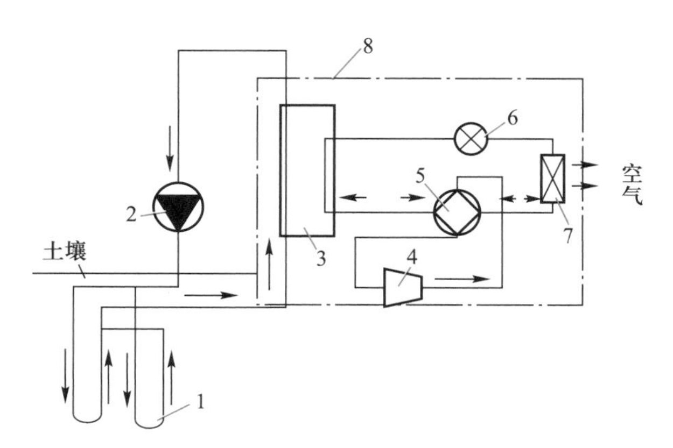

1—地埋管换热器；2—循环水泵；3—冷热源侧换热器；
4—压缩机；5—换向阀；6—节流装置；
7—负荷侧换热器；8—水-空气水源热泵机组

图 6-2-4　地埋管地源热泵系统工作原理图

起供给室内空气，如此循环以达到向房间供热的目的。

2. 地源热泵系统特点

1）利用可再生能源，环保效益显著。地源热泵系统是一种利用地球表面浅层的地热资源（通常<400 m 深）作为冷热源，进行能量转换的供暖空调系统。地源热泵系统从浅层地热资源中吸热或向其排热。浅层地热资源的热能来源于太阳能，它永无枯竭，是一种可再生能源。地源热泵系统的污染物排放，与空气源热泵相比减少了 40%以上，与电供暖相比减少了 70%以上，是真正的环保型空调系统。

2）高效节能，运行费低。地能或地表浅层地热资源的温度一年四季相对稳定，冬季比环境空气温度高，夏季比环境空气温度低，是最好的热泵热源和空调冷源。这种温度特性使得地源热泵系统在供热时其制热系数可达 3.5～4.5，比空气源热泵空调系统高出 40%；运行费用比常规中央空调系统低 40%～50%，比空气源热泵空调系统低 30%～40%。设计安装良好的地源热泵系统，平均可节约用户 30%～40%的运行费用。另外，地能具有温度较恒定的特性，使得热泵机组运行更可靠、稳定，也保证了系统的高效性和经济性。

3）运行安全稳定，可靠性高。地源热泵系统在运行中无燃烧设备，因此不可能产生二氧化碳、一氧化碳之类的废气，也不存在丙烷气体，因而也不会有发生爆炸的危险，使用安全。土壤源热泵地下换热管路采用高密度聚乙烯塑料管，使用寿命长达 50 年以上。空调机组结构简单，运转部件少，零部件质量可靠，维护简单，使用寿命可达 20 年以上。

4）分户计量。节省投资空调、热水系统各户自成一体，互不影响，每户只需通过电表对空调系统费用进行核算，计费合理方便。

5）一机多用，应用范围广。地源热泵的空调主机体积小，机组安装在储藏室等辅助空间。地源热泵系统可供暖、空调，还可供生活热水，一机多用，无需室外管网，也不需要较高的入户电容量，特别适合低密度的别墅区使用。

3. 地埋管换热器埋管形式

地埋管换热器的埋管主要有两种形式，即水平埋管和垂直埋管。换热管路埋置在水平管沟内的地埋管换热器为水平埋管。换热管路埋置在垂直钻孔内的地埋管换热器为垂直埋管。选择哪种形式主要取决于现场可用地表面积、当地岩土类型及钻孔费用。当可利用地表面积较大，浅层岩土体的温度及热物性受气候、雨水、埋设深度影响较小时，宜采用水平地埋管换热器，否则宜采用垂直地埋管换热器。尽管水平埋管通常是浅层埋管，可采用人工挖掘，初投资比垂直埋管要少些；但它的换热性能比垂直埋管差很多，并且往往受可利用土地面积的限制，所以在实际工程应用中，垂直埋管多于水平埋管。

水平埋管按照埋设方式，可分为单层埋管和多层埋管两种；按照埋管在管沟中的管型不同，可分为直管和螺旋管两种。由于多层埋管的下层管处于一个较稳定的温度场，换热效果好于单层。但受造价等因素的限制，水平埋管的地沟深度不能太深。因此，多层埋管一般两层应用较多。据国外资料，单层管最佳深度为 0.8～1.0 m，双层管为 1.2～1.8 m，但无论何种情况，均应埋在当地冰冻线以下。螺旋管型的换热效果优于直管，如可利用大地面积较小，可采用螺旋管，但不易施工。图 6-2-5 为几种常见的水平地埋管换热器形式。图 6-2-6 为新近开发的水平埋管换热器形式。

垂直埋管根据其形式的不同，有单 U 形管、双 U 形管、小直径螺旋盘管、大直径螺旋盘管、立式柱状管、蜘蛛状管、套管式管、单管式管等，如图 6-2-7 所示。

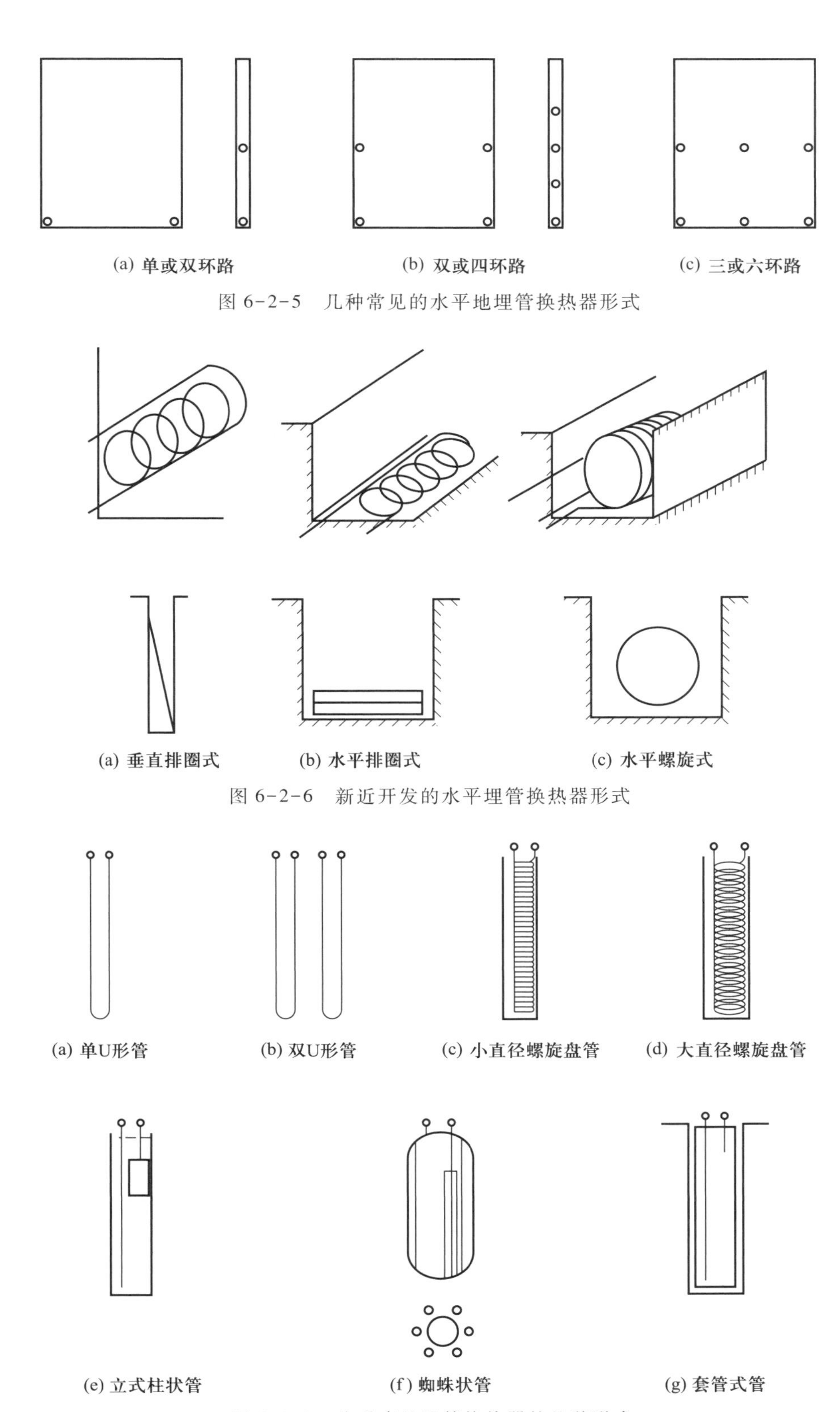

图 6-2-5 几种常见的水平地埋管换热器形式

图 6-2-6 新近开发的水平埋管换热器形式

图 6-2-7 为垂直地埋管换热器的几种形式

地能供暖技术对地能资源的收集，主要集中在 100 m 以内的浅地层。这一范围地质结构是多样的，既有黏土也有砂土，砂土中既有粗砂也有细砂，还有卵石加砂，有的甚至是基岩。这些不同的构造，其渗水率和热导率都不同，渗水率高的只适用于水源热泵技术，热导率高的就适用于土壤源热泵技术。

6.2.3　空气源热泵

1. 空气源热泵系统的组成

主要设备：蒸发器、压缩机、冷凝器、膨胀阀。通过让工质不断完成蒸发（吸取环境中的热量）⟶压缩⟶冷凝（放出热量）⟶节流⟶再蒸发的热力循环过程，从而将环境里的热量转移到水中，如图 6-2-8 所示。

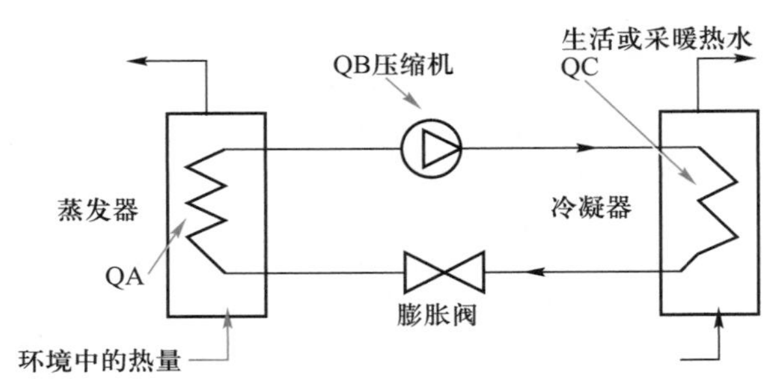

图 6-2-8　空气源热泵原理图

2. 空气源热泵系统的原理

空气源热泵技术是基于逆卡诺循环原理建立起来的一种节能、环保制热技术。空气源热泵系统通过自然能（空气蓄热）获取低温热源，经系统高效集热整合后成为高温热源，用来取（供）暖或供应热水。蒸发器吸收热后，其工质蒸发生成的高温低压过热气体在压缩机中经绝热压缩变为高温高压气体，经冷凝器定压冷凝为低温高压液体（放出汽化热而制热）。所以，利用热泵热水机释放到水中的热量不是直接用电加热产生出来的，而是通过热泵热水机把热源搬运到水中去的。

思考题

1. 地源热泵系统工作原理是什么？
2. 土壤源热泵地埋管的形式有哪些？
3. 水源热泵系统由哪些组成？
4. 举例说明建筑中热泵技术的利用。

学习情境

7

绿色建筑与绿色施工技术

项目1 绿色建筑

【学习目标】

1. 能掌握绿色建筑的概念。
2. 掌握绿色建筑设计基本规律。
3. 能运用绿色建筑评价等级来进行判定。
4. 能对《绿色建筑评价标准》(GB/T 50378—2019)有充分的认识。
5. 能掌握绿色建筑评价技术细则。

节能建筑成为建筑发展的必然趋势,绿色建筑就是节能建筑的具体构建方式。“十三五规划”指导思想中提到牢固树立和贯彻落实创新、协调、绿色、开放、共享的发展理念,推进生态文明建设,涉及的重点生态建设的绿色建筑,主要是提高建筑节能标准,推广绿色建筑和建材。

7.1.1 绿色建筑定义

《绿色建筑评价标准》(GB/T 50378—2019)中定义:绿色建筑是指在建筑的全寿命周期内,节约资源、保护环境、减少污染,为人们提供健康、适用、高效的使用空间,最大限度地实现人与自然和谐共生的高质量建筑。

1. 绿色性能

涉及建筑安全耐久、健康舒适、生活便利、资源节约(节地、节能、节水、节材)和环境宜居等方面的综合性能。

2. 全装修

在交付前,住宅建筑内部墙面、顶面、地面全部铺贴、粉刷完成,门窗、固定家具、设备管线、开关插座及厨房、卫生间固定设施安装到位;公共建筑公共区域的固定面全部铺贴、粉刷完成,水、暖、电、通风等基本设备全部安装到位。

3. 绿色建材

在全寿命期内可减少对资源的消耗、减轻对生态环境的影响,具有节能、减排、安全、健康、便利和可循环特征的建材产品。

7.1.2 绿色节能建筑的发展历程

1. 全球绿色节能建筑发展历程

20世纪60年代,美国建筑师保罗·索勒瑞提出了生态建筑的新理念;1969年,美国建筑师伊安·麦克哈格著《设计结合自然》一书,标志着生态建筑学的正式诞生。

20 世纪 70 年代,石油危机使得利用太阳能、地热能、风能等的各种建筑节能技术应运而生,节能建筑成为建筑发展的先导。

1980 年,世界自然保护组织首次提出"可持续发展"的口号,同时节能建筑体系逐渐完善,并在德、英、法、加拿大等发达国家广泛应用;1987 年,联合国环境署发表《我们共同的未来》报告,确立了可持续发展的思想;1990 年世界首个绿色建筑标准在英国发布;1992 年"联合国环境与发展大会"使可持续发展思想得到推广,绿色建筑逐渐成为发展方向。

2. 我国绿色节能建筑发展历程

在中国,绿色建筑的发展也紧随世界的脚步。1986 年,我国发布行业标准《民用建筑节能设计标准(采暖居住建筑部分)》(JGJ 26),制定了节能 30% 的目标,这也是我国第一部建筑节能标准。90 年代,我国出台了《国务院批转国家建材局等部门 关于加快墙体材料革新和推广节能建筑意见的通知》《中华人民共和国节约能源法》等与节能相关的政策及法规。2001 年,我国第一个关于绿色建筑的科研课题完成。2004 年,我国召开了第一届国际智能和绿色建筑技术研讨会,表达了我国政府对开展绿色建筑的决心和行动能力。2006 年,住建部发布了《绿色建筑评价标准》(GB/T 50378)。

绿色建筑在十一五、十二五期间得到了快速的发展,实现从无到有,由少到多,从部分城市到全国的全面发展。部分城市或者区域已经由政府主导强制执行绿色建筑标准,或者在施工图审核中将绿色建筑纳入专项审核要求。根据 2017 年住建部印发的《建筑节能与绿色建筑发展"十三五"规划》的要求,中国绿色建筑的发展在 2016-2020 年间进入了"增量提质"的加速器。规划要求到 2020 年,全国城镇绿色建筑占新建建筑比例超过 50%,新增绿色建筑面积 20 亿平方米以上。其中要求,绿色建筑中二星级标识以上项目比例超过 80%,获得运行标识的绿色建筑项目比例超过 30%。

7.1.3　绿色建筑设计理念

1. 节约能源

充分利用太阳能,采用节能的建筑围护结构以及采暖和空调,减少采暖和空调的使用。根据自然通风的原理设置风冷系统,使建筑能够有效地利用夏季的主导风向。建筑应采用适应当地气候条件的平面形式及总体布局。

2. 节约资源

在建筑设计、建造和建筑材料的选择中,均需考虑资源的合理使用和处置。要减少资源的浪费,力求使资源可再生利用。节约水资源,包括绿化的节约用水。

3. 回归自然

绿色建筑外部要强调与周边环境相融合,和谐一致、动静互补,做到保护自然生态环境。

7.1.4　绿色建筑评价标准

1. 总则

《绿色建筑评价标准》(GB/T 50378—2019)是为贯彻落实绿色发展理念,推进绿色建筑高质量发展,节约资源,保护环境,满足人民日益增长的美好生活需要。本标准适用于民用建筑绿色性能的评价。绿色建筑评价应遵循因地制宜的原则,结合建筑所在地域的气候、环境、资源、经济和文化等特点,对建筑全寿命期内的安全耐久、健康舒适、生活便利、资源节约、环境宜居等性能进行综合评价。绿色建筑应结合地形地貌进行场地设计与建筑布局，且建筑布局应与场地的气候条件和地理环境相适应，并应对场地的风环境、光环境、热环境、声环境等加以组织和利用。绿色建筑的评价除应符合本标准的规定外，尚应符合国家现行有关标准的规定。

2. 一般规定

绿色建筑评价应以单栋建筑或建筑群为评价对象。评价对象应落实并深化上位法定规划及相关专项规划提出的绿色发展要求；涉及系统性、整体性的指标，应基于建筑所属工程项目的总体进行评价。绿色建筑评价应在建筑工程竣工后进行。在建筑工程施工图设计完成后可进行预评价。

3. 评价与等级划分

(1) 评价

绿色建筑评价指标体系应由安全耐久、健康舒适、生活便利、资源节约、环境宜居 5 类指标组成，且每类指标均包括控制项和评分项；评价指标体系还统一设置加分项。控制项的评定结果应为达标或不达标；评分项和加分项的评定结果应为分值。对于多功能的综合性单体建筑，应按本标准全部评价条文逐条对适用的区域进行评价，确定各评价条文的得分。绿色建筑评价的分值设定见表 7-1-1。

表 7-1-1　绿色建筑评价的分值

	控制项基础分值	评价指标评分项满分值					提高与创新加分项满分值
		安全耐久	健康舒适	生活便利	资源节约	环境宜居	
预评价分值	400	100	100	70	200	100	100
评价分值	400	100	100	100	200	100	100

(2) 绿色建筑评价总分计算

$$Q=(Q_0+Q_1+Q_2+Q_3+Q_4+Q_5+Q_A)/10 \quad (7-1-1)$$

式中：Q——总得分；

Q_0——控制项基础分值，当满足所有控制项的要求时取 400 分；

$Q_1 \sim Q_5$——分别为评价指标体系 5 类指标（安全耐久、健康舒适、生活便利、资源节约、环境宜居）评分项得分；

Q_A——提高与创新加分项得分。

(3) 等级划分

绿色建筑分为基本级、一星级、二星级、三星级 4 个等级，基本级应满足全部控制项要求；一星级应满足全部控制项要求，且每类指标的评分项得分不应小于其评分项满分值的 30%，总得分达到 60 分，全装修；二星级应满足全部控制项要求，且每类指标的评分项得分不应小于其评分项满分值的 30%，总得分达到 70 分，全装修；三星级应满足全部控制项要求，且每类指标的评分项得分不应小于其评分项满分值的 30%，总得分达到 85 分，全装修。

(4) 技术要求

一星级、二星级、三星级绿色建筑的技术要求见表 7-1-2。

表 7-1-2　一星级、二星级、三星级绿色建筑的技术要求

	一星级	二星级	三星级
围护结构热工性能的提高比例，或建筑供暖空调负荷降低比例	围护结构提高 5%，或负荷降低 5%	围护结构提高 10%，或负荷降低 10%	围护结构提高 20%，或负荷降低 15%
严寒和寒冷地区住宅建筑外窗传热系数降低比例	5%	10%	20%
节水器具用水效率等级	3 级	2 级	
住宅建筑隔声性能	—	室外与卧室之间、分户墙（楼板）两侧卧室之间的空气声隔声性能以及卧室楼板的撞击声隔声性能达到低限标准限值和高要求标准限值的平均值	室外与卧室之间、分户墙（楼板）两侧卧室之间的空气声隔声性能以及卧室楼板的撞击声隔声性能达到高要求标准限值
室内主要空气污染物浓度降低比例	10%	20%	
外窗气密性能	符合国家现行相关节能设计标准的规定，且外窗洞口与外窗本体的结合部位应严密		

注：1. 围护结构热工性能的提高基准、严寒和寒冷地区住宅建筑外窗传热系数降低基准均为国家现行相关建筑节能设计标准的要求。

2. 住宅建筑隔声性能对应的标准为现行国家标准《民用建筑隔声设计规范》（GB 50118—2010）。

3. 室内主要空气污染物包括氨、甲醛、苯、总挥发性有机物、氡、可吸入颗粒物等，其浓度降低基准为现行国家标准《室内空气质量标准》（GB/T 18883—2002）的有关要求。

7.1.5　绿色建筑评价标准评分细则

根据《绿色建筑评价标准》（GB/T 50378—2019），绿色建筑评价指标体系应由安全耐久、健康舒适、生活便利、资源节约、环境宜居 5 类指标构成，每类指标包括控制项、评分项。

1. 安全耐久

（1）控制项

1）场地应避开滑坡、泥石流等地质危险地段，易发生洪涝地区应有可靠的防洪涝基础设施；场地应无危险化学品、易燃易爆危险源的威胁，应无电磁辐射、含氡土壤的危害。

2）建筑结构应满足承载力和建筑使用功能要求。建筑外墙、屋面、门窗、幕墙及外保温等围护结构应满足安全、耐久和防护的要求。

3）外遮阳、太阳能设施、空调室外机位、外墙花池等外部设施应与建筑主体结构统一设计、施工，并应具备安装、检修与维护条件。

4）建筑内部的非结构构件、设备及附属设施等应连接牢固，并能适应主体结构变形。

5）建筑外门窗必须安装牢固，其抗风压性能和水密性能应符合国家现行有关标准的规定。

6）卫生间、浴室的地面应设置防水层，墙面、顶棚应设置防潮层。

7）走廊、疏散通道等通行空间应满足紧急疏散、应急救护等要求，且应保持畅通。

8）应具有安全防护的警示和引导标识系统。

（2）评分项

1）安全

① 采用基于性能的抗震设计并合理提高建筑的抗震性能，评价分值为 10 分。

② 采取保障人员安全的防护措施，评价总分值为 15 分，并按下列规则分别评分并累计：

a. 采取措施提高阳台、外窗、窗台、防护栏杆等安全防护水平，得 5 分；

b. 建筑物出入口均设外墙饰面、门窗玻璃意外脱落的防护措施，并与人员通行区域的遮阳、遮风或挡雨措施结合，得 5 分；

c. 利用场地或景观形成可降低坠物风险的缓冲区、隔离带，得 5 分。

③ 采用具有安全防护功能的产品或配件，评价总分值为 10 分，并按下列规则分别评分并累计：

a. 采用具有安全防护功能的玻璃，得 5 分；

b. 采用具备防夹功能的门窗，得 5 分。

④ 室内外地面或路面设置防滑措施，评价总分值为 10 分，并按下列规则分别评分并累计：

a. 建筑出入口及平台、公共走廊、电梯门厅、厨房、浴室、卫生间等设置防滑措施，防滑等级不低于现行行业标准《建筑地面工程防滑技术规程》（JGJ/T 331—2014）规定的 B_d、B_w 级，得 3 分；

b. 建筑室内外活动场所采用防滑地面，防滑等级达到现行行业标准《建筑地面工程防滑技术规程》（JGJ/T 331—2014）规定的 A_d、A_w 级，得 4 分；

c. 建筑坡道、楼梯踏步防滑等级达到现行行业标准《建筑地面工程防滑技术规程》（JGJ/T 331—2014）规定的 A_d、A_w 级或按水平地面等级提高一级，并采用防滑条等防滑构造技术措施，得 3 分。

⑤ 采取人车分流措施，且步行和自行车交通系统有充足照明，评价分值为 8 分。

2）耐久

① 采取提升建筑适变性的措施，评价总分值为 18 分，并按下列规则分别评分并累计：

a. 采取通用开放、灵活可变的使用空间设计，或采取建筑使用功能可变措施，得 7 分；

b. 建筑结构与建筑设备管线分离，得 7 分；

c. 采用与建筑功能和空间变化相适应的设备设施布置方式或控制方式，得 4 分。

② 采取提升建筑部品部件耐久性的措施，评价总分值为 10 分，并按下列规则分别评分并累计：

a. 使用耐腐蚀、抗老化、耐久性能好的管材、管线、管件，得 5 分；

b. 活动配件选用长寿命产品，并考虑部品组合的同寿命性；不同使用寿命的部品组合时，采用便于分别拆换、更新和升级的构造，得 5 分。

③ 提高建筑结构材料的耐久性，评价总分值为 10 分，并按下列规则评分：

a. 100 年进行耐久性设计，得 10 分；

b. 采用耐久性能好的建筑结构材料，满足下列条件之一，得 10 分：

对于混凝土构件，提高钢筋保护层厚度或采用高耐久混凝土；

对于钢构件，采用耐候结构钢及耐候型防腐涂料；

对于木构件，采用防腐木材、耐久木材或耐久木制品。

④ 合理采用耐久性好、易维护的装饰装修建筑材料，评价总分值为 9 分，并按下列规则分别评分并累计：

a. 采用耐久性好的外饰面材料，得 3 分；

b. 采用耐久性好的防水和密封材料，得 3 分；

c. 采用耐久性好、易维护的室内装饰装修材料，得 3 分。

2. 健康舒适

（1）控制项

1）室内空气中的氨、甲醛、苯、总挥发性有机物、氡等污染物浓度应符合现行国家标准《室内空气质量标准》(GB/T 18883—2002)的有关规定。建筑室内和建筑主出入口处应禁止吸烟，并应在醒目位置设置禁烟标志。

2）应采取措施避免厨房、餐厅、打印复印室、卫生间、地下车库等区域的空气和污染物串通到其他空间；应防止厨房、卫生间的排气倒灌。

3）给水排水系统的设置应符合下列规定：

① 生活饮用水水质应满足现行国家标准《生活饮用水卫生标准》(GB 5749—2006)的要求；

② 应制订水池、水箱等储水设施定期清洗消毒计划并实施，且生活饮用水储水设施每半年清洗消毒不应少于 1 次；

③ 应使用构造内自带水封的便器，且其水封深度不应小于 50 mm；

④ 非传统水源管道和设备应设置明确、清晰的永久性标识。

4）主要功能房间的室内噪声级和隔声性能应符合下列规定：

① 室内噪声级应满足现行国家标准《民用建筑隔声设计规范》(GB 50118—2010)中的低限要求；

② 外墙、隔墙、楼板和门窗的隔声性能应满足现行国家标准《民用建筑隔声设计规范》(GB 50118—2010)中的低限要求。

5）建筑照明应符合下列规定：

① 照明数量和质量应符合现行国家标准《建筑照明设计标准》(GB 50034—2013)的规定；

② 人员长期停留的场所应采用符合现行国家标准《灯和灯系统的光生物安全性》(GB/T 20145—2006)规定的无危险类照明产品；

③ 选用 LED 照明产品的光输出波形的波动深度应满足现行国家标准《 LED 室内照明应用技术要求》(GB/T 31831—2015)的规定。

6）应采取措施保障室内热环境。采用集中供暖空调系统的建筑，房间内的温度、湿度、新风量等设计参数应符合现行国家标准《民用建筑供暖通风与空气调节设计规范》(GB 50736—2012)的有关规定；采用非集中供暖空调系统的建筑，应具有保障室内热环境的措施或预留条件。

7）围护结构热工性能应符合下列规定：

① 在室内设计温度、湿度条件下，建筑非透光围护结构内表面不得结露；

② 供暖建筑的屋面、外墙内部不应产生冷凝；

③ 屋顶和外墙隔热性能应满足现行国家标准《民用建筑热工设计规范》(GB 50176—2016)

的要求。

8）主要功能房间应具有现场独立控制的热环境调节装置。

9）地下车库应设置与排风设备联动的一氧化碳浓度监测装置。

（2）评分项

1）室内空气品质

① 控制室内主要空气污染物的浓度，评价总分值为 12 分，并按下列规则分别评分并累计：

a. 氨、甲醛、苯、总挥发性有机物、氡等污染物浓度低于现行国家标准《室内空气质量标准》（GB/T 18883—2002）规定限值的 10%，得 3 分；低于 20%，得 6 分；

b. 室内 PM2.5 年均浓度不高于 25 $\mu g/m^3$，且室内 PM10 年均浓度不高于 50 $\mu g/m^3$，得 6 分。

② 选用的装饰装修材料满足国家现行绿色产品评价标准中对有害物质限量的要求，评价总分值为 8 分。选用满足要求的装饰装修材料达到 3 类及以上，得 5 分；达到 5 类及以上，得 8 分。

2）水质

① 直饮水、集中生活热水、游泳池水、采暖空调系统用水、景观水体等的水质满足国家现行有关标准的要求，评价分值为 8 分。

② 生活饮用水水池、水箱等储水设施采取措施满足卫生要求，评价总分值为 9 分，并按下列规则分别评分并累计：

a. 使用符合国家现行有关标准要求的成品水箱，得 4 分；

b. 采取保证储水不变质的措施，得 5 分。

③ 所有给水排水管道、设备、设施设置明确、清晰的永久性标识，评价分值为 8 分。

3）声环境与光环境

① 采取措施优化主要功能房间的室内声环境，评价总分值 8 分。噪声级达到现行国家标准《民用建筑隔声设计规范》（GB 50118—2010）中的低限标准限值和高要求标准限值的平均值，得 4 分；达到高要求标准限值，得 8 分。

② 主要功能房间的隔声性能良好，评价总分值为 10 分，并按下列规则分别评分并累计：

a. 构件及相邻房间之间的空气声隔声性能达到现行国家标准《民用建筑隔声设计规范》（GB 50118—2010）中的低限标准限值和高要求标准限值的平均值，得 3 分；达到高要求标准限值，得 5 分；

b. 楼板的撞击声隔声性能达到现行国家标准《民用建筑隔声设计规范》（GB 50118—2010）中的低限标准限值和高要求标准限值的平均值，得 3 分；达到高要求标准限值，得 5 分。

③ 充分利用天然光，评价总分值为 12 分，并按下列规则分别评分并累计：

a. 住宅建筑室内主要功能空间至少 60% 面积比例区域，其采光照度值不低于 300 lx 的小时数平均不少于 8 h/d，得 9 分。

b. 公共建筑按下列规则分别评分并累计：

内区采光系数满足采光要求的面积比例达到 60%，得 3 分；

地下空间平均采光系数不小于 0.5% 的面积与地下室首层面积的比例达到 10% 以上，得 3 分；

室内主要功能空间至少 60% 面积比例区域的采光照度值不低于采光要求的小时数平均不少于 4h/d，得 3 分。

c. 主要功能房间有眩光控制措施，得3分。

4）室内热湿环境

① 具有良好的室内热湿环境，评价总分值为8分，并按下列规则评分：

a. 采用自然通风或复合通风的建筑，建筑主要功能房间室内热环境参数在适应性热舒适区域的时间比例，达到30%，得2分；每再增加10%，再得1分，最高得8分。

b. 采用人工冷热源的建筑，主要功能房间达到现行国家标准《民用建筑室内热湿环境评价标准》(GB/T 50785—2012)规定的室内人工冷热源热湿环境整体评价Ⅱ级的面积比例，达到60%，得5分；每再增加10%，再得1分，最高得8分。

② 优化建筑空间和平面布局，改善自然通风效果，评价总分值为8分，并按下列规则评分：

a. 住宅建筑：通风开口面积与房间地板面积的比例在夏热冬暖地区达到12%，在夏热冬冷地区达到8%，在其他地区达到5%，得5分；每再增加2%，再得1分，最高得8分。

b. 公共建筑：过渡季典型工况下主要功能房间平均自然通风换气次数不小于2次/h的面积比例达到70%，得5分；每再增加10%，再得1分，最高得8分。

③ 设置可调节遮阳设施，改善室内热舒适，评价总分值为9分，根据可调节遮阳设施的面积占外窗透明部分的比例按表7-1-3的规则评分。

表7-1-3　可调节遮阳设施的面积占外窗透明部分比例评分规则

可调节遮阳设施的面积占外窗透明部分比例 S_z	得分
$25\% \leq S_z < 35\%$	3
$35\% \leq S_z < 45\%$	5
$45\% \leq S_z < 55\%$	7
$S_z \geq 55\%$	9

3. 生活便利

(1) 控制项

1）建筑、室外场地、公共绿地、城市道路相互之间应设置连贯的无障碍步行系统。

2）场地人行出入口500 m内应设有公共交通站点或配备联系公共交通站点的专用接驳车。

3）停车场应具有电动汽车充电设施或具备充电设施的安装条件，并应合理设置电动汽车和无障碍汽车停车位。

4）自行车停车场所应位置合理、方便出入。

5）建筑设备管理系统应具有自动监控管理功能。

6）建筑应设置信息网络系统。

(2) 评分项

1）出行与无障碍

① 场地与公共交通站点联系便捷，评价总分值为8分，并按下列规则分别评分并累计：

a. 场地出入口到达公共交通站点的步行距离不超过500 m，或到达轨道交通站的步行距离不大于800 m，得2分；场地出入口到达公共交通站点的步行距离不超过300 m，或到达轨道交通站的步行距离不大于500 m，得4分；

b. 场地出入口步行距离 800 m 范围内设有不少于 2 条线路的公共交通站点，得 4 分。

② 建筑室内外公共区域满足全龄化设计要求，评价总分值 8 分，并按下列规则分别评分并累计：

a. 建筑室内公共区域、室外公共活动场地及道路均满足无障碍设计要求，得 3 分；

b. 建筑室内公共区域的墙、柱等处的阳角均为圆角，并设有安全抓杆或扶手，得 3 分；

c. 设有可容纳担架的无障碍电梯，得 2 分。

2）服务设施

① 提供便利的公共服务，评价总分值为 10 分，并按下列规则评分：

a. 住宅建筑，满足下列要求中的 4 项，得 5 分；满足 6 项及以上，得 10 分。

场地出入口到达幼儿园的步行距离不大于 300 m；

场地出入口到达小学的步行距离不大于 500 m；

场地出入口到达中学的步行距离不大于 1 000 m；

场地出入口到达医院的步行距离不大于 1 000 m；

场地出入口到达群众文化活动设施的步行距离不大于 800 m；

场地出入口到达老年人日间照料设施的步行距离不大于 500 m；

场地周边 500 m 范围内具有不少于 3 种商业服务设施。

b. 公共建筑，满足下列要求中的 3 项，得 5 分；满足 5 项，得 10 分。

建筑内至少兼容 2 种面向社会的公共服务功能；

建筑向社会公众提供开放的公共活动空间；

电动汽车充电桩的车位数占总车位数的比例不低于 10%；

周边 500 m 范围内设有社会公共停车场(库)；

场地不封闭或场地内步行公共通道向社会开放。

② 城市绿地、广场及公共运动场地等开敞空间，步行可达，评价总分值为 5 分，并按下列规则分别评分并累计：

a. 场地出入口到达城市公园绿地、居住区公园、广场的步行距离不大于 300 m，得 3 分；

b. 到达中型多功能运动场地的步行距离不大于 500 m，得 2 分。

③ 合理设置健身场地和空间，评价总分值为 10 分，并按下列规则分别评分并累计：

a. 室外健身场地面积不少于总用地面积的 0.5%，得 3 分；

b. 设置宽度不少于 1.25 m 的专用健身慢行道，健身慢行道长度不少于用地红线周长的 1/4 且不少于 100 m，得 2 分；

c. 室内健身空间的面积不少于地上建筑面积的 0.3%且不少于 60 m^2，得 3 分；

d. 楼梯间具有天然采光和良好的视野，且距离主入口的距离不大于 15 m，得 2 分。

3）智慧运行

① 设置分类、分级用能自动远传计量系统，且设置能源管理系统实现对建筑能耗的监测、数据分析和管理，评价分值为 8 分。

② 设置 PM10、PM2.5、二氧化碳浓度的空气质量监测系统，且具有存储至少一年的监测数据和实时显示等功能，评价分值为 5 分。

③ 设置用水远传计量系统、水质在线监测系统，评价总分值为 7 分，并按下列规则分别评分并累计：

a. 设置用水量远传计量系统，能分类、分级记录、统计分析各种用水情况，得3分；

b. 利用计量数据进行管网漏损自动检测、分析与整改，管道漏损率低于5%，得2分；

c. 设置水质在线监测系统，监测生活饮用水、管道直饮水、游泳池水、非传统水源、空调冷却水的水质指标，记录并保存水质监测结果，且能随时供用户查询，得2分。

④ 具有智能化服务系统，评价总分值为9分，并按下列规则分别评分并累计：

a. 具有家电控制、照明控制、安全报警、环境监测、建筑设备控制、工作生活服务等至少3种类型的服务功能，得3分；

b. 具有远程监控的功能，得3分；

c. 具有接入智慧城市（城区、社区）的功能，得3分。

4）物业管理

① 制订完善的节能、节水、节材、绿化的操作规程、应急预案，实施能源资源管理激励机制，且有效实施，评价总分值为5分，并按下列规则分别评分并累计：

a. 相关设施具有完善的操作规程和应急预案，得2分；

b. 物业管理机构的工作考核体系中包含节能和节水绩效考核激励机制，得3分。

② 建筑平均日用水量满足现行国家标准《民用建筑节水设计标准》（GB 50555—2010）中节水用水定额的要求，评价总分值为5分，并按下列规则评分：

a. 平均日用水量大于节水用水定额的平均值、不大于上限值，得2分。

b. 平均日用水量大于节水用水定额下限值、不大于平均值，得3分。

c. 平均日用水量不大于节水用水定额下限值，得5分。

③ 定期对建筑运营效果进行评估，并根据结果进行运行优化，评价总分值为12分，并按下列规则分别评分并累计：

a. 制订绿色建筑运营效果评估的技术方案和计划，得3分；

b. 定期检查、调适公共设施设备，具有检查、调试、运行、标定的记录，且记录完整，得3分；

c. 定期开展节能诊断评估，并根据评估结果制订优化方案并实施，得4分；

d. 定期对各类用水水质进行检测、公示，得2分。

④ 建立绿色教育宣传和实践机制，编制绿色设施使用手册，形成良好的绿色氛围，并定期开展使用者满意度调查，评价总分值为8分，并按下列规则分别评分并累计：

a. 每年组织不少于2次的绿色建筑技术宣传、绿色生活引导、灾害应急演练等绿色教育宣传和实践活动，并有活动记录，得2分；

b. 具有绿色生活展示、体验或交流分享的平台，并向使用者提供绿色设施使用手册，得3分；

c. 每年开展1次针对建筑绿色性能的使用者满意度调查，且根据调查结果制订改进措施并实施、公示，得3分。

4. 资源节约

（1）控制项

1）应结合场地自然条件和建筑功能需求，对建筑的体形、平面布局、空间尺度、围护结构等进行节能设计，且应符合国家有关节能设计的要求。

2）应采取措施降低部分负荷、部分空间使用下的供暖、空调系统能耗，并应符合下列规定：

① 应区分房间的朝向细分供暖、空调区域，并应对系统进行分区控制；

② 空调冷源的部分负荷性能系数（IPLV）、电冷源综合制冷性能系数（SCOP）应符合现行国家标准《公共建筑节能设计标准》(GB 50189—2015)的规定。

3）应根据建筑空间功能设置分区温度，合理降低室内过渡区空间的温度设定标准。

4）主要功能房间的照明功率密度值不应高于现行国家标准《建筑照明设计标准》(GB 50034—2013)规定的现行值；公共区域的照明系统应采用分区、定时、感应等节能控制；采光区域的照明控制应独立于其他区域的照明控制。

5）冷热源、输配系统和照明等各部分能耗应进行独立分项计量。

6）垂直电梯应采取群控、变频调速或能量反馈等节能措施；自动扶梯应采用变频感应启动等节能控制措施。

7）应制订水资源利用方案，统筹利用各种水资源，并应符合下列规定：

① 应按使用用途、付费或管理单元，分别设置用水计量装置；

② 用水点处水压大于 0.2 MPa 的配水支管应设置减压设施，并应满足给水配件最低工作压力的要求；

③ 用水器具和设备应满足节水产品的要求。

8）不应采用建筑形体和布置严重不规则的建筑结构。

9）建筑造型要素应简约，应无大量装饰性构件，并应符合下列规定：

① 住宅建筑的装饰性构件造价占建筑总造价的比例不应大于 2%；

② 公共建筑的装饰性构件造价占建筑总造价的比例不应大于 1%。

10）选用的建筑材料应符合下列规定：

① 500 km 以内生产的建筑材料重量占建筑材料总重量的比例应大于 60%；

② 现浇混凝土应采用预拌混凝土，建筑砂浆应采用预拌砂浆。

（2）评分项

1）节地与土地利用

① 节约集约利用土地，评价总分值为 20 分，并按下列规则评分：

a. 对于住宅建筑，根据其所在居住街坊人均住宅用地指标按表 7-1-4 的规则评分。

表 7-1-4 居住街坊人均住宅用地指标评分规则

建筑气候区划	人均住宅用地指标 A/m^2					得分
	平均3层及以下	平均4~6层	平均7~9层	平均10~18层	平均19层及以上	
Ⅰ、Ⅶ	$33<A\leq36$	$29<A\leq32$	$21<A\leq22$	$17<A\leq19$	$12<A\leq13$	15
	$A\leq33$	$A\leq29$	$A\leq21$	$A\leq17$	$A\leq12$	20
Ⅱ、Ⅵ	$33<A\leq36$	$27<A\leq30$	$20<A\leq21$	$16<A\leq17$	$12<A\leq13$	15
	$A\leq33$	$A\leq27$	$A\leq20$	$A\leq16$	$A\leq12$	20
Ⅲ、Ⅳ、Ⅴ	$33<A\leq36$	$24<A\leq27$	$19<A\leq20$	$15<A\leq16$	$11<A\leq12$	15
	$A\leq33$	$A\leq24$	$A\leq19$	$A\leq15$	$A\leq11$	20

b. 对于公共建筑，根据不同功能建筑的容积率(R)按表7-1-5的规则评分。

表7-1-5 公共建筑的容积率(R)评分规则

行政办公、商务办公、商业金融、旅馆饭店、交通枢纽等	教育、文化、体育、医疗、卫生、社会福利等	得分
$1.0 \leqslant R < 1.5$	$0.5 \leqslant R < 0.8$	8
$1.5 \leqslant R < 2.5$	$0.8 \leqslant R < 1.5$	12
$2.5 \leqslant R < 3.5$	$1.5 \leqslant R < 2.0$	16
$R \geqslant 3.5$	$R \geqslant 2.0$	20

② 合理开发利用地下空间，评价总分值为12分，根据地下空间开发利用指标，按表7-1-6的规则评分。

表7-1-6 地下空间开发利用指标评分规则

建筑类型	地下空间开发利用指标		得分
住宅建筑	地下建筑面积与地上建筑面积比率 R_r 地下一层建筑面积与总用地面积的比率 R_p	$5\% \leqslant R_r < 20\%$	5
		$R_r \geqslant 20\%$	7
		$R_r \geqslant 35\%$ 且 $R_p < 60\%$	12
公共建筑	地下建筑面积与总用地面积之比 R_{p1} 地下一层建筑面积与总用地面积的比率 R_p	$R_{p1} \geqslant 0.5$	5
		$R_{p1} \geqslant 0.7$ 且 $R_p < 70\%$	7
		$R_{p1} \geqslant 1.0$ 且 $R_p < 60\%$	12

③ 采用机械式停车设施、地下停车库或地面停车楼等方式，评价总分值为8分，并按下列规则评分：

a. 住宅建筑地面停车位数量与住宅总套数的比率小于10%，得8分。

b. 公共建筑地面停车占地面积与其总建设用地面积的比率小于8%，得8分。

2）节能与能源利用

① 优化建筑围护结构的热工性能，评价总分值为15分，并按下列规则评分：

a. 围护结构热工性能比国家现行相关建筑节能设计标准规定的提高幅度达到5%，得5分；达到10%，得10分；达到15%，得15分。

b. 建筑供暖空调负荷降低5%，得5分；降低10%，得10分；降低15%，得15分。

② 供暖空调系统的冷、热源机组能效均优于现行国家标准《公共建筑节能设计标准》(GB 50189—2015)的规定以及现行有关国家标准能效限定值的要求，评价总分值为10分，按表7-1-7的规则评分。

表 7-1-7 冷、热源机组能效提升幅度评分规则

<table>
<tr><th colspan="2">机组类型</th><th>能效指标</th><th>参照标准</th><th colspan="2">评分要求</th></tr>
<tr><td colspan="2">电机驱动的蒸气压缩循环冷水(热泵)机组</td><td>制冷性能系数(COP)</td><td rowspan="6">现行国家标准《公共建筑节能设计标准》(GB 50189—2015)</td><td>提高6%</td><td>提高12%</td></tr>
<tr><td colspan="2">直燃型溴化锂吸收式冷(温)水机组</td><td>制冷、供热性能系数(COP)</td><td>提高6%</td><td>提高12%</td></tr>
<tr><td colspan="2">单元式空气调节机、风管送风式和屋顶式空调机组</td><td>能效比(EER)</td><td>提高6%</td><td>提高12%</td></tr>
<tr><td colspan="2">多联式空调(热泵)机组</td><td>制冷综合性能系数[IPLV(C)]</td><td>提高8%</td><td>提高16%</td></tr>
<tr><td rowspan="2">锅炉</td><td>燃煤</td><td>热效率</td><td>提高3个百分点</td><td>提高6个百分点</td></tr>
<tr><td>燃油燃气</td><td>热效率</td><td>提高2个百分点</td><td>提高4个百分点</td></tr>
<tr><td colspan="2">房间空气调节器</td><td>能效比(EER)、能源消耗效率</td><td rowspan="3">现行有关国家标准</td><td rowspan="3">节能评价值</td><td rowspan="3">Ⅰ级能效等级限值</td></tr>
<tr><td colspan="2">家用燃气热水炉</td><td>热效率值(η)</td></tr>
<tr><td colspan="2">蒸汽型溴化锂吸收式冷水机组</td><td>制冷、供热性能系数(COP)</td></tr>
<tr><td colspan="4">得分</td><td>5分</td><td>10分</td></tr>
</table>

③ 采取有效措施降低供暖空调系统的末端系统及输配系统的能耗，评价总分值为5分，并按以下规则分别评分并累计：

a. 通风空调系统风机的单位风量耗功率比现行国家标准《公共建筑节能设计标准》(GB 50189—2015)的规定低20%，得2分；

b. 集中供暖系统热水循环泵的耗电输热比、空调冷热水系统循环水泵的耗电输冷(热)比比现行国家标准《民用建筑供暖通风与空气调节设计规范》(GB 50736—2012)规定值低20%，得3分。

④ 采用节能型电气设备及节能控制措施，评价总分值为10分，并按下列规则分别评分并累计：

a. 主要功能房间的照明功率密度值达到现行国家标准《建筑照明设计标准》(GB 50034—2013)规定的目标值，得5分；

b. 采光区域的人工照明随天然光照度变化自动调节，得2分；

c. 照明产品、三相配电变压器、水泵、风机等设备满足国家现行有关标准的节能评价值的要

求，得3分。

⑤ 采取措施降低建筑能耗，评价总分值为10分。建筑能耗相比国家现行有关建筑节能标准降低10%，得5分；降低20%，得10分。

⑥ 结合当地气候和自然资源条件合理利用可再生能源，评价总分值为10分，按表7-1-8的规则评分。

表7-1-8　可再生能源利用评分规则

可再生能源利用类型和指标		得分
由可再生能源提供的生活用热水比例 R_{hw}	$20\% \leqslant R_{hw} < 35\%$	2
	$35\% \leqslant R_{hw} < 50\%$	4
	$50\% \leqslant R_{hw} < 65\%$	6
	$65\% \leqslant R_{hw} < 80\%$	8
	$R_{hw} \geqslant 80\%$	10
由可再生能源提供的空调用冷量和热量的比例 R_{ch}	$20\% \leqslant R_{ch} < 35\%$	2
	$35\% \leqslant R_{ch} < 50\%$	4
	$50\% \leqslant R_{ch} < 65\%$	6
	$65\% \leqslant R_{ch} < 80\%$	8
	$R_{ch} \geqslant 80\%$	10
由可再生能源提供的电量比例 R_e	$0.5\% \leqslant R_e < 1.0\%$	2
	$1.0\% \leqslant R_e < 2.0\%$	4
	$2.0\% \leqslant R_e < 3.0\%$	6
	$3.0\% \leqslant R_e < 4.0\%$	8
	$R_e \geqslant 4.0\%$	10

3）节水与水资源利用

① 使用较高用水效率等级的卫生器具，评价总分值为15分，并按下列规则评分：

a. 全部卫生器具的用水效率等级达到2级，得8分。

b. 50%以上卫生器具的用水效率等级达到1级且其他达到2级，得12分。

c. 全部卫生器具的用水效率等级达到1级，得15分。

② 绿化灌溉及空调冷却水系统采用节水设备或技术，评价总分值为12分，并按下列规则分别评分并累计：

a. 绿化灌溉采用节水设备或技术，并按下列规则评分：

采用节水灌溉系统，得4分；

在采用节水灌溉系统的基础上，设置土壤湿度感应器、雨天自动关闭装置等节水控制措施，或种植无须永久灌溉植物，得6分。

b. 空调冷却水系统采用节水设备或技术，并按下列规则评分：

循环冷却水系统采取设置水处理措施、加大集水盘、设置平衡管或平衡水箱等方式，避免冷

却水泵停泵时冷却水溢出，得 3 分；

采用无蒸发耗水量的冷却技术，得 6 分。

③ 结合雨水综合利用设施营造室外景观水体，室外景观水体利用雨水的补水量大于水体蒸发量的 60%，且采用保障水体水质的生态水处理技术，评价总分值为 8 分，并按下列规则分别评分并累计：

a. 对进入室外景观水体的雨水，利用生态设施削减径流污染，得 4 分；

b. 利用水生动、植物保障室外景观水体水质，得 4 分。

④ 使用非传统水源，评价总分值为 15 分，并按下列规则分别评分并累计：

a. 绿化灌溉、车库及道路冲洗、洗车用水采用非传统水源的用水量占其总用水量的比例不低于 40%，得 3 分；不低于 60%，得 5 分；

b. 冲厕采用非传统水源的用水量占其总用水量的比例不低于 30%，得 3 分；不低于 50% 得 5 分；

c. 冷却水补水采用非传统水源的用水量占其总用水量的比例不低于 20%，得 3 分；不低于 40%，得 5 分。

4）节材与绿色建材

① 建筑所有区域实施土建工程与装修工程一体化设计及施工，评价分值为 8 分。

② 合理选用建筑结构材料与构件，评价总分值为 10 分，并按下列规则评分：

a. 混凝土结构，按下列规则分别评分并累计：

400 MPa 级及以上强度等级钢筋应用比例达到 85%，得 5 分；

凝土竖向承重结构采用强度等级不小于 C50 混凝土用量占竖向承重结构中混凝土总量的比例达到 50%，得 5 分。

b. 钢结构，按下列规则分别评分并累计：

Q345 及以上高强钢材用量占钢材总量的比例达到 50%，得 3 分；达到 70%，得 4 分；

螺栓连接等非现场焊接节点占现场全部连接、拼接节点的数量比例达到 50%，得 4 分；

采用施工时免支撑的楼屋面板，得 2 分。

c. 混合结构：对其混凝土结构部分、钢结构部分，分别按本条 a、b 条进行评价，得分取各项得分的平均值。

③ 建筑装修选用工业化内装部品，评价总分值为 8 分。建筑装修选用工业化内装部品占同类部品用量比例达到 50% 以上的部品种类，达到 1 种，得 3 分；达到 3 种，得 5 分；达到 3 种以上，得 8 分。

④ 选用可再循环材料、可再利用材料及利废建材，评价总分值为 12 分，并按下列规则分别评分并累计：

a. 可再循环材料和可再利用材料用量比例，按下列规则评分：

住宅建筑达到 6% 或公共建筑达到 10%，得 3 分；

住宅建筑达到 10% 或公共建筑达到 15%，得 6 分。

b. 利废建材选用及其用量比例，按下列规则评分：

采用一种利废建材，其占同类建材的用量比例不低于 50%，得 3 分；

选用两种及以上的利废建材，每一种占同类建材的用量比例均不低于 30%，得 6 分。

⑤ 选用绿色建材，评价总分值为 12 分。绿色建材应用比例不低于 30%，得 4 分；不低于

50%，得 8 分；不低于 70%，得 12 分。

5. 环境宜居

（1）控制项

1）建筑规划布局应满足日照标准，且不得降低周边建筑的日照标准。

2）室外热环境应满足国家现行有关标准的要求。

3）配建的绿地应符合所在地城乡规划的要求，应合理选择绿化方式，植物种植应适应当地气候和土壤，且应无毒害、易维护，种植区域覆土深度和排水能力应满足植物生长需求，并应采用复层绿化方式。

4）场地的竖向设计应有利于雨水的收集或排放，应有效组织雨水的下渗、滞蓄或再利用；对大于 10 hm^2的场地应进行雨水控制利用专项设计。

5）建筑内外均应设置便于识别和使用的标识系统。

6）场地内不应有排放超标的污染源。

7）生活垃圾应分类收集，垃圾容器和收集点的设置应合理，并应与周围景观协调。

（2）评分项

1）场地生态与景观

① 充分保护或修复场地生态环境，合理布局建筑及景观，评价总分值为 10 分，并按下列规则评分：

a. 保护场地内原有的自然水域、湿地、植被等，保持场地内的生态系统与场地外生态系统的连贯性，得 10 分。

b. 采取净地表层土回收利用等生态补偿措施，得 10 分。

c. 根据场地实际状况，采取其他生态恢复或补偿措施，得 10 分。

② 规划场地地表和屋面雨水径流，对场地雨水实施外排总量控制，评价总分值为 10 分。场地年径流总量控制率达到 55%，得 5 分；达到 70%，得 10 分。

③ 充分利用场地空间设置绿化用地，评价总分值为 16 分，并按下列规则评分：

a. 住宅建筑按下列规则分别评分并累计：

绿地率达到规划指标 105%及以上，得 10 分；

住宅建筑所在居住街坊内人均集中绿地面积，按表 7-1-9 的规则评分，最高得 6 分。

表 7-1-9　住宅建筑人均集中绿地面积评分规则

人均集中绿地面积 A_g/(m^2/人)		得分
新区建设	旧区改建	
0.5	0.35	2
$0.5<A_g<0.6$	$0.35<A_g<0.45$	4
$A_g\geqslant 0.6$	$A_g\geqslant 0.45$	6

b. 公共建筑按下列规则分别评分并累计：

公共建筑绿地率达到规划指标 105%及以上，得 10 分；

绿地向公众开放，得 6 分。

④ 室外吸烟区位置布局合理，评价总分值为 9 分，并按下列规则分别评分并累计：

a. 室外吸烟区布置在建筑主出入口的主导风的下风向，与所有建筑出入口、新风进气口和可开启窗扇的距离不少于 8 m，且距离儿童和老人活动场地不少于 8 m，得 5 分；

b. 室外吸烟区与绿植结合布置，并合理配置座椅和带烟头收集的垃圾筒，从建筑主出入口至室外吸烟区的导向标识完整、定位标识醒目，吸烟区设置吸烟有害健康的警示标识，得 4 分。

⑤ 利用场地空间设置绿色雨水基础设施，评价总分值为 15 分，并按下列规则分别评分并累计：

a. 下凹式绿地、雨水花园等有调蓄雨水功能的绿地和水体的面积之和占绿地面积的比例达到 40%，得 3 分；达到 60%，得 5 分；

b. 衔接和引导不少于 80% 的屋面雨水进入地面生态设施，得 3 分；

c. 衔接和引导不少于 80% 的道路雨水进入地面生态设施，得 4 分；

d. 硬质铺装地面中透水铺装面积的比例达到 50%，得 3 分。

2）室外物理环境

① 场地内的环境噪声优于现行国家标准《声环境质量标准》(GB 3096—2008)的要求，评价总分值为 10 分，并按下列规则评分：

a. 环境噪声值大于 2 类声环境功能区标准限值，且小于或等于 3 类声环境功能区标准限值，得 5 分。

b. 环境噪声值小于或等于 2 类声环境功能区标准限值，得 10 分。

② 建筑及照明设计避免产生光污染，评价总分值为 10 分，并按下列规则分别评分并累计：

a. 玻璃幕墙的可见光反射比及反射光对周边环境的影响符合《玻璃幕墙光热性能》(GB/T 18091—2015)的规定，得 5 分；

b. 室外夜景照明光污染的限制符合现行国家标准《室外照明干扰光限制规范》(GB/T 35626—2017)和现行行业标准《城市夜景照明设计规范》(JGJ/T 163—2008)的规定，得 5 分。

③ 场地内风环境有利于室外行走、活动舒适和建筑的自然通风，评价总分值为 10 分，并按下列规则分别评分并累计：

a. 在冬季典型风速和风向条件下，按下列规则分别评分并累计：

建筑物周围人行区距地高 1.5 m 处风速小于 5 m/s，户外休息区、儿童娱乐区风速小于 2 m/s，且室外风速放大系数小于 2，得 3 分；

除迎风第一排建筑外，建筑迎风面与背风面表面风压差不大于 5Pa，得 2 分。

b. 过渡季、夏季典型风速和风向条件下，按下列规则分别评分并累计：

场地内人活动区不出现涡旋或无风区，得 3 分；

50% 以上可开启外窗室内外表面的风压差大于 0.5 Pa，得 2 分。

④ 采取措施降低热岛强度，评价总分值为 10 分，按下列规则分别评分并累计：

a. 场地中处于建筑阴影区外的步道、游憩场、庭院、广场等室外活动场地设有乔木、花架等遮阴措施的面积比例，住宅建筑达到 30%，公共建筑达到 10%，得 2 分；住宅建筑达到 50%，公共建筑达到 20%，得 3 分；

b. 场地中处于建筑阴影区外的机动车道，路面太阳辐射反射系数不小于 0.4 或设有遮阴面积较大的行道树的路段长度超过 70%，得 3 分；

c. 屋顶的绿化面积、太阳能板水平投影面积以及太阳辐射反射系数不小于 0.4 的屋面面积合计达到 75%，得 4 分。

6. 提高与创新

（1）控制项

1）绿色建筑评价时，应按本节规定对提高与创新项进行评价。

2）提高与创新项得分为加分项得分之和，当得分大于 100 分时，应取为 100 分。

（2）加分项

1）采取措施进一步降低建筑供暖空调系统的能耗，评价总分值为 30 分。建筑供暖空调系统能耗相比国家现行有关建筑节能标准降低 40%，得 10 分；每再降低 10%，再得 5 分，最高得 30 分。

2）采用适宜地区特色的建筑风貌设计，因地制宜传承地域建筑文化，评价分值为 20 分。

3）合理选用废弃场地进行建设，或充分利用尚可使用的旧建筑，评价分值为 8 分。

4）场地绿容率不低于 3.0，评价总分值为 5 分，并按下列规则评分：

① 场地绿容率计算值不低于 3.0，得 3 分。

② 场地绿容率实测值不低于 3.0，得 5 分。

5）采用符合工业化建造要求的结构体系与建筑构件，评价分值为 10 分，并按下列规则评分：

① 主体结构采用钢结构、木结构，得 10 分。

② 主体结构采用装配式混凝土结构，地上部分预制构件应用混凝土体积占混凝土总体积的比例达到 35%，得 5 分；达到 50%，得 10 分。

6）应用建筑信息模型（BIM）技术，评价总分值为 15 分。在建筑的规划设计、施工建造和运行维护阶段中的一个阶段应用，得 5 分；两个阶段应用，得 10 分；三个阶段应用，得 15 分。

7）进行建筑碳排放计算分析，采取措施降低单位建筑面积碳排放强度，评价分值为 12 分。

8）按照绿色施工的要求进行施工和管理，评价总分值为 20 分，并按下列规则分别评分并累计：

① 获得绿色施工优良等级或绿色施工示范工程认定，得 8 分；

② 采取措施减少预拌混凝土损耗，损耗率降低至 1.0%，得 4 分；

③ 采取措施减少现场加工钢筋损耗，损耗率降低至 1.5%，得 4 分；

④ 现浇混凝土构件采用铝模等免墙面粉刷的模板体系，得 4 分。

9）采用建设工程质量潜在缺陷保险产品，评价总分值为 20 分，并按下列规则分别评分并累计：

① 保险承保范围包括地基基础工程、主体结构工程、屋面防水工程和其他土建工程的质量问题，得 10 分；

② 保险承保范围包括装修工程、电气管线、上下水管线的安装工程，供热、供冷系统工程的质量问题，得 10 分。

10）采取节约资源、保护生态环境、保障安全健康、智慧友好运行、传承历史文化等其他创新，并有明显效益，评价总分值为 40 分。每采取一项，得 10 分，最高得 40 分。

思考题

1. 绿色建筑内涵是什么？绿色建筑与节能建筑有什么关系？

2. 结合调查，如何提升绿色节能建筑在社会中的影响？

3. 如何根据《绿色建筑评价标准》(GB/T 50378—2019)来评定建筑是否是绿色建筑？等级是几星级？

项目 2　绿色施工

【学习目标】

1. 了解绿色施工的概念。
2. 了解我国绿色施工发展的历程和存在的问题，以及解决方法。
3. 掌握绿色施工要点。
4. 掌握绿色施工的新技术。

7.2.1　绿色施工的概念

绿色施工是指在工程建设中，通过施工策划、材料采购，在保证质量、安全等基本要求的前提下，通过科学管理和技术进步，最大限度地节约资源与减少对环境负面影响的施工活动。

7.2.2　绿色施工总体框架

绿色施工总体框架由施工管理、环境保护、节材与材料资源利用、节水与水资源利用、节能与能源利用、节地与施工用地保护，如图 7-2-1 所示。

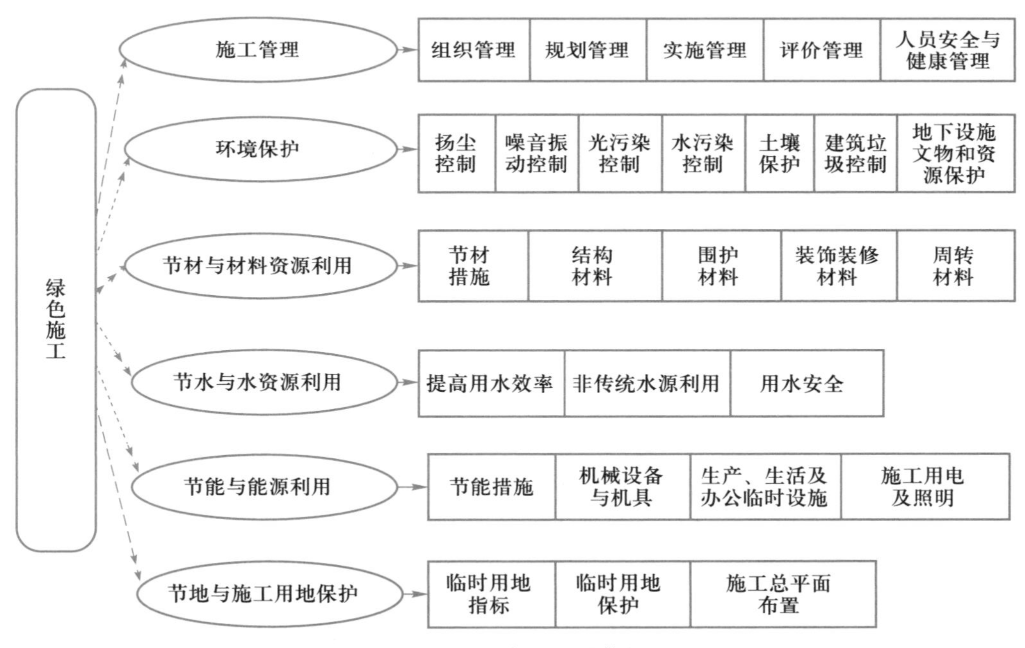

图 7-2-1　绿色施工总体框架

7.2.3　绿色施工技术

2017 年中国建筑业十大新技术中，绿色施工技术包括：封闭降水及水收集综合利用技术；建筑垃圾减量化和资源化利用技术；施工现场太阳能、空气能利用技术；施工扬尘控制技术；施工噪声控制技术；绿色施工在线监测评价技术；工具式定型化临时设施技术；垃圾管道垂直运输技术；透水混凝土与植生混凝土应用技术；混凝土楼地面一次成型技术；建筑物墙体免抹灰技术11项。

1. 封闭降水及水收集综合利用技术

（1）基坑施工封闭降水技术

1）技术内容。基坑封闭降水是指在坑底和基坑侧壁采用截水措施，在基坑周边形成止水帷幕，阻截基坑侧壁及基坑底面的地下水流入基坑，在基坑降水过程中对基坑以外地下水位不产生影响的降水方法。基坑施工时应按需降水或隔离水源。

在我国沿海地区宜采用地下连续墙或护坡桩+搅拌桩止水帷幕的地下水封闭措施；内陆地区宜采用护坡桩+旋喷桩止水帷幕的地下水封闭措施；河流阶地地区宜采用双排或三排搅拌桩对基坑进行封闭，同时兼作支护的地下水封闭措施。

2）技术指标。

① 封闭深度：宜采用悬挂式竖向截水和水平封底相结合，在没有水平封底措施的情况下要求侧壁帷幕（连续墙、搅拌桩、旋喷桩等）插入基坑下卧不透水土层一定深度。深度情况应按下式计算：

$$L=0.2h_w-0.5b \tag{7-2-1}$$

式中：L——帷幕插入不透水层的深度（m）；

h_w——作用水头（m）；

b——帷幕厚度（m）。

② 截水帷幕厚度：满足抗渗要求，渗透系数宜小于 1.0×10^{-6} cm/s。

③ 基坑内井深度：可采用疏干井和降水井，若采用降水井，井深度不宜超过截水帷幕深度；若采用疏干井，井深应插入下层强透水层。

④ 结构安全性：截水帷幕必须在有安全的基坑支护措施下配合使用（如注浆法），或者帷幕本身经计算能同时满足基坑支护的要求（如地下连续墙）。

3）适用范围。适用于有地下水存在的所有非岩石地层的基坑工程。

4）工程案例。北京地铁8号线、天津周大福金融中心。

（2）施工现场水收集综合利用技术

1）技术内容。施工过程中应高度重视施工现场非传统水源的水收集与综合利用，该项技术包括基坑施工降水回收利用技术、雨水回收利用技术、现场生产和生活废水回收利用技术。

① 基坑施工降水回收利用技术一般包含两种技术：一是利用自渗效果将上层滞水引渗至下层潜水层中，可使部分水资源重新回灌至地下的回收利用技术；二是将降水所抽水体集中存放施工时再利用。

② 雨水回收利用技术是指在施工现场中将雨水收集后，经过雨水渗蓄、沉淀等处理，集中存放再利用。回收水可直接用于冲刷厕所、施工现场洗车及现场洒水控制扬尘等。

③ 现场生产和生活废水回收利用技术是指将施工生产和生活废水经过过滤、沉淀或净化等措施处理达标后再利用。经过处理或水质达到要求的水体可用于绿化、结构养护以及混凝土试块养护等。

2）技术指标

① 利用自渗效果将上层滞水引渗至下层潜水层中，有回灌量、集中存放量和使用量记录。

② 施工现场用水至少应有20%来源于雨水和生产废水回收利用等。

③ 污水排放应符合《污水综合排放标准》(GB 8978—1996)的要求。

④ 基坑降水回收利用率为

$$R=K_6\frac{Q_1+q_1+q_2+q_3}{Q_0}\times100\% \qquad (7-2-2)$$

式中:Q_0——基坑涌水量(m^3/d),按照最不利条件下的计算最大流量;

Q_1——回灌至地下的水量(根据地质情况及试验确定);

q_1——现场生活用水量(m^3/d);

q_2——现场控制扬尘用水量(m^3/d);

q_3——施工砌筑抹灰等用水量(m^3/d);

K_6——损失系数,取0.85~0.95。

3)适用范围。适用于地下水面埋藏较浅的地区;雨水及现场生产和生活废水回收利用技术适用于各类施工工程。

4)工程案例。天津津湾广场9号楼、上海浦东金融广场、深圳平安中心、天津渤海银行、东营市东银大厦等工程。

2. 建筑垃圾减量化和资源化利用技术

(1)技术内容

建筑垃圾指在新建、扩建、改建和拆除加固各类建筑物、构筑物、管网以及装饰装修等过程中产生的施工废弃物。

建筑垃圾减量化是指在施工过程中采用绿色施工新技术、精细化施工和标准化施工等措施,减少建筑垃圾排放;建筑垃圾资源化利用是指建筑垃圾就近处置、回收直接利用或加工处理后再利用。建筑垃圾减量化与建筑垃圾资源化利用的主要措施为:实施建筑垃圾分类收集、分类堆放;碎石类、粉类的建筑垃圾进行级配后用作基坑回槽、路基的回填材料;采用移动式快速加工机械,将废旧砖瓦、废旧混凝土就地分拣、粉碎、分级,变为可再生骨料。

可回收的建筑垃圾主要有散落的砂浆和混凝土、剔凿产生的砖石和混凝土碎块、打桩截下的钢筋混凝土桩头、砌块碎块,废旧木材、钢筋余料、塑料等。

现场垃圾减量与资源化的主要技术有:

1)对钢筋采用优化下料技术,提高钢筋利用率;对钢筋余料采用再利用技术,如将钢筋余料用于加工马凳筋、预埋件与安全围栏等。

2)对模板的使用应进行优化拼接,减少裁剪量;对木模板应通过合理的设计和加工制作提高重复使用率的技术;对短木方采用指接接长技术,提高木方利用率。

3)对混凝土浇筑施工中的混凝土余料做好回收利用,用于制作小过梁、混凝土砖等。

4)对二次结构的加气混凝土砌块隔墙施工中,做好加气块的排块设计,在加工车间进行机械切割,减少工地加气混凝土砌块的废料。

5)废塑料、废木材、钢筋头与废混凝土的机械分拣技术;利用废旧砖瓦、废旧混凝土为原料的再生骨料就地加工与分级技术。

6)现场直接利用再生骨料和微细粉料作为骨料和填充料,生产混凝土砌块、混凝土砖、透水砖等制品的技术。

7)利用再生细骨料制备砂浆及其使用的综合技术。

(2) 技术指标

1) 再生骨料应符合《混凝土再生粗骨料》(GB/T 25177—2010)、《混凝土和砂浆用再生细骨料》(GB/T 25176—2010)、《再生骨料应用技术规程》(JGJ/T 240—2011)、《再生骨料地面砖和透水砖》(CJ/T 400—2012)和《建筑垃圾再生骨料实心砖》(JG/T 505—2016)的规定。

2) 建筑垃圾产生量应不高于 350 t/万平方米;可回收的建筑垃圾回收利用率达到 80%以上。

(3) 适用范围

适合建筑物和基础设施拆迁、新建和改扩建工程。

(4) 工程案例

天津生态城海洋博物馆、成都银泰中心、北京建筑大学实验楼、昌平区亭子庄污水处理站、昌平陶瓷馆、邯郸金世纪商务中心、青岛市海逸景园等工程,安阳人民医院整体搬迁建设项目门急诊综合楼工程。

3. 施工现场太阳能、空气能利用技术

(1) 施工现场太阳能光伏发电照明技术

1) 技术内容。施工现场太阳能光伏发电照明技术是利用太阳能电池组件将太阳光能直接转化为电能储存并用于施工现场照明系统的技术。发电系统主要由光伏组件、控制器、蓄电池(组)和逆变器(当照明负载为直流电时,不使用)及照明负载等组成。

2) 技术指标。施工现场太阳能光伏发电照明技术中的照明灯具负载应为直流负载,灯具选用以工作电压为12V的LED灯为主。生活区安装太阳能发电电池,保证道路照明使用率达到90%以上。

① 光伏组件:具有封装及内部联结的、能单独提供直流电输出、最小不可分割的太阳电池组合装置,又称太阳电池组件。太阳光充足、日照好的地区,宜采用多晶硅太阳能电池;阴雨天比较多、阳光相对不是很充足的地区,宜采用单晶硅太阳能电池;其他新型太阳能电池,可根据太阳能电池发展趋势选用新型低成本太阳能电池;选用的太阳能电池输出的电压应比蓄电池的额定电压高20%~30%,以保证蓄电池正常充电。

② 太阳能控制器:控制整个系统的工作状态,并对蓄电池起到过充电保护、过放电保护的作用;在温差较大的地方,应具备温度补偿和路灯控制功能。

③ 蓄电池:一般为铅酸电池,小微型系统中,也可用镍氢电池、镍镉电池或锂电池。根据临时建筑照明系统整体用电负荷数,选用适合容量的蓄电池,蓄电池额定工作电压通常选12V,容量为日负荷消耗量的6倍左右,可根据项目具体使用情况组成电池组。

3) 适用范围。适用于施工现场临时照明,如路灯、加工棚照明、办公区廊灯、食堂照明、卫生间照明等。

4) 工程案例。北京地区清华附中凯文国际学校、长乐宝苑三期、浙江地区台州银泰城、安徽地区阜阳颖泉万达、湖南地区长沙明昇壹城、山东地区青岛北客站等工程。

(2) 太阳能热水技术

1) 技术内容。太阳能热水技术是利用太阳光将水温加热的技术。太阳能热水器分为真空管式太阳能热水器和平板式太阳能热水器,真空管式太阳能热水器占据国内95%的市场份额,太阳能光热发电比光伏发电的太阳能转化效率高。它由集热部件(真空管式为真空集热管,平板式为平板集热器)、保温水箱、支架、连接管道、控制部件等组成。

2）技术指标。

① 太阳能热水技术系统由集热器外壳、水箱内胆、水箱外壳、控制器、水泵、内循环系统等组成。常见太阳能热水器安装技术参数见表7-2-1。

表7-2-1　太阳能热水器安装技术参数

产品型号	水箱容积 /m^3	集热面积 /m^2	集热管规格 /mm	集热管支数 /支	适用人数
DFJN-1	1	15	ϕ47×1 500	120	20～25
DFJN-2	2	30	ϕ47×1 500	240	40～50
DFJN-3	3	45	ϕ47×1 500	360	60～70
DFJN-4	4	60	ϕ47×1 500	480	80～90
DFJN-5	5	75	ϕ47×1 500	600	100～120
DFJN-6	6	90	ϕ47×1 500	720	120～140
DFJN-7	7	105	ϕ47×1 500	840	140～160
DFJN-8	8	120	ϕ47×1 500	960	160～180
DFJN-9	9	135	ϕ47×1 500	1 080	180～200
DFJN-10	10	150	ϕ47×1 500	1 200	200～240
DFJN-15	15	225	ϕ47×1 500	1 800	300～360
DFJN-20	20	300	ϕ47×1 500	2 400	400～500
DFJN-30	30	450	ϕ47×1 500	3 600	600～700
DFJN-40	40	600	ϕ47×1 500	4 800	800～900
DFJN-50	50	750	ϕ47×1 500	6 000	1 000～1 100

特别说明：因每人每次洗浴用水量不同，以上所标适用人数为参考洗浴人数，购买时请根据实际情况选择合适的型号安装。

② 太阳能集热器相对储水箱的位置应使循环管路尽可能短；集热器面向正南或正南偏西5°，条件不允许时可正南±30°；平板型、竖插式真空管太阳能集热器安装倾角需与工程所在地区纬度调整，一般情况安装角度等于当地纬度或当地纬度±10°；集热器应避免遮光物或前排集热器的遮挡，应尽量避免反射光对附近建筑物引起光污染。

③ 采购的太阳能热水器的热性能、耐压、电气强度、外观等检测项目，应依据《家用太阳能热水系统技术条件》(GB/T 19141—2011)标准要求。

④ 宜选用合理先进的控制系统，控制主机启停、水箱补水、用户用水等；系统用水箱和管道需做好保温防冻措施。

3）适用范围。适用于太阳能丰富的地区，适用于施工现场办公、生活区临时热水供应。

4）工程案例。北京市海淀区苏家坨镇北安河定向安置房项目东区12、22、25及31地块，天津嘉海国际花园项目，成都天府新区成都片区直管区兴隆镇（保三）、正兴镇（钓四）安置房建设项目等工程。

(3) 空气能热水技术

1) 技术内容。空气能热水技术是运用热泵工作原理,吸收空气中的低能热量,经过中间介质的热交换,并压缩成高温气体,通过管道循环系统对水加热的技术。空气能热水器是采用制冷原理从空气中吸收热量来加热水的“热量搬运”装置,把一种沸点约为零下 10 ℃的制冷剂通到交换机中,制冷剂通过蒸发由液态变成气态从空气中吸收热量,再经过压缩机加压做工,制冷剂的温度就能骤升至 80~120 ℃。其具有高效节能的特点,较常规电热水器的热效率高达 380%~600%,制造相同的热水量,比电辅助太阳能热水器利用能效高,耗电只有电热水器的 1/4。

2) 技术指标。

① 空气能热水器利用空气能,不需要阳光,因此放在室内或室外均可,温度在零摄氏度以上,就可以全天候承压运行。部分空气能(源)热泵热水器参数见表 7-2-2。

表 7-2-2　部分空气能(源)热泵热水器参数

机组型号	2P	3P		5P	10P
额定制热量/kW	6.79	8.87	8.87	14.97	30
额定输入功率/kW	1.96	2.88	2.83	4.67	9.34
最大输入功率/kW	2.5	3.6	3.8	6.4	12.8
额定电流/A	9.1	14.4	5.1	8.4	16.8
最大输入电流/A	11.4	16.2	7.1	12	20
电源电压/V	220		380		
最高出水温度/℃	60				
额定出水温度/℃	55				
额定使用水压/MPa	0.7				
热水循环水量/(m^3/h)	3.6	7.8	7.8	11.4	19.2
循环泵扬程/m	3.5	5	5	5	7.5
水泵输出功率/W	40	100	100	125	250
产水量 20~55 ℃/(L/h)	150	300	300	400	800
COP	2~5.5				
水管接头规格	DN20	DN25	DN25	DN25	DN32
环境温度要求	-5~40 ℃				
运行噪声	≤50 dB(A)	≤55 dB(A)	≤55 dB(A)	≤60 dB(A)	≤60 dB(A)
选配热水箱容积(T)/m^3	1~1.5	2~2.5	2~2.5	3~4	5~8

② 工程现场使用空气能热水器时,空气能热泵机组应尽可能布置在室外,进风和排风应通畅,避免造成气流短路。机组间的距离应保持在 2 m 以上,机组与主体建筑或临建墙体(封闭遮挡类墙面或构件)间的距离应保持在 3 m 以上;另外为避免排风短路,在机组上部不应设置挡雨棚之类的遮挡物;如果机组必须布置在室内,应采取提高风机静压的办法,接风管将排风排至室外。

③ 宜选用合理先进的控制系统,控制主机启停、水箱补水、用户用水以及其辅助热源切入与

退出;系统用水箱和管道需做好保温防冻措施。

3）适用范围。适用于施工现场办公、生活区临时热水供应。

4）工程案例。北京清华附中凯文国际学校、天津嘉海国际花园项目、正兴镇(钓四)安置房建设项目、浙江台州银泰城等工程。

4. 施工扬尘控制技术

(1）技术内容

技术内容包括施工现场道路、塔吊、脚手架等部位自动喷淋降尘和雾炮降尘技术、施工现场车辆自动冲洗技术。

1）自动喷淋降尘系统由蓄水系统、自动控制系统、语音报警系统、变频水泵、主管、三通阀、支管、微雾喷头连接而成,主要安装在临时施工道路、脚手架上。

塔吊自动喷淋降尘系统是指在塔吊安装完成后通过塔吊旋转臂安装的喷水设施,用于塔臂覆盖范围内的降尘、混凝土养护等。喷淋系统由加压泵、塔吊、喷淋主管、万向旋转接头、喷淋头、卡扣、扬尘监测设备、视频监控设备等组成。

2）雾炮降尘系统主要有电机、高压风机、水平旋转装置、仰角控制装置、导流筒、雾化喷嘴、高压泵、储水箱等装置,其特点为风力强劲,射程高(远),穿透性好,可以实现精量喷雾,雾粒细小,能快速将尘埃抑制降沉,工作效率高、速度快,覆盖面积大。

3）施工现场车辆自动冲洗系统由供水系统、循环用水处理系统、冲洗系统、承重系统、自动控制系统组成。采用红外、位置传感器启动自动清洗及运行指示。水池采用四级沉淀、分离处理水质,确保水循环使用;清洗系统由冲洗槽、两侧挡板、高压喷嘴装置、控制装置和沉淀循环水池组成;喷嘴沿多个方向布置,无死角。

(2）技术指标

扬尘控制指标应符合现行《建筑工程绿色施工规范》(GB/T 50905—2014)中的相关要求。

地基与基础工程施工阶段施工现场 PM10/h 平均浓度不宜大于 150 $\mu g/m^3$ 或工程所在区域的 PM10/h 平均浓度的 120%;结构工程及装饰装修与机电安装工程施工阶段施工现场 PM10/h 平均浓度不宜大于 60 $\mu g/m^3$ 或工程所在区域的 PM10/h 平均浓度的 120%。

(3）适用范围

适用于所有工业与民用建筑的施工工地。

(4）工程案例

深圳海上世界双玺花园工程、北京金域国际工程、郑州东润泰、重庆环球金融中心、成都 IFS 国金中心等工程。

5. 施工噪音控制技术

(1）技术内容

通过选用低噪声设备、先进施工工艺或采用隔声屏、隔声罩等措施有效降低施工现场及施工过程的噪声。

1）隔声屏是通过遮挡和吸音减少噪声的排放。隔声屏主要由基础、立柱和隔声屏板几部分组成。基础可以单独设计,也可在道路设计时一并设计在道路附属设施上;立柱可以通过预埋螺栓、植筋与焊接等方法,将立柱上的底法兰与基础连接牢靠,隔声屏板可以通过专用高强度弹簧与螺栓及角钢等构件将其固定于立柱槽口内,形成声屏障。隔声屏可模块化生产,装配式施工,选择多种色彩和造型进行组合、搭配,与周围环境协调。

2）隔声罩是把噪声较大的机械设备（如搅拌机、混凝土输送泵、电锯等）封闭起来，有效地阻隔噪声的外传。隔声罩外壳由一层不透气的具有一定重量和刚性的金属材料制成，一般用2~3 mm厚的钢板，铺上一层阻尼层，阻尼层常用沥青阻尼胶浸透的纤维织物或纤维材料，外壳也可以用木板或塑料板制作，轻型隔声结构可用铝板制作。要求高的隔声罩可做成双层壳，内层较外层薄一些；两层的间距一般是6~10 mm，填以多孔吸声材料。罩的内侧附加吸音材料，以吸收声音并减弱空腔内的噪声。要减少罩内混响声和防止固体声的传递；尽可能减少在罩壁上开孔，对于必须开孔的，开口面积应尽量小；在罩壁的构件相接处的缝隙，要采取密封措施，以减少漏声；由于罩内声源机器设备的散热，可能导致罩内温度升高，对此应采取适当的通风散热措施。要考虑声源机器设备操作、维修方便的要求。

3）应设置封闭的木工用房，以有效降低电锯加工时噪音对施工现场的影响。

4）施工现场应优先选用低噪声机械设备，以及能够减少或避免噪音的先进施工工艺。

（2）技术指标

施工现场噪声应符合《建筑施工场界环境噪声排放标准》（GB 12523—2011）的规定，昼间≤70 dB（A），夜间≤55 dB（A）。

（3）适用范围

适用于工业与民用建筑工程施工。

（4）工程案例

上海市轨道交通9号线二期港汇广场站、人民路越江隧道、闸北区312街坊33丘地块商办项目、泛海国际工程、北京地铁14号线08标段等工程。

6. 绿色施工在线监测评价技术

（1）技术内容

绿色施工在线监测评价技术是根据绿色施工评价标准，通过在施工现场安装智能仪表并借助GPRS通信和计算机软件技术，随时随地以数字化的方式对施工现场能耗、水耗、施工噪声、施工扬尘、大型施工设备安全运行状况等各项绿色施工指标数据进行实时监测、记录、统计、分析、评价和预警的监测系统和评价体系。

绿色施工涉及管理、技术、材料、工艺、装备等多个方面。根据绿色施工现场的特点以及施工流程，在确保施工各项目都能得到监测的前提下，绿色施工监测内容应尽可能全面，用最小的成本获得最大限度的绿色施工数据，绿色施工在线监测对象应包括但不限于图7-2-2所示内容。

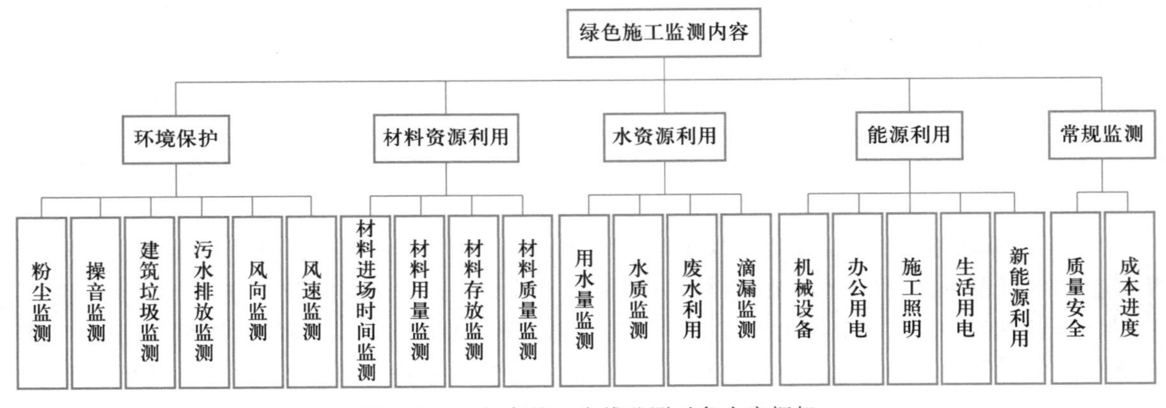

图7-2-2　绿色施工在线监测对象内容框架

监测及量化评价系统构成以传感器为监测基础，以无线数据传输技术为通信手段，包括现场监测子系统、数据中心和数据分析处理子系统。现场监测子系统由分布在各个监测点的智能传感器和 HCC 可编程通信处理器组成监测节点，利用无线通信方式进行数据的转发和传输，达到实时监测施工用电、用水、施工产生的噪声和粉尘、风速风向等数据。数据中心负责接收数据和初步的处理、存储，数据分析处理子系统则将初步处理的数据进行量化评价和预警，并依据授权发布处理数据。

（2）技术指标

1）绿色施工在线监测及评价内容包括数据记录、分析及量化评价和预警。

2）应符合《建筑施工场界环境噪声排放标准》（GB 12523—2011）、《污水综合排放标准》（GB 8978—1996）、《生活饮用水卫生标准》（GB 5749—2006）；建筑垃圾产生量应不高于 350 t/万平方米。施工现场扬尘监测主要为 PM2.5、PM10 的控制监测，PM10 不超过所在区域的 120%。

3）受风力影响较大的施工工序场地、机械设备（如塔吊）处风向、风速监测仪安装率宜达到 100%。

4）现场施工照明、办公区需安装高效节能灯具（如 LED）、声光智能开关，安装覆盖率宜达到 100%。

5）对于危险性较大的施工工序，远程监控安装率宜达到 100%。

6）材料进场时间、用量、验收情况实时录入监测系统，保证远程实时接收监测结果。

（3）适用范围

适用于规模较大及科技、质量示范类项目的施工现场。

（4）工程案例

天津周大福金融中心、郑州泉舜项目、中部大观项目、蚌埠国购项目等工程。

7. 工具式定型化临时设施技术

（1）技术内容

工具式定型化临时设施包括标准化箱式房、定型化临边洞口防护和加工棚、构件化 PVC 绿色围墙、预制装配式马道、装配式临时道路板等。

1）标准化箱式施工现场用房包括办公室用房、会议室、接待室、资料室、活动室、阅读室、卫生间。标准化箱式附属用房，包括食堂、门卫房、设备房、试验用房。按照标准尺寸和符合要求的材质制作和使用，见表 7-2-3。

表 7-2-3 标准化箱式房几何尺寸（建议尺寸）

项目		几何尺寸	
		型式 1	型式 2
箱体	外	$L6055 \times W2435 \times H2896$	$L6055 \times W2990 \times H2896$
	内	$L5840 \times W2225 \times H2540$	$L5840 \times W2780 \times H2540$
窗		$H \geqslant 1100$　$W650 \times H1100/W1500 \times H1100$	
门		$H \geqslant 2000$　$W \geqslant 850$	
框架梁高	顶	$H \geqslant 180$（钢板厚度 $\geqslant 4$）	
	底	$H \geqslant 140$（钢板厚度 $\geqslant 4$）	

2）定型化临边洞口防护和加工棚。定型化、可周转的基坑、楼层临边防护、水平洞口防护，可选用网片式、格栅式或组装式。

当水平洞口短边尺寸大于 1 500 mm 时，洞口四周应搭设不低于 1 200 mm 防护，下口设置踢脚线并张挂水平安全网，防护方式可选用网片式、格栅式或组装式，防护距离洞口边不小于 200 mm。

楼梯扶手栏杆采用工具式短钢管接头，立杆采用膨胀螺栓与结构固定，内插钢管栏杆，使用结束后可拆卸周转重复使用。

可周转定型化加工棚基础尺寸采用 C30 混凝土浇筑，预埋 400 mm×400 mm×12 mm 钢板，钢板下部焊接直径 20 mm 钢筋，并塞焊 8 个 M18 螺栓固定立柱。立柱采用 200 mm×200 mm 型钢，立杆上部焊接 500 mm×200 mm×10 mm 的钢板，以 M12 的螺栓连接桁架主梁，下部焊接 400 mm×400 mm×10 mm 钢板。斜撑为 100 mm×50 mm 方钢，斜撑的两端焊接 150 mm×200 mm×10 mm 的钢板，以 M12 的螺栓连接桁架主梁和立柱。

3）构件化 PVC 绿色围墙。基础采用现浇混凝土，支架采用轻型薄壁钢型材，墙体采用工厂化生产的 PVC 扣板，现场采用装配式施工方法。

4）预制装配式马道。立杆采用 ϕ159 mm×5.0 mm 钢管，立杆连接采用法兰连接，立杆预埋件采用同型号带法兰钢管，锚固入筏板混凝土深度为 500 mm，外露长度为 500 mm。立杆除埋入筏板的埋件部分，上层区域杆件在马道整体拆除时均可回收。马道楼梯梯段侧向主龙骨采用 16a 号热轧槽钢，梯段长度根据地下室楼层高度确定，每主体结构层高度内两跑楼梯，并保证楼板所在平面的休息平台高于楼板 200 mm。踏步、休息平台、安全通道顶棚覆盖采用 3 mm 花纹钢板，踏步宽 250 mm，高 200 mm，楼梯扶手立杆采用 30 mm×30 mm×3 mm 方钢管（与梯段主龙骨螺栓连接），扶手采用 50 mm×50 mm×3 mm 方钢管，扶手高度 1 200 mm，梯段与休息平台固定采用螺栓连接，梯段与休息平台随主体结构完成逐步拆除。

5）装配式临时道路。装配式临时道路可采用预制混凝土道路板、装配式钢板、新型材料等，具有施工操作简单，占用场地少，便于拆装、移位，可重复利用，能降低施工成本，减少能源消耗和废弃物排放等优点。应根据临时道路的承载力和使用面积等因素确定尺寸。

（2）技术指标

工具式定型化临时设施应工具化、定型化、标准化，具有装拆方便、可重复利用和安全可靠的性能；防护栏杆体系、防护棚经检测防护有效，符合设计安全要求。预制混凝土道路板适用于建设工程临时道路地基弹性模量≥40 MPa，承受载重≤40 t 施工运输车辆或单个轮压≤7 t 的施工运输车辆路基上铺设使用；其他材质的装配式临时道路的承载力应符合设计要求。

（3）适用范围

适用于工业与民用建筑、市政工程等。

（4）工程案例

北京新机场停车楼及综合服务楼、丽泽 SOHO、同仁医院（亦庄）、沈阳裕景二期、大连瑞恒二期、大连中和才华、沈阳盛京银行二标段、北京市昌平区神华技术创新基地、北京亚信联创全球总部研发中心等工程。

8. 垃圾管道垂直运输技术

（1）技术内容

垃圾管道垂直运输技术是指在建筑物内部或外墙外部设置封闭的大直径管道，将楼层内的建筑垃圾沿着管道靠重力自由下落，通过减速门对垃圾进行减速，最后落入专用垃圾箱内进行处理。

垃圾运输管道主要由楼层垃圾入口、主管道、减速门、垃圾出口、专用垃圾箱、管道与结构连接件等主要构件组成，可以将该管道直接固定到施工建筑的梁、柱、墙体等主要构件上，安装灵活，可多次周转使用。

主管道采用圆筒式标准管道层，管道直径控制在 500~1 000 mm，每个标准管道层分上下两层，每层 1.8 m，管道高度可在 1.8~3.6 m 之间进行调节，标准层上下两层之间用螺栓进行连接；楼层入口可根据管道距离楼层的距离设置转动的挡板；管道入口内设置一个可以自由转动的挡板，防止粉尘在各层入口处飞出。

管道与墙体连接件设置半圆轨道，能在 180°平面内自由调节，使管道上升后，连接件仍能与梁柱等构件相连；减速门采用弹簧板，上覆橡胶垫，根据自锁原理设置弹簧板的初始角度为 45°，每隔三层设置一处，来降低垃圾下落速度；管道出口处设置一个带弹簧的挡板；垃圾管道出口处设置专用集装箱式垃圾箱进行垃圾回收，并设置防尘隔离棚。垃圾运输管道楼层垃圾入口、垃圾出口及专用垃圾箱设置自动喷洒降尘系统。

建筑碎料（凿除、抹灰等产生的旧混凝土、砂浆等矿物材料及施工垃圾）单件粒径尺寸不宜超过 100 mm，重量不宜超过 2 kg；木材、纸质、金属和其他塑料包装废料严禁通过垃圾垂直运输通道运输。

扬尘控制，通过在管道入口内设置一个可以自由转动的挡板，垃圾运输管道楼层垃圾入口、垃圾出口及专用垃圾箱设置自动喷洒降尘系统。

（2）技术指标

垃圾管道垂直运输技术符合《建筑工程绿色施工规范》（GB/T 50905—2014）、《建筑工程绿色施工评价标准》（GB/T 50640—2010）和《建设工程施工现场环境与卫生标准》（JGJ 146—2013）的要求。

（3）适用范围

适用于多层、高层、超高层民用建筑的建筑垃圾竖向运输，高层、超高层使用时每隔 50~60 m 设置一套独立的垃圾运输管道，设置专用垃圾箱。

（4）工程案例

成都银泰广场、天津恒隆广场、天津鲁能绿荫里项目、通州中医院项目等工程。

9. 透水混凝土与植生混凝土应用技术

（1）透水混凝土

1）技术内容。透水混凝土是由一系列相连通的孔隙和混凝土实体部分骨架构成的具有透气和透水性的多孔混凝土，透水混凝土主要由胶结材和粗骨料构成，有时会加入少量的细骨料。从内部结构来看，主要靠包裹在粗骨料表面的胶结材料浆体将骨料颗粒胶结在一起，形成骨料颗粒之间为点接触的多孔结构。

透水混凝土由于不用细骨料或只用少量细骨料，其粗骨料用量比较大，制备 1 m^3 透水混凝土（成型后的体积），粗骨料用量在 0.93~0.97 m^3；胶结材料在 300~400 kg/m^3，水胶比一般在 0.25~0.35。透水混凝土搅拌时应先加入部分拌和水（约占拌和水总量的 50%），搅拌约 30 s 后加入减水剂等，再随着搅拌加入剩余水量，至拌合物工作性能满足要求为止，最后的部分水量可根据拌合物的工作性情况有所控制。透水混凝土路面的铺装施工整平使用液压振动整平辊和抹光机等,对不同的拌合物和工程铺装要求,应该选择适当的振动整平方式并且施加合适的振动能,过振会降低孔隙率,施加振动能不足可能导致颗粒黏结不牢固而影响到耐久性。

2）技术指标。透水混凝土拌合物的坍落度为 10～50 mm,透水混凝土的孔隙率一般为10%～25%,透水系数为 1～5 mm/s,抗压强度在 10 MPa～30 MPa。应用于路面不同的层面时,孔隙率要求不同,从面层到结构层再到透水基层,孔隙率依次增大。冻融的环境下其抗冻性不低于 D100。

3）适用范围。适用于严寒以外的地区;城市广场、住宅小区、公园、休闲广场和园路、景观道路以及停车场等;在“海绵城市”建设工程中,可与人工湿地、下凹式绿地、雨水收集等组成“渗、滞、蓄、净、用、排”的雨水生态管理系统。

4）工程案例。西安大明宫世界文化遗址公园、上海世博会透水路面、西安世界花博会公园都实施大面积的透水混凝土路面;国家第一批“海绵城市”济南、武汉、南宁、厦门、镇江等 16 个城市获得了大规模的应用。

（2）植生混凝土

1）技术内容。植生混凝土是以水泥为胶结材料,大粒径的石子为骨料,制备的能使植物根系生长于其孔隙的大孔混凝土,它与透水混凝土有相同的制备原理,但由于骨料的粒径更大,胶结材料用量较少,所以形成的孔隙率和孔径更大,便于灌入植物种子和肥料以及植物根系的生长。

普通植生混凝土用的骨料粒径一般为 20.0～31.5 mm,水泥用量为 200～300 kg/m^3,为了降低混凝土孔隙的碱度,应掺用粉煤灰、硅灰等低碱性矿物掺合料;骨料与胶结材料比为 4.5～5.5,水胶比为 0.24～0.32,旧砖瓦和再生混凝土骨料均可作为植生混凝土骨料,称为再生骨料植生混凝土。轻质植生混凝土利用陶粒作为骨料,可以用于植生屋面,在夏季,采用植生混凝土屋面较非植生混凝土屋面的室内温度低约 2 ℃。

植生混凝土的制备工艺与透水混凝土本相同,但需注意的是浆体黏度要合适,以保证将骨料均匀包裹,不发生流浆离析或因干硬不能充分黏结的问题。

植生地坪的植生混凝土可以在现场直接铺设浇筑施工,也可以预制成多孔砌块后到现场用铺砌方法施工。

2）技术指标。植生混凝土的孔隙率为 25%～35%,绝大部分为贯通孔隙;抗压强度要达到 10 MPa 以上;屋面植生混凝土的抗压强度在 3.5 MPa 以上,孔隙率为 25%～40%。

3）适用范围。普通植生混凝土和再生骨料植生混凝土多用于河堤、河坝护坡、水渠护坡、道路护坡和停车场等;轻质植生混凝土多用于植生屋面、景观花卉等。

4）工程案例。上海嘉定区西江的河道整治工程中 500 m 长河道护坡、吉林省梅河口市防洪堤迎水面 5 000 m^2 的植生混凝土护坡、贵州省崇遵高速公路董公寺互通式立交匝道挡墙边植生混凝土坡、武夷山市建溪三期防洪工程 9 km 堤体以及植生混凝土 10 万平方米迎水坡面护坡等。

10. 混凝土楼地面一次成型技术

（1）技术内容

地面一次成型工艺是在混凝土浇筑完成后,用 ϕ150 mm 钢管压滚压平提浆,刮杠调整平整度,或采用激光自动整平、机械提浆方法,在混凝土地面初凝前铺撒耐磨混合料(精钢砂、钢纤维等),利用磨光机磨平,最后进行修饰工序。地面一次成型施工工艺与传统施工工艺相比可避免地面空鼓、起砂、开裂等质量通病,增加了楼层净空尺寸,提高了地面的耐磨性和缩短工期等,同时省却了传统地面施工中的找平层,对节省建材、降低成本效果显著。

（2）技术指标

1）冲筋:根据墙面弹线标高和混凝土面层厚度用 L40 mm×63 mm×4 mm 的角钢冲筋,并用作混凝土地面的侧模,角钢用膨胀螺栓(@1 000 mm)固定在结构板上,用激光水准仪进行二次抄平。

2）铺撒耐磨混合料:混合料撒布的时机随气候、温度和混凝土配合比等因素而变化。撒布过早会使混合料沉入混凝土中而失去效果;撒布太晚混凝土已凝固,会失去黏结力,使混合料无法与混凝土黏合而剥离。判别混合料撒布时间的方法是脚踩其上,约下沉 5 mm 时,即可开始第一次撒布施工。墙、门、柱和模板等边线处水分消失较快,宜优先撒布施工,以防因失水而降低效果。第一次撒布量是全部用量的 2/3,混合料应均匀落下,不能用力抛而致分离,撒布后用木抹子抹平。混合料吸收一定的水分后,再用磨光机除去转盘碾磨分散并与基层混凝土浆结合在一起。第二次撒布时,先用靠尺或平直刮杆衡量水平度,并调整第一次撒布不平处,第二次方向应与第一次垂直。第二次撒布量为全部用量的 1/3,撒布后立即抹平、磨光,并重复磨光机作业至少两次,磨光机作业时应纵横相交错进行,均匀有序,防止材料聚集。

3）表面修饰。磨光机作业后面层仍存在较凌乱的磨纹,为消除磨纹,应最后采用薄钢抹子对面层进行有序方向的人工压光,完成修饰工序。

4）养护及模板拆除。地面面层施工完成 24 h 后进行洒水养护,在常温条件下连续养护不得少于 7 d;养护期间严禁上人;施工完成 24 h 后进行角钢侧模拆除,应注意不得损伤地面边缘。

5）切割分隔缝。为避免结构柱周围地面开裂,必须在结构柱等应力集中处设置分格缝,缝宽 5 mm,分隔缝在地面混凝土强度达到 70%后(完工后 5 d 左右),用砂轮切割机切割。柱距大于 6 m 的地需在轴线中切割一条分格缝,切割深度应至少为地面厚度的 1/5。填缝材料采用弹性树脂等材料。

（3）适用范围

适用于停车场、超市、物流仓库及厂房地面工程等。

（4）工程案例

抚顺罕王微机电高科技产业园项目、沈阳友谊时代广场项目、大连富丽华项目、邯郸友谊时代广场等工程。

11. 建筑物墙体免抹灰技术

（1）技术内容

建筑物墙体免抹灰技术是指通过采用新型模板体系、新型墙体材料或采用预制墙体,使墙体表面允许偏差、观感质量达到免抹灰或直接装修的质量水平。现浇混凝土墙体、砌筑墙体及装配式墙体通过现浇、新型砌筑、整体装配等方式使外观质量及平整度达到准清水混凝土墙、新型砌筑免抹灰墙、装饰墙的效果。

现浇混凝土墙体是通过材料配制,细部设计,模板选择及安拆,混凝土拌制、浇筑、养护,成品保护等诸多技术措施,使现浇混凝土墙达到准清水免抹灰效果。

对非承重的围护墙体和内隔墙可采用免抹灰的新型砌筑技术,采用黏结砂浆砌筑,砌块尺寸偏差控制为 1.5~2 mm,砌筑灰缝为 2~3 mm。对内隔墙也可采用高质量预制板材,现场装配式施工,刮腻子找平。

（2）技术指标

1）准清水混凝土墙技术要求参见表 7-2-4。

表 7-2-4　准清水混凝土墙技术要求

<table>
<tr><th>项次</th><th colspan="2">项目</th><th>允许偏差/mm</th><th>检查方法</th><th>说明</th></tr>
<tr><td>1</td><td colspan="2">轴线位移(柱、墙、梁)</td><td>5</td><td>尺量</td><td rowspan="9">表面平整密实、无明显裂缝，无粉化物，无起砂、蜂窝、麻面和孔洞，气泡尺寸不大于 10 mm，分散均匀</td></tr>
<tr><td>2</td><td colspan="2">截面尺寸(柱、墙、梁)</td><td>±2</td><td>尺量</td></tr>
<tr><td rowspan="2">3</td><td rowspan="2">垂直度</td><td>层高</td><td>5</td><td rowspan="2">坠线</td></tr>
<tr><td>全高</td><td>30</td></tr>
<tr><td>4</td><td colspan="2">表面平整度</td><td>3</td><td>2 m 靠尺、塞尺</td></tr>
<tr><td>5</td><td colspan="2">角、线顺直</td><td>4</td><td>线坠</td></tr>
<tr><td>6</td><td colspan="2">预留洞口中心线位移</td><td>5</td><td>拉线、尺量</td></tr>
<tr><td>7</td><td colspan="2">接缝错台</td><td>2</td><td>尺量</td></tr>
<tr><td>8</td><td colspan="2">阴阳角方正</td><td>3</td><td></td></tr>
</table>

2）新型砌筑免抹灰墙体技术要求参见表 7-2-5。

表 7-2-5　新型砌筑免抹灰墙技术要求

<table>
<tr><th>项次</th><th>项目</th><th colspan="2">允许偏差/mm</th><th>检查方法</th><th>说明</th></tr>
<tr><td rowspan="3">1</td><td rowspan="3">砌块尺寸允许偏差</td><td>长度</td><td>±2</td><td rowspan="3">—</td><td rowspan="9">新型砌筑免抹灰墙是采用黏结砂浆砌筑的墙体，砌块尺寸偏差为 1.5～2 mm，灰缝为 2～3 mm</td></tr>
<tr><td>宽(厚)度</td><td>±1.5</td></tr>
<tr><td>高度</td><td>±1.5</td></tr>
<tr><td>2</td><td>砌块平面弯曲</td><td colspan="2">不允许</td><td>—</td></tr>
<tr><td>3</td><td>墙体轴线位移</td><td colspan="2">5</td><td>尺量</td></tr>
<tr><td>4</td><td>每层垂直度</td><td colspan="2">3</td><td>2 m 托线板，吊垂线</td></tr>
<tr><td>5</td><td>全高垂直度≤10 m</td><td colspan="2">10</td><td>经纬仪，吊垂线</td></tr>
<tr><td>6</td><td>全高垂直度>10 m</td><td colspan="2">20</td><td>经纬仪，吊垂线</td></tr>
<tr><td>7</td><td>表面平整度</td><td colspan="2">3</td><td>2 m 靠尺和塞尺</td></tr>
</table>

（3）适用范围

适用于工业与民用建筑的墙体工程。

（4）工程案例

杭州国际博览中心、北京市顺义区中国航信高科技产业园区、北京雁栖湖国际会都(核心岛)会议中心、华都中心等工程。

思考题

1. 绿色施工项目管理的具体内容是什么?
2. 简述绿色施工总体框架。
3. 绿色施工新技术有哪些?

学习情境

8

建筑节能设计专篇图纸识读

项目1 建筑节能设计要求

【学习目标】

1. 能掌握建筑节能施工设计文件内容。
2. 能掌握节能设计文件中建筑围护结构规定性能指标。
3. 能了解暖通、照明等设计主要技术指标。

8.1.1 基本要求

民用建筑节能工程的施工图设计文件内容应包括节能水平的设计要求;建筑物围护结构、暖通空调、照明等设计的主要技术控制指标;实现各主要技术控制指标的技术措施、构造做法、节点详图等。

8.1.2 建筑专业

1. 一般规定

1)工程概况应包括建设工程所在城市、其城市所在的气候分区、建筑物朝向、建筑物节能计算面积等内容。

2)设计依据应主要包括《建筑气候区划标准》(GB 50178—1993)、《民用建筑热工设计规范》(GB 50176—2016)、《公共建筑节能设计标准》(GB 50189—2015)。

3)应明确工程项目节能水平的设计要求(如节能50%、节能65%等)。

2. 围护结构的规定性指标

1)体形系数。居住建筑及寒冷地区公共建筑设计说明中应给出建筑物外表面积、体积、体形系数。

2)门窗(含透明幕墙)、天窗。居住建筑应分别给出各朝向的窗墙面积比、传热系数、遮阳系数、气密性等级、户门的传热系数等设计指标。公共建筑应分别给出各朝向的窗墙面积比、传热系数、遮阳系数、可见光投射比、可开启面积比、气密性等级等设计指标。设置天窗时,应给出屋面透明部分与屋面面积比、传热系数、遮阳系数、气密性等级等设计指标。

3)屋面、外墙(含非透明幕墙)应给出传热系数或传热阻、居住建筑的热惰性指标。

4)接触室外空气的架空或挑空楼板应给出传热系数或传热阻。

5)地下室。地下室为采暖、空调空间时,应给出地下室外墙、地面的热阻。

地下室外墙、地面保温:指自室外地坪算起,沿地下室外墙墙体竖向向下延伸2 m的范围;当沿地下室外墙墙体竖向埋深不足 2 m 时，保温构造应继续沿地下室地面向内水平延伸，直至满足 2 m 的要求。

地下室为非采暖、空调空间时，应给出地下室与采暖、空调空间间隔的墙体、楼板传热系数或传热阻。

6）楼梯间。与非封闭式楼梯间相邻的隔墙的传热阻；与封闭楼梯间相邻的隔墙的传热阻。

7）分隔采暖空调空间与非采暖空调空间的楼板、隔墙的传热阻。

8）分户墙、分户楼板的传热阻。

9）各种冷桥、其他与节能有关的楼板、墙体应给出传热系数或传热阻。

3. 性能性指标设计

（1）居住建筑设计文件中应包括的内容

1）主要计算参数，包括体形系数、围护结构构造与指标、总建筑面积与采暖空调面积、采暖空调平面图、气候条件等。

2）夏季空调与冬季采暖的耗冷（热）量、耗电量。

（2）公共建筑设计文件中应包括的内容

1）参照建筑与所设计建筑的形状、大小、内部的空间划分和使用功能；参照建筑与所设计建筑的体形系数、外窗（透明幕墙）的窗墙面积比、屋顶透明部分的面积占屋顶总面积的百分比等指标；各围护结构的传热系数及其他热工性能。

2）规定的计算条件，包括采暖空调要求、气候条件。

3）所设计建筑的全年采暖和空气调节能耗参照建筑的全年采暖和空气调节能耗。

（3）居住建筑与公共建筑在进行性能性指标设计时必须符合的基本要求

1）当因体形系数超标而进行性能性指标设计时，屋面、墙体、窗户的传热系数或传热阻、居住建筑的热惰性指标应满足相近体形系数达标时规定性指标的要求。

2）当因窗墙面积比超标而进行性能性指标设计时，屋面、墙体的传热系数或传热阻、居住建筑的热惰性指标应满足规定性指标的要求，窗户的传热系数应满足相近窗墙面积比达标时规定性指标的要求。

3）当因窗传热系数不达标而进行性能性指标设计时，屋面和墙的传热系数或传热阻应满足规定性指标的要求，居住建筑的热惰性指标应满足规定性指标的要求。

4）当因外墙传热系数或传热阻不达标而进行性能性指标设计时，屋面和窗的传热系数或传热阻应满足规定性指标的要求。

5）当因窗的遮阳不达标而进行性能性指标设计时，屋面、墙和窗的传热系数或传热阻、居住建筑的热惰性指标应满足规定性指标的要求。

6）当因分户楼板、隔墙或因采暖空调与非采暖空调区间构件不达标而进行性能性指标设计时，外围护结构的传热系数或传热阻、居住建筑的热惰性指标应满足规定性指标的要求。

7）以下情况不得进行性能性指标设计：

① 屋面的传热系数或传热阻不达标的；

② 窗和外墙的传热系数或传热阻同时不达标的；

③ 窗的遮阳和传热系数同时不达标的；

④ 居住建筑南向外窗不设置外遮阳设施的。

4. 节能设计构造做法

1）施工图设计中应明确围护结构的构造做法，包括屋面，墙体（含非透明幕墙），楼板、接触室外空气的架空或挑空楼板，采暖空调地下室的外墙、地面或非采暖空调地下室与采暖、空调空间间隔的墙体、顶板，其他围护墙、楼板，冷桥等。构造做法应包括主要构造图、关键保温材料的主要性能指标要求和厚度要求。如引用标准图时，应标明图集号、图号。

2）施工图设计中应明确外窗、透明幕墙、屋面透明部分等部位的构造做法。构造做法应包括主要构造图、型材和玻璃（或其他透明材料）的品种和主要性能指标要求、中空层厚度、开启方式与做法、密封措施等。如引用标准图时，应标明图集号、图号。

3）施工图设计中应明确外窗、透明幕墙、屋面透明部分等部位的遮阳构造做法。构造做法应包括主要构造图、材料或配件的品种和主要性能指标要求、安装节点等。如引用标准图时，应标明图集号、图号。

4）施工图设计中应明确分户门的类型和节能构造做法或要求。

5. 计算书与计算软件

1）民用建筑节能工程设计计算书的编制应能反映所计算的主要指标的原始计算参数取值、计算过程及计算结果与结论。

2）当采用有关节能设计软件计算时，应选用通过省建设行政主管部门论证的计算软件。生成的计算书除应符合规定的要求外，尚应注明软件名称、计算时间等软件使用信息。

8.1.3 电气专业

1）民用建筑的照明设计应按照《建筑照明设计标准》（GB 50034—2013）执行，并给出以下主要设计指标：光源类型、镇流器型式、灯具效率、照明功率、因数补偿情况、照度（lx）、节能评价指标（LPD，W/m^2）及照明控制措施。

2）建筑面积大于 2 万平方米的公共建筑，应按规定装设用能计量装置。

8.1.4 暖通空调专业

1. 设计施工说明

设计施工说明中应有专项（或专篇、节）“节能设计”说明，说明应包括以下内容：

1）节能设计项目分类、分项的空调、通风、采暖等设计内容。

2）应分类、分项列出采暖和空调设计计算负荷与单位面积负荷指标。

3）冷、热源形式、型号、规格、数量。

4）冷、热源设备（冷水机组、热泵、锅炉等）额定工况能效比（*ERR*）、性能参数（*COP*）、热效率等。

5）空调水系统循环水泵输送能效比（*ER*）、集中热水采暖系统循环水泵耗电输热比（*EER*）。

6）风系统风机最大单位风量耗功率（Ws）或空调风系统最不利风管总长度。

7）水管绝热层材料性能（如导热系数等）、规格（厚度）。

8）风管绝热层材料性能（如导热系数等）、规格（厚度）、热阻。

9）自动控制要求。

10）用水、用能计量措施。

11）能量回收措施与回收率。

12）可再生能源利用措施与利用率。

2. 计算书

1）应进行热负荷和逐项逐时的冷负荷详细计算，当采用软件计算时，应选用通过国家有关主管部门鉴定的计算软件，明确应用计算软件的名称，并给出计算参数（如围护结构参数、人员密度、人均新风量、照明、用电设备指标等）。

2）应进行必要的水力计算。

3. 制图要求

图纸应有平面图、大样图、剖面图、流程图等。图中表述用能设备性能参数时，应反映用能设备的上述性能指标，并与材料表、设计施工说明表述的内容一致。如引用标准图时，应标明图集号、图号。

4. 主要设备材料表

主要设备材料表中应明确用能设备的上述性能指标。

思考题

1. 节能设计文件中建筑围护结构规定性指标有哪些？
2. 暖通设计施工说明内容有哪些？

项目2　建筑节能设计案例

【学习目标】

1. 能阐述建筑节能设计主要设计依据。
2. 能掌握绿色节能设计的技术路线。

8.2.1　某工程建筑节能设计案例

现以江苏省某公共（民用）建筑绿色设计专篇说明模板来阐述建筑节能设计。

一、项目基本信息	
工程名称	江苏省徐州市某高校共享型实训基地
建设地点	江苏省徐州市
建设单位	江苏省徐州某高校
建筑类型	公共建筑
绿色设计目标	☑ 国标一星　☐ 国标二星　☐ 国标三星
二、主要设计依据	
1.《绿色建筑评价标准》（GB/T 50378—2019） 2.《民用建筑绿色设计规范》（JGJ/T 229—2010） 3.《民用建筑热工设计规范》（GB 50176—2016） 4.《江苏省公共建筑节能设计标准》（DGJ32/J 96—2010） 5.《绿色建筑评价技术细则 2019》 6. 国家、省、市现行的相关法律法规	

三、绿色设计的技术路线

1. ☑室外环境优化设计
2. □场地雨水渗透调蓄系统优化设计
3. □复合景观绿色设计
4. □节水灌溉优化设计
5. ☑高效围护结构优化设计
6. ☑空调系统综合规划设计
7. ☑节能照明系统优化设计
8. ☑可再生能源利用设计
9. ☑水系统综合规划设计
10. □非传统水源系统利用设计
11. ☑节水器具应用设计
12. ☑高强钢、高强混凝土应用设计
13. ☑预拌混凝土、预拌砂浆应用设计
14. □可再循环材料应用设计
15. ☑室内环境优化设计
16. □高效设备自动监控系统设计

四、场地设计

（1）基本指标（注：本模板“基本指标”指《绿色建筑评价标准》（GB/T 50378—2019）中控制项和可体现徐州市地域特色且易于实施的一般项和优选项条文，为施工图审查主要内容）

指标类型	标准要求
1）场地内是否有排放超标的污染源：□餐饮类建筑、□锅炉房、□垃圾运转站、☑以上皆无 ☑其他易产生烟、气、尘、噪声的建筑或设施（请填写）综合楼一层为职工餐厅及厨房，办公楼地下室设有消防水泵房	如有污染源，应在设计时根据项目的性质，合理布局或利用绿化进行隔离
2）是否采取避免排放超标的控制措施：☑是 □否 距主要出入口 500 m 半径内公交站点数 1 个，公交线路数量（含轨道交通）：________ 场地是否进行无障碍设计：☑是 □否	公交站点数不少于 1 个 场地应进行无障碍设计

（2）一般性指标（注：本模板“一般性指标”指除“基本指标”外评价标准中其他一般项和优选项条文）

总用地面积 4 055m^2、总建筑面积 20 555（不含地下室）m^2、容积率 1.495 6。

地上建筑面积 20 555（不含地下室）m^2、地下建筑面积 155.50m^2、建筑密度 39.70、绿地率：24.54。

地下建筑面积与建筑占地面积之比：________。

场地内是否有尚可使用的旧建筑：☑有；面积 18 800.36（不含地下室）m^2 □无

五、建筑设计

（1）基本指标

指标类型	标准要求
建筑节能率目标：☐乙类：☐50%　☑甲类：☑65%；	乙类不低于50%，甲类不低于65%
纯装饰性构件：☑有　有纯装饰性构件时造价比例：____ ☐无；	无纯装饰性构件，或纯装饰性构件时造价比例≤5‰
女儿墙高度：1.5m（上人）/　—　（不上人）m	女儿墙高度不应超过规范规定的2倍，当大于规范规定的2倍时，应计入装饰性构件，并计算装饰性构件比例
1）是否采用玻璃幕墙或镜面式铝合金装饰外墙：☑是、☐否 2）是否采取防光污染措施：☑是　☐否；措施：玻璃采用：6高透光Low-E+12空气+6透明，减少玻璃的反射	应采取防光污染措施
办公、商场类建筑是否采用灵活隔断：☑是　☐否	除楼梯间、设备间、卫生间等具有固定功能的房间外，其他非固定使用功能的房间应采用可拆卸、可回收利用的轻质隔断
建筑是否按照《无障碍设计规范》（GB 50763—2012）进行无障碍设计：☑是　☐否；	应进行无障碍设计
具有公共功能的设备用房、管道是否设于公共部位：☑是 ☐否； 位置：各单体设备用房及管道均为于公共部位独立设置（详建筑平面图）	公用设备用房、管道应位于公共位置

（2）一般性指标

1）立体绿化：☐屋顶绿化；屋顶绿化面积____________ m^2；绿化面积与屋顶可绿化面积比____________%

☐垂直绿化；位置____________ m^2

2）建筑外遮阳设计：

外遮阳设置的位置和形式：

☐固定遮阳；位置：☐东向、☐西向、☐南向、☐北向

☐活动遮阳；位置：☐东向、☐西向、☐南向、☐北向

设置可调节外遮阳装置(如平开的百叶窗、室外卷帘、内置百叶的中空玻璃等)的外窗面积与总外窗面积比例__________

3)除常规保温隔热设计措施外,本工程屋面和东西向外墙采取以下强化隔热设计措施:

□种植屋面 □架空屋面 □蓄水屋面 □外墙绿化 □建筑反射隔热涂料屋面和墙体☑以上皆无

4)本工程是否采用节能电梯:☑是 □否

装修与土建一体化设计:☑自用建筑装修与土建一体化设计 □租售性建筑公共部分装修与土建一体化设计

六、结构设计

(1)基本指标

指标类型	标准要求
钢筋混凝土结构中,结构主筋是否采用高强度钢:☑是 □否;高强度钢占总钢筋使用量的比例:15.3%	结构主筋应全部采用HRB400级及以上钢筋,高强度钢使用比例应不小于70%
现浇混凝土采用预拌混凝土:□是 □否	施工说明中应明确要求采用预拌混凝土

(2)一般性指标

1)主体结构体系:□非黏土砖砌体结构 ☑现浇钢筋混凝土结构 □钢结构 □木结构 □预制钢筋混凝土结构;

预制构件部位:□楼板 □楼梯 □阳台、梁柱 □其他部位 □其他结构

2)预拌砂浆使用比例:□无 □<50% □≥50%

3)高性能混凝土、高强度钢使用比例__________

是否采用高性能混凝土:□是 □否;高性能混凝土使用比例:__________%

是否采用高耐久性混凝土:□是 □否; 高耐久性混凝土使用比例:__________%

七、给排水设计

(1)基本指标

指标类型	标准要求
是否设置合理、完善的供水、排水系统:☑是 □否	施工说明中应对供水、排水系统进行说明
是否采取措施避免管网漏损:☑是 □否	说明及相关图纸中应按审查要点要求采取避免管网漏损的措施

是否采用了节水器具:☑是　□否	应采用节水器具
采用非传统水源时,应采取用水安全保障措施:□是　□否	说明及相关图纸中应按审查要点要求采取用水安全保障措施
是否设计雨水集蓄及利用设施:☑是　□否	应设计雨水集蓄及利用设施,并合理确定雨水集蓄范围及利用方案
是否按用途设置用水计量水表:☑是　□否	应按用途设置用水计量水表

(2) 一般性指标

1) 本工程是否有生活热水需求:□是(总热水量＿＿＿＿＿m^3/d)　□否

热源来自(占总热量的百分数＿＿＿＿＿%):□太阳能热水系统(＿＿＿＿＿%)□废热回收(＿＿＿＿＿%)

□地源热泵热水系统(＿＿＿＿＿%)　□空气源泵热水系统(＿＿＿＿＿%)

□燃气(油)锅炉(＿＿＿＿＿%)　□电热水器(＿＿＿＿＿%)

2) 生活用水是否二次供水:□是　□否;二次供水选用何种形式的供水设备

3) 建筑排水方式:□污废分流　□污废合流　□雨污分流

4) 是否采用雨水回用技术:□是　□否;

雨水回收区域:□全部屋面　□全部室外地面　□其他

雨水回收池容积:＿＿＿＿＿m^3　雨水回收处理系统位置＿＿＿＿＿

雨水年收集量:＿＿＿＿＿m^3;雨水处理量:＿＿＿＿＿m^3;雨水年使用量:＿＿＿＿＿m^3

回用雨水用于:□绿化浇灌　□道路冲洗　□车辆冲洗　□室内冲厕　□景观补水

□冷却塔补水　□其他

5) 是否采用中水回用技术:□是　□否;

中水水源:□市政中水　□优质杂排水　□其他

中水回收池容积:＿＿＿＿＿m^3　中水回收处理系统位置＿＿＿＿＿

中水年收集量:＿＿＿＿＿m^3;中水处理量:＿＿＿＿＿m^3;中水年使用量:＿＿＿＿＿m^3

回用中水用于:□绿化浇灌　□道路冲洗　□车辆冲洗　□室内冲厕　□景观补水

□冷却塔补水　□其他

6) 非传统水源利用率:＿＿＿＿＿%

八、暖通设计

（1）基本指标

指标类型	标准要求
冷热源机组能效比　　　　锅炉热效率：	能效比应符合国家和江苏省标准要求
是否采用电热锅炉、电热水器作为直接采暖和空气调节系统的热源： □是　　□否	不得采用电热锅炉、电热水器作为直接采暖和空气调节系统的热源
建筑物处于部分冷热负荷时和仅部分空间使用时，是否采取有效措施节约通风空调系统能耗：□是　　□否	应采取有效措施节约通风空调系统能耗
全空气空调系统是否采取实现全新风运行或可调新风比的措施：□是　□否	全空气空调系统应采取实现全新风运行或可调新风比的措施
通风空调系统风机的单位风量耗功率__________； 冷热水系统的输送能效比__________	应符合现行规范要求
集中空调的建筑，房间内的温度、湿度、风速等参数是否符合现行标准要求：□是　□否	应符合现行规范要求
集中空调的建筑新风量是否符合现行标准要求：□是 □否	应符合现行规范要求

（2）一般性指标

1）本工程空调系统采用的冷热源形式：____________________（不同区域采用不同形式，请分别填写）

2）空调末端形式：____________________（不同区域采用不同形式，请分别填写）

3）主要功能房间的通风换气形式：□排气扇　□自然通风器　□机械新风系统　□以上皆无

4）是否设有新风热回收装置：□是　□否；热回收效率为__________

5）是否采用蓄冷蓄热技术：□是　□否；蓄冷蓄热装置日供冷负荷与设计日累计负荷比值为__________

6）可再生能源利用：□地源/水源热泵系统；提供的负荷占总负荷比例为__________

□太阳能热水采暖系统；提供的负荷占总负荷比例为__________

□其他　　□ 以上皆无

九、电气设计

(1) 基本指标

指标类型	标准要求
是否冷热源、输配系统和照明等各部分能耗进行独立分项计量:□是　□否	各部分能耗应进行独立分项计量
各房间或场所的照明功率密度值不高于现行国家标准《建筑照明设计标准》(GB 50034—2013)规定的目标值:□是　□否	照明功率密度值应不高于目标值
室内照度、统一眩光值、一般显色指数等指标满足现行国家标准《建筑照明设计标准》(GB 50034—2013)要求:□是　□否	应对室内照度、统一眩光值、一般显色指数等指标进行规定

(2) 一般性指标

1) 是否具有远程抄表功能:□是　□否

2) 公共场所照明的控制方式:□延时控制 □分区分组控制 □智能控制 □声光感应控制 □其他

3) 设置空气质量监测装置区域:□地下车库 □开放式办公室 □会议室 □ 以上皆无 □其他房间

4) 空气质量监测装置联动:□与新风系统联动　□超标报警功能

5) 公共区域有无风机和水泵:□是　□否;控制方式为何种措施________

6) 是否设计光伏发电系统:□是　□否

7) 系统类型:□离网型　□并网型

8) 设计功率:________;占变压器容量的比例:________　使用区域:________

十、室内外环境设计

(1) 基本指标

指标类型	标准要求
1) 各朝向外窗可开启面积不小于外窗总面积的 30%:☑是　□否 2) 是否设计玻璃幕墙:☑是　□否; ☑幕墙设有可开启窗,且可开启面积比大于 5% □幕墙设有通风换气装置	各朝向可开启面积应不小于外窗总面积的 30%;玻璃幕墙应设可开启窗或通风换气装置
外窗气密性:<u>6 级</u>　幕墙气密性等级:<u>3 级</u>	外窗、幕墙气密性应不低于现行标准要求

《办公建筑设计标准》(JGJ/T 67—2019)办公建筑窗地比是否符合《办公建筑设计规范》(JGJ 67—2006)的要求: ☑是 □否	窗地比应符合要求
宾馆建筑中有天然采光的客房间,窗地面积之比是否不小于1∶8: □是 □否	窗地比应符合要求
防结露设计:外墙热桥内表面温度:办公楼:东向墙36.53 ℃、西向墙36.18 ℃;综合楼:36.53 ℃、西向墙36.18 ℃ 屋面热桥内表面温度:办公楼:35.62 ℃;综合楼:35.62 ℃	内表面温度≥10.13 ℃
宾馆类建筑围护结构构件隔声性能满足《民用建筑隔声设计规范》(GB 50118—2010)的一级要求:□是 □否;	围护结构构件隔声性能应达到一级要求
是否采取措施减少相邻空间的噪声干扰以及外界噪声对室内的影响: ☑是 □否	应采取隔声、降噪措施控制噪声
建筑总平面设计是否有利于冬季日照并避开冬季主导风向,夏季利于自然通风:☑是 □否	总平面设计应有利于冬季日照并避开冬季主导风向,夏季利于自然通风,不采用明显不合理的布局
改善室内自然通风措施:☑设计可开启外窗☑设置引风导风设施 ☑辅助房间设机械排风竖井 □其他	应采取措施改善室内自然通风

(2)一般性指标

1)室外风环境设计与评价

建筑密度:39.70%全年主导风向及入射角:________

2)规划设计是否采取措施改善室外风环境:□架空底层 □模拟分析 ☑其他措施平面布局有利于冬季日照并避开冬季主导风向,夏季利于自然通风 □以上皆无

3)室外热环境设计与评价:外墙、屋顶和道路太阳辐射反射系数不低于0.4的比例:□≥70% □<70%

4)室内自然通风设计与评价:可形成穿堂风的地上房间面积占地上建筑面积的比例:□≥75% ☑<75%

5)声环境评价:室内噪声源:电梯、设备机房;噪声敏感的房间是否远离噪声源:☑是 □否;

6)控制噪声措施:电梯井道及设备机房平面位置独立布置,采用节能低噪音设备。

十一、太阳能热水系统设计

一般性指标

1）是否设有太阳能热水系统：☑是　□否

2）系统型式：☑集中供热水系统　□集中-分散供热水系统　□分散供热水系统

3）集热器类型：□平板型集热器　□真空管型集热器

4）其他安装面积 190m²，提供的热水量占总热水量的比例为 36.25%

5）集热器安装位置：☑屋顶　□阳台　□其他

6）辅助热源：☑电　□燃气　□其他

十二、智能化系统设计

基本指标

1）是否设有信息通信网络系统：　□是　□否

2）是否设有安全防范系统：□是　□否

3）建筑物是否采用集中空调方式：□是　□否

4）是否设有建筑设备监控系统：　□是　□否

5）是否设有空气质量监测装置，且与空调设施联动：是□　否□；

6）是否设有建筑能耗监测系统：　□是　□否

十三、园林景观设计

（1）基本指标

指标类型	标准要求
室外绿化种植植物是否为乡土植物：□是　□否 是否采用乔、灌、草复层绿化：□是　□否	室外绿化种植植物应采用乡土植物，并采用乔、灌、草复层绿化
室外可渗透地面面积与室外地面面积（不含建筑占地面积）之比：＿＿＿＿％	面积之比应≥40%
是否设计景观水体：□是　□否； 景观水体补水来源：□雨水　□再生水	景观水体补水严禁采用市政自来水和自备地下水井供水
采用非传统水源时，应采取用水安全保障措施：□是　□否	说明及图纸中是否采取措施保障用水安全
绿化浇灌用水是否采用非传统水源：□是　□否；	绿化浇灌用水应采用非传统水源

（2）一般性指标

雨水集蓄与渗透设施：

1）透空率大于 40%的植草砖面积________ m^2；透水绿地面积__________ m^2

2）设置可渗透管沟、旱溪、冲沟等措施面积：________ m^2

3）下凹式绿地面积：__________ m^2

4）绿化浇灌方式：□取水口　□滴灌　□微喷灌　□渗灌　□管灌　□其他

思考题

1. 公共（民用）建筑绿色设计专篇说明模板中建筑设计的基本指标标准要求是什么？
2. 公共（民用）建筑绿色设计专篇说明模板中结构设计的基本指标标准要求是什么？

学习情境

9

既有建筑节能改造

项目 1　既有建筑节能监测与评定

【学习目标】

1. 能进行既有建筑节能改造检测。

2. 能根据检测结果进行既有建筑节能改造评定。

既有建筑节能改造，是指对不符合民用建筑节能强制性标准的既有建筑的围护结构、供热系统、采暖制冷系统、照明设备和热水供应设施等实施节能改造的活动。

9.1.1　既有建筑节能改造的判定要点

1. 改造内容

既有建筑节能改造分为外墙（包括非透明幕墙、不采暖楼梯间墙）、屋面、外门窗（包括透明幕墙、户门和不封闭阳台门）、直接接触室外空气的楼地面，以及采暖空间与非采暖空间隔墙与楼板等。

2. 勘查与初步验算

（1）进行节能改造之前，应先进行结构鉴定，必须确保建筑物的结构安全和主要使用功能。当涉及主体和承重结构改动或增加荷载时，必须由原设计单位或具备相应资质的设计单位对既有建筑结构的安全性进行核验、确认。

（2）进行节能改造之前，应结合现场查看，对可改造性、居住环境、热工性能进行综合判定，判定依据为：

① 建筑地形图及竣工图纸；

② 建筑装修改造以及历年修缮资料；

③ 城市建设规划和市容要求；

④ 热工验算；

⑤ 采暖供热系统查勘资料；

⑥ 室内热环境状况的实地考察记录。

3. 节能评价标准及内容

节能评价标准指现行国家、行业节能设计标准、当地节能设计和验收等相关标准或规范，主要评价内容有墙体砌筑材料及厚度、楼板材料及厚度、屋面材料及厚度、保温材料及厚度、外门窗、不同朝向的窗墙面积比、体形系数等。评价指标见表 9-1-1。

表 9-1-1 既有建筑节能评价指标(按规定性指标)

序号	评价内容			标准规定指标		既有建筑指标	备注
1	屋顶	传热系数 $K/[W/(m^2 \cdot K)]$					
		热惰性指标 D					
2	外墙	传热系数 $K/[W/(m^2 \cdot K)]$		东			
				西			
				南			
				北			
		热惰性指标 D		东			
				西			
				南			
				北			
3	分户墙	传热系数 $K/[W/(m^2 \cdot K)]$					
4	楼板	传热系数 $K/[W/(m^2 \cdot K)]$					
	底部架空楼板	传热系数 $K/[W/(m^2 \cdot K)]$					
5	户门	传热系数 $K/[W/(m^2 \cdot K)]$					
6	体形系数						夏热冬暖地区不适用
7	窗墙面积比	各朝向窗墙面积比	北向				
			东向				
			西向				
			南向				
		平均窗墙面积比					
8	天窗	天窗面积/屋顶面积					
		传热系数 $K/[W/(m^2 \cdot K)]$					
		遮阳系数 SC					严寒地区不适用

续表

<table>
<tr><th>序号</th><th colspan="3">评价内容</th><th colspan="2">标准规定指标</th><th>既有建筑指标</th><th>备注</th></tr>
<tr><td rowspan="12">9</td><td rowspan="12">外窗(含阳台门透明部分)</td><td rowspan="7">综合遮阳系数 S_W</td><td rowspan="2">平均窗墙比 C_M</td><td colspan="2">外墙($\rho \leqslant 0.8$)</td><td></td><td>严寒地区不适用</td></tr>
<tr><td>$K \leqslant 1.5$,
$D \geqslant 3.0$</td><td>$K \leqslant 1.0$,
$D \geqslant 2.5$
或 $K \leqslant 0.7$</td><td></td><td></td></tr>
<tr><td>$C_M \leqslant 0.25$</td><td></td><td></td><td></td><td></td></tr>
<tr><td>$0.25 < C_M \leqslant 0.30$</td><td></td><td></td><td></td><td></td></tr>
<tr><td>$0.30 < C_M \leqslant 0.35$</td><td></td><td></td><td></td><td></td></tr>
<tr><td>$0.35 < C_M \leqslant 0.40$</td><td></td><td></td><td></td><td></td></tr>
<tr><td>$0.40 < C_M \leqslant 0.45$</td><td></td><td></td><td></td><td></td></tr>
<tr><td colspan="2">传热系数
$K/[W/(m^2 \cdot K)]$</td><td colspan="2"></td><td></td><td></td></tr>
<tr><td colspan="2">可开启面积</td><td colspan="2"></td><td></td><td></td></tr>
<tr><td rowspan="2">气密性</td><td>1~6 层</td><td colspan="2"></td><td></td><td>夏热冬暖地区
1~10 层</td></tr>
<tr><td>≥7 层</td><td colspan="2"></td><td></td><td>夏热冬暖地区
≥10 层</td></tr>
</table>

4. 围护结构热工性能检测

对于建筑围护结构的热工性能不清楚，需要进行检测时，按表 9-1-2 要求的内容和标准进行检测。

表 9-1-2 既有建筑围护结构热工性能检测内容和标准

检测内容	检测标准
墙体、屋顶传热系数	《居住建筑节能检测标准》(JGJ/T 132—2009)
窗传热系数	《建筑外门窗保温性能检测方法》(GB/T 8484—2020)
门窗的气密性	《建筑外门窗气密、水密、抗风压性能检测方法》(GB/T 7106—2019)和《建筑幕墙》(GB/T 21086—2007)
窗户玻璃透过率	《建筑外窗采光性能分级及检测方法》(GB/T 11976—2015)
绝热材料导热系数	《绝热材料稳态热阻及有关特性的测定防护热板法》(GB 10294—2008)和《绝热材料稳态热阻及有关特性的测定　热流计法》(GB 10295—2008)

5. 节能评价方法

规定性指标评价，按表 9-1-1 要求的评价内容，对照所在地区节能标准，逐项评价。在规定性指标不满足的情况下，可采用“对比评定法”进行综合评价。严寒和寒冷地区以建筑耗热量指标为判据，夏热冬冷地区和温和地区以采暖耗电量和空调耗电量之和为判据，在夏热冬暖地区以空调耗电量为判据，确定建筑的实际节能率，按表 9-1-3 和表 9-1-4 评价。

表 9-1-3　既有建筑节能评价内容（按耗电量指标）

<table>
<tr><th>序号</th><th colspan="3">审查内容</th><th>参照建筑指标</th><th>既有建筑指标</th><th>备注</th></tr>
<tr><td rowspan="2">1</td><td rowspan="2">屋顶</td><td colspan="2">传热系数
$K/[\mathrm{W}/(\mathrm{m}^2\cdot\mathrm{K})]$</td><td></td><td></td><td></td></tr>
<tr><td colspan="2">外表面太阳辐射吸收系数
ρ</td><td></td><td></td><td></td></tr>
<tr><td rowspan="2">2</td><td rowspan="2">外墙</td><td colspan="2">传热系数
$K/[\mathrm{W}/(\mathrm{m}^2\cdot\mathrm{K})]$</td><td></td><td></td><td></td></tr>
<tr><td colspan="2">外表面太阳辐射吸收系数
ρ</td><td></td><td></td><td></td></tr>
<tr><td>3</td><td>体形系数</td><td colspan="2"></td><td></td><td></td><td></td></tr>
<tr><td rowspan="3">4</td><td rowspan="3">天窗</td><td colspan="2">天窗面积/屋顶面积</td><td></td><td></td><td></td></tr>
<tr><td colspan="2">传热系数
$K/[\mathrm{W}/(\mathrm{m}^2\cdot\mathrm{K})]$</td><td></td><td></td><td></td></tr>
<tr><td colspan="2">遮阳系数 SC</td><td></td><td></td><td></td></tr>
<tr><td rowspan="10">5</td><td rowspan="10">外窗（含阳台门透明部分）</td><td rowspan="6">综合遮阳系数 S_W</td><td>平均窗墙比 C_M</td><td>外墙</td><td></td><td></td></tr>
<tr><td>$C_M \leqslant 0.25$</td><td></td><td></td><td></td></tr>
<tr><td>$0.25 < C_M \leqslant 0.30$</td><td></td><td></td><td></td></tr>
<tr><td>$0.30 < C_M \leqslant 0.35$</td><td></td><td></td><td></td></tr>
<tr><td>$0.35 < C_M \leqslant 0.40$</td><td></td><td></td><td></td></tr>
<tr><td>$0.40 < C_M \leqslant 0.45$</td><td></td><td></td><td></td></tr>
<tr><td colspan="2">传热系数 $K[\mathrm{W}/(\mathrm{m}^2\cdot\mathrm{K})]$</td><td></td><td></td><td></td></tr>
<tr><td colspan="2">可开启面积</td><td>不小于外窗所在房间地面面积的 10%</td><td></td><td></td></tr>
<tr><td rowspan="2">气密性</td><td>1~6 层</td><td>$\leqslant 2.5\ \mathrm{m}^3/(\mathrm{m}\cdot\mathrm{h})$
且 $\leqslant 7.5\ \mathrm{m}^3/(\mathrm{m}^2\cdot\mathrm{h})$</td><td></td><td>夏热冬暖地区
1~9 层</td></tr>
<tr><td>≥7 层</td><td>$\leqslant 1.5\ \mathrm{m}^3/(\mathrm{m}\cdot\mathrm{h})$
且 $\leqslant 4.5\ \mathrm{m}^3/(\mathrm{m}^2\cdot\mathrm{h})$</td><td></td><td>夏热冬暖地区
≥10 层</td></tr>
</table>

续表

<table>
<tr><th>序号</th><th colspan="2">审查内容</th><th>参照建筑指标</th><th>既有建筑指标</th><th>备注</th></tr>
<tr><td rowspan="5">6</td><td rowspan="5">计算条件</td><td>空调室内计算温度</td><td>26 ℃</td><td></td><td></td></tr>
<tr><td>采暖室内计算温度</td><td>18 ℃</td><td></td><td></td></tr>
<tr><td>室内换气次数</td><td>1.5 次/h</td><td></td><td></td></tr>
<tr><td>空调额定能效比</td><td>2.7</td><td></td><td></td></tr>
<tr><td>室内得热量/W</td><td>0</td><td>0</td><td></td></tr>
<tr><td rowspan="3">7</td><td rowspan="3">建筑节能设计综合评价</td><td>(1)空调年耗电指数</td><td></td><td></td><td></td></tr>
<tr><td>或(2)空调年耗电量/(kWh/m²)</td><td></td><td></td><td></td></tr>
<tr><td>或(3)最热月平均耗冷量指标/(W/m²)</td><td></td><td></td><td></td></tr>
</table>

表 9-1-4　既有建筑节能评价内容(按耗热量指标)

<table>
<tr><th rowspan="2">工程号</th><th rowspan="2">工程名称</th><th rowspan="2">层数</th><th colspan="8">设计建筑窗墙比</th></tr>
<tr><td>东</td><td></td><td>西</td><td></td><td>南</td><td></td><td>北</td><td></td></tr>
</table>

<table>
<tr><th colspan="11">围护结构传热量计算数据</th></tr>
<tr><th colspan="3" rowspan="2">计算项目</th><th rowspan="2">ε_i</th><th colspan="2">改造建筑</th><th colspan="2">参照建筑</th><th colspan="2">设计建筑</th><th rowspan="2">传热系数限值/(W/m²·K)</th></tr>
<tr><th>K_y/(W/m²·K)</th><th>F_i/m²</th><th>K_x/(W/m²·K)</th><th>$\varepsilon_i K_x F_i$</th><th>K_i/(W/m²·K)</th><th>$\varepsilon_i K_i F_i$</th></tr>
<tr><td colspan="3">屋顶</td><td></td><td></td><td></td><td></td><td></td><td></td><td></td><td></td></tr>
<tr><td rowspan="4">外墙</td><td colspan="2">东</td><td></td><td></td><td></td><td></td><td></td><td></td><td></td><td></td></tr>
<tr><td colspan="2">西</td><td></td><td></td><td></td><td></td><td></td><td></td><td></td><td></td></tr>
<tr><td colspan="2">南</td><td></td><td></td><td></td><td></td><td></td><td></td><td></td><td></td></tr>
<tr><td colspan="2">北</td><td></td><td></td><td></td><td></td><td></td><td></td><td></td><td></td></tr>
<tr><td rowspan="8">外窗</td><td rowspan="4">有阳台</td><td>东</td><td></td><td></td><td></td><td></td><td></td><td></td><td></td><td></td></tr>
<tr><td>西</td><td></td><td></td><td></td><td></td><td></td><td></td><td></td><td></td></tr>
<tr><td>南</td><td></td><td></td><td></td><td></td><td></td><td></td><td></td><td></td></tr>
<tr><td>北</td><td></td><td></td><td></td><td></td><td></td><td></td><td></td><td></td></tr>
<tr><td rowspan="4">无阳台</td><td>东</td><td></td><td></td><td></td><td></td><td></td><td></td><td></td><td></td></tr>
<tr><td>西</td><td></td><td></td><td></td><td></td><td></td><td></td><td></td><td></td></tr>
<tr><td>南</td><td></td><td></td><td></td><td></td><td></td><td></td><td></td><td></td></tr>
<tr><td>北</td><td></td><td></td><td></td><td></td><td></td><td></td><td></td><td></td></tr>
</table>

续表

计算项目		ε_i	改造建筑		参照建筑		设计建筑		传热系数限值/(W/m²·K)
			K_y/(W/m²·K)	F_i/m²	K_x/(W/m²·K)	$\varepsilon_i K_x F_i$	K_i/(W/m²·K)	$\varepsilon_i K_i F_i$	
阳台门下部门芯板	南								
	东、西								
	北								
不采暖楼梯间	隔墙								
	户门								
地板	接触室外空气地板								
	不采暖地下室上部地板								
地面	周边地面								
	非周边地面								
$\sum \varepsilon_i K_i F_i$		—	—	—		—			

注：1. 本表中改造建筑指要节能改造的既有建筑，参照建筑指按传热系数限值计算耗热量指标的建筑，设计建筑指经节能改造的建筑。

2. K_y为既有建筑围护结构传热系数，K_x为传热系数限值，K_i为设计计算的传热系数。

3. 由于参照建筑与设计建筑的空气渗透耗热量和室内得热量相同，因此本表进行了简化，只需调整设计建筑的K_i，使其$\sum \varepsilon_i K_i F_i$小于等于参照建筑的$\sum \varepsilon_i K_i F_i$即可。

9.1.2　既有建筑节能改造设计要点

1）保证建筑结构安全。

2）结合建筑立面改造，符合城市建设规划和市容要求。

3）结合装修，不影响建筑使用功能。

4）不宜改变建筑体形系数。

5）达到现行节能标准要求，改善室内环境和居住条件。

6）改造措施和内容见表 9-1-5。

表 9-1-5　建筑围护结构节能改造措施和内容

措施	内容	涉及参数	备注
窗户改造	更换或增加窗户	传热系数、遮阳系数、气密性、可见光透过率、可开启面积	
	更换玻璃	传热系数、遮阳系数、可见光透过率	

续表

措施	内容	涉及参数	备注
窗户改造	窗玻璃外贴遮阳膜	遮阳系数、可见光透过率	
	窗玻璃外刷遮阳涂层	遮阳系数、可见光透过率	
	增加外遮阳装置	遮阳系数	
墙体外保温改造	EPS板	外墙传热系数、热惰性墙面的热反射率	
	XPS板		
	胶粉聚苯颗粒保温浆料		
	硬质泡沫聚氨酯板		
	岩棉板		
	现场喷涂或模塑硬质泡沫聚氨酯		
	装配式保温装饰复合板		
	仿幕墙式等外保温系统		
墙体内保温	胶粉聚苯颗粒保温浆料		
	保温砂浆		
	增强粉刷石膏聚苯板		
屋面改造	倒置式屋面	传热系数、热惰性	
	架空屋面	表面的热反射率	
	平改坡屋面	传热系数、热惰性、	避免闷顶
窗墙面积比	增加或者减小窗墙面积比		

思考题

1. 什么是既有建筑节能改造？
2. 既有建筑节能改造内容主要有哪些？
3. 对既有建筑可改造性、居住环境、热工性能进行综合判定，判定依据是什么？

项目2 既有建筑节能改造技术

【学习目标】

1. 能根据检测评定结果进行既有建筑节能改造设计。
2. 能进行既有建筑围护结构节能改造实施。

9.2.1 墙体改造技术和要求

1）严寒地区、寒冷地区、夏热冬冷地区优先采用外保温技术，并与建筑改、扩建结合。外保

温设计施工按照《外墙外保温工程技术标准》(JGJ 144—2019)或本地区建筑节能设计标准推荐的做法。

2）寒冷地区、夏热冬冷地区在外保温确实无法施工或需要保持既有建筑原貌时，可以采用内保温技术。

3）夏热冬暖地区、温和地区墙体经过计算评价，隔热性能不满足要求的，可以采用浅色处理、加设保温隔热层等措施。

4）外保温设计应与防水、装饰相结合，做好保温层密封和防水设计。

5）外保温系统施工前，应进行基层墙体处理，满足保温系统的施工要求。

6）外保温系统可采用保温装饰复合板，减少或避免湿作业。

9.2.2 门窗改造技术和要求

1）窗户的节能改造设计应满足安全、隔声、通风和采光等性能。

2）严寒、寒冷地区的单元门应采用保温门，必要时单元门应加设门斗；位于非采暖走道内的户门应采用保温门。单元门宜安装闭门器。

3）严寒、寒冷地区可在原单玻璃窗外（或内）加装一层窗，间距在 100 mm 左右，并能满足热工性能指标；原窗如位于内侧时，应采取措施改善其密封性能。

4）更换新窗时，窗框与墙之间应有合理的保温密封构造，以减少该部位的开裂、结露和空气渗透。

5）夏热冬冷、寒冷地区东西向可采用活动外遮阳。

6）夏热冬暖地区应以改善窗户遮阳为主，可以采用更换玻璃、安装外遮阳设施、贴隔热膜等措施。

7）遮阳膜、热反射玻璃的可见光透过率应大于 0.3，以免影响窗户的采光性能。

8）外遮阳系统要保证安全并方便清洁。

9.2.3 屋面改造技术和要求

1）屋面节能改造应根据屋面的型式，采用相适应的改造措施。如原防水可靠，则可直接做倒置式屋面。

2）如防水层有渗漏，应铲除原防水层，重新做保温层和防水层。

3）平屋面改坡屋面，宜在原有建筑平屋顶上铺设耐久性、防火性好的保温层。

4）坡屋顶改造时，宜在原吊顶上铺放轻质保温材料。无吊顶时可在坡屋面上增设或加厚保温层或增设吊顶，并在吊顶上铺设保温材料。吊顶应耐久、防火、安全。夏热冬冷、夏热冬暖地区应采取通风措施，避免闷顶。

5）有条件时，可采用种植屋面。

9.2.4 其他部分改造

1）建筑底层下部为非采暖空间，则应对其楼板加设保温层，将保温层置于楼板底部，可采用粘贴、粘钉结合或吊顶方式。如下层空间有防火要求，则保温材料和构造做法应满足防火等级要求。

2）既有建筑幕墙改造措施如下：

① 应充分利用层间部位，采取高效保温措施；减少实际窗墙面积比；

② 夏热冬暖地区可更换遮阳系数小的玻璃，加装内遮阳设施；

③ 严寒、寒冷及夏热冬冷地区可在室内增设一层窗户；

④ 非透明幕墙，可在室内层增加保温层。

思考题

1. 墙体节能改造主要技术及要求是什么？
2. 门窗节能改造主要技术及要求是什么？
3. 屋面节能改造主要技术及要求是什么？

参考文献

[1] 中华人民共和国国家标准.GB 50189—2015.公共建筑节能设计标准[S].北京:中国建筑工业出版社,2015.

[2] 中华人民共和国行业标准.JGJ/T 132—2009.居住建筑节能检测标准[S].北京:中国建筑工业出版社,2009.

[3] 中华人民共和国国家标准.GB 50411—2019.建筑节能工程施工质量验收标准[S].北京:中国建筑工业出版社,2019.

[4] 中华人民共和国行业标准.JGJ 134—2010.夏热冬冷地区居住建筑节能设计标准[S].北京:中国建筑工业出版社,2010.

[5] 中华人民共和国行业标准.JGJ 26—2018.严寒和寒冷地区居住建筑节能设计标准[S].北京:中国建筑工业出版社,2018.

[6] 中华人民共和国行业标准.JGJ 75—2012.夏热冬暖地区居住建筑节能设计标准[S].北京:中国建筑工业出版社,2012.

[7] 中华人民共和国行业标准.JGJ 134—2010.夏热冬冷地区居住建筑节能设计标准[S].北京:中国建筑工业出版社,2010.

[8] 中华人民共和国行业标准.JGJ/T 129—2012.既有居住建筑节能改造技术规程[S].北京:中国建筑工业出版社,2012.

[9] 中华人民共和国国家标准.GB 50204—2015.混凝土结构工程施工质量验收规范[S].北京:中国建筑工业出版社,2015.

[10] 中华人民共和国国家标准.GB 50924—2014.砌体结构工程施工规范[S].北京:中国建筑工业出版社,2014.

[11] 中华人民共和国国家标准.GB/T 11968—2006.蒸压加气混凝土砌块[S].北京:中国建筑工业出版社,2006.

[12] 中华人民共和国行业标准.JC/T 890—2017.蒸压加气混凝土墙体专用砂浆[S].北京:中国建筑工业出版社,2017.

[13] 中华人民共和国国家标准.GB/T 15229—2011.轻集料混凝土小型空心砌块[S].北京:中国建筑工业出版社,2011.

[14] 中华人民共和国国家标准.GB 50119—2013.混凝土外加剂应用技术规范[S].北京:中国建筑工业出版社,2013.

[15] 中华人民共和国行业标准.JGJ/T 14—2011.混凝土小型空心砌块建筑技术规程[S].北京:中国建筑工业出版社,2011.

[16] 中华人民共和国国家标准.GB 50207—2012.屋面工程质量验收规范 [S] .北京:中国建筑工业出版社,2012.

[17] 中华人民共和国国家标准.GB 50345—2012.屋面工程技术规范 [S] .北京:中国建筑工业出版社,2012.

[18] 中华人民共和国国家标准.JGJ 1—2014.装配式混凝土结构技术规程[S] .北京:中国建筑工业出版社,2014.

[19] 中华人民共和国国家标准.GB/T 51129—2017.装配式建筑评价标准[S] .北京:中国建筑工业出版社,2017.

[20] 德国能源署,住房和城乡建设部科技发展促进中心,住房和城乡建设部建筑节能中心.中国建筑节能简明读本[M].北京:中国建筑工业出版社,2009.

[21] 中国建筑科学研究院.绿色建筑评价技术细则 2015[M].北京:中国建筑工业出版社,2015.

[22] 中国建筑节能协会.中国建筑节能现状与发展报告[M].北京:中国建筑工业出版社,2012.

[23] 孙宝樑.简明建筑节能技术[M].北京:中国建筑工业出版社,2007.

[24] 余晓平.建筑节能概述.北京:北京大学出版社,2014.

[25] 王立雄.建筑节能[M].2 版.北京:中国建筑工业出版社,2009.

[26] 张神树,高辉.德国低/零能耗建筑实例解析[M].北京:中国建筑工业出版社 2007.

[27] 刘世美.建筑节能[M].北京:中国建筑工业出版社,2011.

[28] 张志刚,常茹,李岩.建筑节能概论[M].天津:天津大学出版社,2011.

[29] 徐峰,周爱东,刘兰.建筑围护结构保温隔热应用技术[M].北京:中国建筑工业出版社,2020.